湖北省学术著作出版专项资金资助项目

土木工程前沿学术研究著作丛书（第 1 期）

EPC 模式在既有建筑与基础设施绿色化改造中的应用研究

方 俊 著

U0282668

武汉理工大学出版社

·武 汉·

内 容 简 介

全书在系统分析国内外既有建筑与基础设施绿色化改造政策法规体系和合同能源管理(EPC)模式的基础上,对中澳既有建筑与基础设施绿色化改造关键技术进行了深入研究;建立了既有建筑与基础设施绿色化改造 EPC 项目决策模型;对既有建筑与基础设施绿色化改造 EPC 模式进行了优化研究;构建了既有建筑与基础设施绿色化改造管理体系;提出了湖北省及其他夏热冬冷地区开展既有建筑与基础设施绿色化改造的对策建议。

图书在版编目(CIP)数据

EPC 模式在既有建筑与基础设施绿色化改造中的应用研究/方俊著. —武汉:武汉理工大学出版社,2018.5
ISBN 978-7-5629-5480-4

Ⅰ.① E… Ⅱ.① 方… Ⅲ.① 生态建筑-建筑工程-承包工程-研究 Ⅳ.① TU723.3

中国版本图书馆 CIP 数据核字(2017)第 058623 号

项目负责人:杨万庆		责 任 编 辑:王兆国		
责 任 校 对:李正五		封 面 设 计:阮雪琴		

出 版 发 行:武汉理工大学出版社
地　　　　址:武汉市洪山区珞狮路 122 号
邮　　　编:430070
网　　　　址:http://www.wutp.com.cn
经　　　销:各地新华书店
印　　　刷:湖北恒泰印务有限公司
开　　　本:787×1092　1/16
印　　　张:14.75
字　　　数:362 千字
版　　　次:2018 年 5 月第 1 版
印　　　次:2018 年 5 月第 1 次印刷
定　　　价:69.00 元

前　　言

　　我国建筑业资源消耗量巨大,但资源禀赋不足,利用效率低下,这使得环境污染严重,建筑业难以实现可持续发展。对既有建筑与基础设施进行绿色化改造,是建设资源节约型、环境友好型社会的必然选择。

　　自 20 世纪 70 年代中后期以来,世界发达国家一直重视既有建筑与基础设施的绿色化改造。在欧洲,根据一些大型建筑企业的数据分析,既有建筑与基础设施改造的年建设投资占总建设投资的 30%～45%,这些国家的城市化率达 70%以上。在我国,用于建筑业固定资产改造的资金占固定资产总投资 30%左右,当前我国城市化率为 50%左右。城市化率的不断提升必然导致建筑与基础设施保有量的增加,使不断增加的既有建筑与基础设施向着绿色环保的路径发展,成为我国当前建筑业可持续发展的要务。

　　开展既有建筑与基础设施绿色化改造 EPC 模式的系统研究,有利于实现既有建筑与基础设施能源和环境体系的节能减排,不断提高既有建筑和基础设施综合利用价值,推动既有建筑和基础设施绿色化改造 EPC 模式在我国的健康发展与工程应用。

　　本专著是 2015 年湖北省科技支撑计划项目"建筑与基础设施绿色改造关键技术"(对外科技合作类、项目编号 2015BHE005)的重要研究成果。该项目研究工作得到了湖北省科技厅、湖北省技术交易所等单位的大力支持和资助。

　　澳大利亚皇家墨尔本理工大学张国敏副教授为本项目提供了大量文献资料并参与了课题研究工作;武汉理工大学土木工程与建筑学院博士研究生杜艳华、胡军、王健,硕士研究生吴春虹、王超等同学参与了课题研究工作;湖北省工业建筑集团设计院总建筑师、教授级高级工程师叶炯同志对本课题研究提出了宝贵的意见和建议。

　　本专著在编写过程中引用了许多国内外既有建筑及基础设施绿色化改造的典型工程案例和国内外同行的著作与观点,在此表示衷心的感谢!

　　由于既有建筑及基础设施绿色化改造在国内尚处于起步阶段,本专著所提出的研究结论还有待大量工程实践的进一步检验和完善,加之作者水平所限,书中难免有错漏之处,敬请各位同行和读者批评指正。

方俊

2016 年 9 月 30 日

目　　录

1 绪 论

EPC 即英文 Energy Performance Contracting 的缩写,直译为合同能源管理。EPC 模式起源于世界发达国家,受 20 世纪 70 年代世界范围内石油危机的影响,法国、德国、日本、美国、澳大利亚及英国等在建筑业节能减排特别是既有建筑与基础设施绿色化改造领域开始探索先进的节能减排管理手段和改造技术,EPC 模式应运而生。EPC 模式的内涵是指节能服务公司与用能单位以合同形式约定拟改造项目的节能量,节能服务公司为实现预设节能目标向用能单位提供必要的节能改造投入和综合服务,用能单位从节能改造收益中支付节能服务公司的投入及其合理回报。

1.1 研究背景

本课题所指 EPC 模式不同于工程总承包中的 EPC(Engineering Procurement Construction)模式,工程总承包中的 EPC 模式是指承包商对工程项目设计、采购、建造、试车等实施全过程的承包。承包商通常在固定总价和工期的合同条件下,对其所承包工程的质量、安全、造价和工期负责。在工程总承包 EPC 模式中,承包商不仅承担工程建设项目的设计工作,而且还可能承担整个工程建设项目建设内容的总体策划工作及整个建设工程实施组织管理的策划工作;采购也不仅仅包含一般意义上的建筑设备及材料的采购,而且还包含专业设备尤其是生产性工程建设项目工艺装备的采购;其他内容则包括施工、设备安装、试车和技术培训等。因此,建筑业节能减排领域 EPC 模式不同于工程总承包领域 EPC 模式,两者的内涵与外延均不相同。

1.1.1 EPC 模式已经成为推动我国建筑业节能减排的重要工具

建筑业节能减排领域 EPC 模式引入我国,对国内既有建筑与基础设施绿色化改造产业的发展起到了重要的推动作用,国内 EPC 市场得到培育,人们对 EPC 模式节能服务机制的理解逐渐深化,EPC 模式在一些典型城市节能示范工程中开始应用,其节能经济效益和示范推广效应显著。

2014 年,为了建立建筑节能合同能源管理项目实施过程中的标准流程,对服务标准、合同规范、交易流程、节能减排效益的测试和验证等要点进行规范化和制度化,国家住房和城乡建设部科技发展促进中心和中国建筑节能协会建筑节能服务专业委员会会同有关单位编制发布了《建筑节能合同能源管理实施导则》,用于指导建筑节能领域合同能源管理项目的实施和管理。同年,为了规范建筑节能领域合同能源管理项目合同当事人的行为,维护节能服务公司和用能企业的合法权益,还编制发布了《建筑节能合同能源管理合同示范文本(2014 版)》。该系列文本的发布和执行,对规范建筑节能服务市场主体行为发挥了积极的作用,EPC 模式逐渐成为推动建筑业节能减排的重要工具。

但是,由于 EPC 模式正式引入我国的时间不长,在市场环境、市场主体、行政监管及运行机制等方面尚存在诸多问题,因而该模式在建筑业节能减排尤其是既有建筑与基础设施绿色化改造领域的大规模工程应用受到了影响,急需开展有针对性的专题研究,来逐渐完善 EPC 模式应用的市场环境、政策环境和法律环境。

1.1.2　我国既有建筑与基础设施资源消耗现状

随着我国建筑业的飞速发展,每年新建建筑面积超过 20 亿 m^2,水泥和钢材消耗量占世界总消耗量的一半左右,建筑资源消耗的高压态势亟待缓解。同时,钢材和水泥利用率不高,与发达国家相比,我国钢材消耗高出 10%～25%,水泥消耗高出 20%～30%,对既有建筑与基础设施实施绿色化改造而非重建可以减少对钢材和水泥等资源的消耗。

(1)化石能源消耗

目前,我国能源消耗总量已经超过美国,位于世界第一。其中,化石能源消耗增长速度平均达到 8%左右,在我国探明的化石能源资源中,煤占主要部分,达到世界总储备的 13.3%。由于技术不成熟、设施不配套、化石能源未充分利用等综合因素的影响,我国单位建筑面积能耗是发达国家的 2 至 3 倍。未来我国能源消耗总量将持续增长,但由于化石能源的不可再生性,能源总有枯竭的一天,因此,对既有建筑与基础设施进行绿色化改造,运用现代科技开发新能源,合理高效地使用常规能源,必将造福子孙后世。

(2)水资源消耗

水是基础性的自然资源和战略性的经济资源。我国可利用淡水资源有限,是一个缺水严重的国家。建筑使用和维护阶段耗水量巨大,生活废水和工业污水未经处理的排放使水资源污染严重。我国的水资源消耗以年均 20%左右的速率迅速增长,既有建筑与基础设施节水改造对水资源循环利用、缓解水资源短缺具有十分重要的意义。

此外,我国能源结构以煤为主,而近 1/4 的煤用于生产钢材和水泥,建筑行业过快发展加剧了 CO_2 排放,使我们生活的环境受到严重威胁。

从以上分析可知,我国建筑业资源消耗量巨大,但资源禀赋不足且利用效率低下,环境污染严重,建筑业难以健康可持续发展。因此,对既有建筑与基础设施进行绿色化改造,建设资源节约型、环境友好型社会势在必行。

1.1.3　既有建筑与基础设施绿色化改造现状

20 世纪 70 年代中后期以来,世界发达国家一直重视既有建筑与基础设施的绿色化改造,相比而言,我国既有建筑与基础设施绿色化改造起步较晚且重视程度不足。在欧洲,根据一些大型建筑企业的数据分析可知,既有建筑与基础设施绿色化改造的年建设投资可占当年总建设投资的 30%～45%,这些国家的城市化率已达 70% 以上,如表 1-1 所示。在我国,用于建筑业固定资产改造的资金占固定资产总投资 30% 左右,如表 1-2 所示。当前我国城市化率为 50% 左右。城市化率的不断提升,必然导致建筑与基础设施保有量的增加,使不断增加的既有建筑与基础设施向着绿色环保的方向发展,成为我国当前可持续发展要务。从相关数据分析可以看出,发达国家已经迈过了大拆大建的粗放式发展阶段,进入了可持续发展的阶段。因此,我国需要加大相关领域技术开发力度,制定积极有效的激励政策,逐步跟上国外发达国家的步伐。

表 1-1　欧洲大型建筑企业的建造额度

年度		2005	2006	2007	2008	2009	2010	2011	2012	2013	2014
新建建筑	建筑(百万欧元)	4120	4926	5560	4874	5822	5981	6757	5286	5826	6212
	专门的建筑活动*(百万欧元)	993	1191	1291	1591	2242	2998	2540	2285	2349	2037
	总和(百万欧元)	5113	6117	6851	6465	8064	8879	9297	7571	8175	8249
建筑改造	建筑(百万欧元)	1043	1269	1253	1647	2034	1928	2232	2580	2877	2754
	专门的建筑活动*(百万欧元)	1137	1129	1311	1409	2227	2469	2392	3038	3247	3881
	总和(百万欧元)	2180	2398	2564	3056	4261	4397	4624	5618	6124	6635
总和	建筑(百万欧元)	5163	6195	6813	6521	7856	7909	8989	7866	8703	8966
	专门的建筑活动*(百万欧元)	2130	2320	2602	3000	4469	5467	4932	5323	5596	5918
	总和(百万欧元)	7293	8515	9415	9521	12325	13376	13921	13189	14299	14884
建筑改造占比(%)		0.3	0.28	0.27	0.32	0.346	0.329	0.332	0.426	0.428	0.446

(数据来源:Renovation of building construction enterprises. Statistics Finland)

* 专门建筑活动是指拆除、现场准备,电气安装,水暖、热、空调安装,装饰装修等活动。

表 1-2　我国建筑业完成各类固定资产投资额度

年度	2005	2006	2007	2008	2009	2010	2011	2012	2013	2014
建筑业新建固定资产(亿元)	388	468	566	653	921	1397	2177	2632	2424	2791
建筑业扩建固定资产(亿元)	129	126	173	164	185	264	357	401	371	407
建筑业改建固定资产(亿元)	62	74	81	139	225	288	456	389	387	506
总计(亿元)	579	668	820	956	1331	1949	2990	3422	3182	3704
建筑改造占比(%)	0.33	0.30	0.31	0.32	0.31	0.28	0.27	0.23	0.24	0.25

(数据来源:中国统计局)

1.1.4　绿色建筑评级体系及工具有待完善

1. 国内绿色建筑评级体系

2006 年,建设部正式颁布了《绿色建筑评价标准》(GB/T 50378—2006),这是在借鉴国际绿色建筑评价体系建设经验,结合我国建筑自身特点、绿色改造经验和历年研究成果后,制定的我国第一部完整的绿色建筑综合评价标准。该标准明确了绿色建筑评价的标准和方法,以及以"四节一环保"为核心内容的绿色建筑评价体系。在此基础上,住建部相继发布《绿色建筑评价技术细则补充说明(规划部分)》(建科〔2008〕113 号)和《绿色建筑评价技术细则补充说明(运行使用部分)》》(建科函〔2009〕235 号),基本形成绿色建筑的相关管理制度。2014 年,住建部与多家单位联合研究修订原标准,推出新版《绿色建筑评价标准》(GB/T 50378—2014)。新版标准关注建筑全生命期对环境的影响,着重强调节约资源、节约用地和环境保护,适用于住宅建筑、民用建筑、商业建筑、办公建筑、旅店建筑的评估,对既有建筑绿色化改造的评估在业主使用一年后开始。我国绿色建筑评级体系推出较晚,主要存在以下几点问题:

① 新版标准各项量化标准较少,定性大于定量,仅分了三个星级评价标准;

② 新版标准在设计时考虑到建筑全寿命期,不过从实际评估项来看,偏向于对建筑设计和建造阶段的评估,忽视对建筑使用阶段的考察;

③ 缺乏相关的激励性配套政策,经济激励没有制度化和规范化,不利于新版标准的有效实施;

④ 未建立反应机制,无法快速跟进新技术、新材料、新工艺,并将其应用推广。

2. 国外绿色评级体系

相比之下,国外绿色评级工具要成熟许多,而且大量建筑评级是通过绿色化改造获得的,如澳大利亚国家建筑环境评估体系(National Australian Built Environment Rating System,NABERS)、澳大利亚绿色之星(Green Star)、美国的绿色能源与环境设计先锋(Leadership in Energy and Environmental Design,LEED)等。

(1) NABERS

NABERS 是通过测量既有建筑能源和水资源消耗来进行建筑评级的一种评级工具,适用于商业大楼审计,能够提高建筑节能,并且也适用于居民楼、酒店、学校、医院及各种类型的交通运输项目。

NABERS 现已经被用来评价澳大利亚 72% 的办公大楼,帮助办公大楼的能源利用率平均提高了 8.5%,每年减少 383300 t 的温室气体排放,同时也使办公大楼水资源利用率平均提高了 11%,每年节约 1.6 亿升水资源。2011 年建筑评级收益报告中列出了以下一组数据:

① NABERS 能源评级使 5 星级的建筑获得了 9％的绿色奖金,3～4.5 星级的则获得了 2％～3％的绿色奖金;

② 租金折扣较大的办公大楼一般在 NABERS 评级相对较低的城市,例如悉尼中央商务区(9 折租金优惠)及堪培拉(6 折租金优惠);

③ 在 NABERS 能源评级为 5 星的办公大楼中,悉尼中央商务区的办公楼市场中最大的绿色收益为租金的 3％。

表 1-3 提供了 NABERS 评估的绿色和非绿色办公大楼的数据对比,总共 206 个绿色办公大楼中,悉尼 CBD 有 90 个,悉尼郊区有 91 个,堪培拉有 25 个。其中办公大楼也按照质量等级分为 A、B、C。从表中可以直观地看出,绿色办公大楼的比例高达 60％。

表 1-3 澳大利亚部分地区绿色和非绿色办公大楼数量

地区	绿色办公大楼数量 (NABERS)	非绿色办公大楼数量	办公大楼总数量
悉尼 CBD	90	58	148
A	55	10	65
B	27	26	53
C	8	22	30
悉尼郊区*	91	69	160
A	50	27	77
B	26	19	45
C	15	23	38
堪培拉	25	33	58
A	17	15	32
B	7	9	16
C	1	9	10
各质量等级总和			
A	122	52	174
B	60	54	114
C	24	54	78
总和	206	160	366

* 悉尼郊区包括北悉尼、帕拉马塔、查茨伍德区、圣伦纳兹、南悉尼、诺威斯特、麦格理公园、罗得岛、赫姆布什湾。

（2）Green Star

除了 NABERS，澳大利亚绿色之星（Green Star）也是一个重要的评级工具，绿色之星是一个全面的、全国性的和自愿的环境评价系统，可用来评估环境设计和建筑物的建造。绿色之星评级工具由澳大利亚绿色建筑委员会为了以下目的而开发：

① 设立绿色建筑评价标准；

② 规范建筑综合整体设计；

③ 与环境和谐相处；

④ 涵盖建筑全寿命周期；

⑤ 提高对绿色建筑益处的认识。

绿色之星的评级指标涵盖了影响环境的大量因素，其结果直接反映了项目选址、设计、建造及维护对环境的影响。根据 2011 年绿色之星记录的数据，总共注册项目 407 个，其中认证项目 321 个，6 星级 49 个，5 星级 152 个，4 星级 120 个。

（3）LEED

绿色能源与环境设计先锋（Leadership in Energy and Environmental Design，LEED）是美国评价绿色建筑的重要工具，宗旨是在建筑设计过程中减少对环境和用户的不利影响，规范绿色建筑评价标准体系，使建筑节能环保。LEED 由美国绿色建筑协会于 2003 年颁布并开始执行，国际上许多国家将其列为法定强制标准。

LEED 评价体系通过可持续场地设计、有效利用水资源、能源和环境、材料和资源、室内环境质量和革新设计这六个方面对建筑进行绿色评价。LEED 强调建筑绿色化的整体性、综合性，利用先进的技术和高昂的成本来提高建筑的节能和舒适性，因而 LEED 的建筑与其他建筑相比在出租率、租金等方面都有极大的优势。

LEED 认证体系在 2003 年进入我国市场，由于其认证费用昂贵，且建筑节能标准并不适于我国国情，因而它并未得到广泛应用。

1.1.5 我国建筑业节能减排形势严峻

我国既有建筑保温和绿色技术配套设施落后，与同等气候条件下发达国家相比，达到同等舒适条件的能耗是其 3 倍。建筑物施工、使用及建材生产的能耗接近全社会总能耗的一半，严重制约新型城镇化进程。可再生能源低成本规模化开发利用、建筑节能与绿色建筑及城市生态居住环境质量保障等是当前乃至今后我国需要优先达到的任务要求[1]。因此，结合我国国情和建筑业发展现状，研发先进绿色技术，以既有建筑与基础设施绿色化改造作为建筑业实现节能减排的手段，发展前景巨大。

综上所述，结合我国能源、资源、环境、新型城镇化进程及既有建筑与基础设施现状，以国家"十二五"期间的绿色建筑行动方针作为指导，对既有建筑与基础设施实施绿色化改造是我国建筑领域实现可持续发展的必要条件，同时也是建设资源节约型、环境友好型社会的必然要求。

1.2　研究意义

（1）推动既有建筑与基础设施的节能减排进程

我国已勘测能源、资源储备不容乐观，且人均资源、能源占有量远低于世界平均水平。建筑业能源消耗占我国总能耗的比重已接近 50%，且大量既有建筑与基础设施由于建设年代久远、使用寿命短、标准规范不全、绿色技术落后、项目管理不善等而成为高能耗项目。结合我国既有建筑与基础设施存量大且不环保的现状，我国可通过绿色化改造实现既有建筑与基础设施使用者的功能需求、物理环境平衡及低能耗设备和环保材料综合利用。在原有基础上，对被动式改造设计技术进行集成应用，可以缓解经济建设、生态环境保护、历史文化、城市管理、建设者、使用者之间的矛盾，平衡居住、办公、生产条件改善需求，保证既有建筑与基础设施在全寿命周期的环保舒适。

对既有建筑与基础设施在能源消耗、生态环境影响等方面进行一次性绿色升级，使其达到或接近新建绿色建筑与基础设施标准，实现建筑领域的全局性进步，对促进城市生态环境、既有建筑与基础设施和谐发展意义深远。

（2）推动绿色建筑理论的深化与完善

我国的绿色建筑进程在基础理论、政策法规、激励机制、评价标准等各方面都取得了重要的成就，但针对 EPC 模式下既有建筑与基础设施绿色化改造决策的理论研究仍然处于起步阶段，致使改造项目决策困难。对既有建筑与基础设施绿色化改造 EPC 项目决策模型进行系统研究及对 EPC 模式进行优化研究，将有利于促进改造工程的有序开展，实现研究成果向工程实践有效转化，推动绿色建筑理论的深化与完善。

（3）提高既有建筑与基础设施综合的利用价值

"建筑短命"和"基础设施短命"是现在大多数城市的通病，大拆大建导致资源浪费严重，材料二次利用效率不高，建筑垃圾污染日益严重。既有建筑与基础设施的价值不仅仅体现在经久耐用，还需要其具有良好的舒适性、适应性和前瞻性等特点，以满足人们对生活品质和节能环保的要求。既有建筑与基础设施的绿色化改造通常在其自身特征基础上，对其安全性、舒适性、适应性及前瞻性进行二次重塑。一则，增强既有建筑与基础设施的使用舒适性，提升自身价值；二则，延长既有建筑与基础设施的寿命周期，提升既有建筑与基础设施的生态价值。

（4）推进绿色改造的系统化、集约化

既有建筑与基础设施绿色化改造就是将以往既有改扩建中的单向或局部的改造（外围护结构门、窗、墙的节能改造，厨房、卫生间的改造，中水系统、给排水管路改造，供暖系统改造，电梯设备系统改造等）组织成一个系统工程，在单专业、单工种分项实施之前增加一个统筹综合的过程，以实现绿色改造的系统化、集约化，提升绿色化改造的整体价值。

1.3　国内外发展研究现状

1.3.1　国外发展研究现状

1. 各国政府的政策引导

1973 年,在世界范围内爆发了石油危机,国际社会相当关注,尤其是西方发达国家开始高度重视既有建筑与基础设施绿色化改造工作。发达国家主要集中在两个方面开展既有建筑与基础设施绿色化改造。首先,完善优化既有建筑与基础设施绿色化改造相关法律制度;其次,通过实施经济方面的优惠政策,给予其经济支持。随着能源稀缺问题的加剧和节能改造技术的更新,发达国家不断修改和完善节能改造相关法律和标准,不断提高既有建筑与基础设施绿色化改造的节能水平。

（1）法国

法国出现石油危机之后,主要依靠政府引导支持,历时 5 年时间将 75％以上的既有建筑与基础设施进行全面的能耗检测,通过科学数据验证其是否需要节能改造。相关统计数据表明,20 世纪 70 年代到 90 年代,法国建设的住宅面积总量增长了 15％,全国建筑能耗总量却维持在 70 年代的水平。由此可见,法国通过政府的积极引导,在既有建筑节能改造方面收效显著。

（2）德国

德国大约 80％的既有居住房屋是 1980 年前建设的,在此之前没有建筑节能的概念,其能耗非常高,接近新建房屋的 2 倍左右,其节能改造具有相当大的潜力。德国经过 30 年的努力,主要通过政府制定的政策法规及颁布低能耗的法律和标准,将低能耗建筑作为社会可持续发展的重要组成部分,促使既有建筑与基础设施节能改造工作法制化,并由联邦、州政府和非官方组织实施推进。同时为了加快既有建筑与基础设施节能改造的速度,德国政府通过税收等政策手段引导公司积极开发节能技术产品,鼓励消费者使用低能耗建筑材料,并制定了奖励政策。

（3）日本

日本作为一个能源极度匮乏的国家,在节能改造方面主要采取了以下措施:

① 完善法律框架,规范节能标准。1979 年颁布的《节约能源法》,对实施对象、目标、责任给出了明文规定。实行 30 多年来,日本政府根据不同时期技术革新、市场需求的变化,修订《节约能源法》达到 8 次。

② 从资金、政策、税收等方面激励节能。日本政府大力提倡节能技术开发并扶持节能服务产业,通过给予财政拨款和补贴的方式来支持既有建筑节能改造工作。

③ 发展节能服务产业,成立节能服务公司,利用市场机制整合资金、技术等要素。节能改造项目的管理需要政府"有形之手"与市场"无形之手"相结合。除此之外,日本政府按照市场需求组建节能服务公司(Energy Service Company,ESCO),形成以合同的方式对节能改造项目进行管理的长效运行机制。同时,进一步健全节能管理制度如"合理利用能源企业支援制度"来支持节能改造工作,该制度的主要目的就是针对节能服务公司在改造过程中进行全面的资金补贴和政策扶持。

（4）美国

美国在建筑节能和绿色化改造领域的发展相对较早,自发生能源危机及全球气候变暖、生态环境危机以来,美国能源部先后颁布了一系列关于建筑节能改造经济激励措施、相关政策及改造标准,通过联邦州、政府及官方和非官方组织等,全面发展建筑节能和绿色建筑,取得了显著的效果。

（5）澳大利亚

与美国、欧洲和亚洲的同行相比,澳大利亚的合同能源管理起步较晚,为促进 EPC 和节能服务公司的发展,澳大利亚组建了专门的合同能源管理产业协会(AEPCA),提出了三项激励措施,包括允许机构准备 5 年期的能源预算;投资 0.2 亿美元成立财富基金,便于在企业债务问题上得到偿还和专项资金补贴;签署商业租赁合约,使节能设备供给得到保障[2]。在澳大利亚政府一系列建筑节能改造相关政策法规及评价体系（表 1-4）和 AEPCA 的保驾护航下,澳大利亚 EPC 产业发展不断加快。而且,澳大利亚通过引入融资租赁,在促进 EPC 产业迅速发展的同时,加快了澳大利亚既有建筑与基础设施节能改造的步伐。

表 1-4　澳大利亚既有建筑节能改造相关政策法规及评价体系

类型	政策法规及评价体系	具体内容
强制政策	商业建筑信息公开计划(CBD)	CBD 规定大于等于 0.2 万 m² 的既有建筑在转变原使用功能前,必须公开最新的建筑能源效率认证(BEEC)
	国家建筑规范(BCA)	BCA 涵盖建筑设计和结构的技术条款,对玻璃的耐热性、绝缘性和空调的要求很高,旨在减少与建筑相关的温室气体排放,提高能源效率
	最小化能源性能标准(MEPS)	MEPS 对电气部分进行系统性规定,还包含建筑如无法达到标准要求需要接受的惩戒
配套政策	可再生能源目标（RET）	澳大利亚政府已实施 RET 计划,该计划规定将在 2020 年实现澳大利亚 20% 的电力能源由可再生能源提供
	能源效率机会(EEO)	EEO 强制要求能耗大于标准限值的单位必须按标准参与 EEO。满足中大型能源使用单位辨别和评估,有义务向公众报告减少能源消耗的方法
	全国温室气体以及能源报告(NGER)	该报告明确规定能源生产、消费或温室气体排放量达到标准限值的单位或者公司要按照标准要求注册并报告

续表 1-4

类型	政策法规及评价体系	具体内容
激励政策	绿色建筑基金	成立基金组织向已经建设完成的商业办公建筑提供 0.9 亿美元的补贴资金扶持,进行节能改造。其主要用途包括:一是针对既有建筑在节能改造过程中提供资金支持、政策补贴;二是对节能改造中涉及改造技术研究的项目实施开发扶持
	国家太阳能学校项目	向满足标准要求的学校给予 5 万到 10 万美元不等的经济支持。主要涵盖安装利用太阳能的设备、雨水收集系统装置及其他用于建筑节能的设备设施
	对绿色建筑进行减税	2011 年 2 月,澳大利亚举行绿色建筑减税计划的公开听证会,会上提出针对既有建筑按照不同星级标准在节能改造的过程中减免税收额度,该计划从另一个角度说明澳大利亚政府在建筑节能改造中提供了大约 10 亿美元的资金支持,以达到节能改造的目标
	能效机遇计划	能效机遇计划的参与方要求使用超过 0.5 kMJ 电量的公司能够被识别、评估和公开报告,找到他们可以进行节能改进的方面,以鼓励大型能源消耗商提高其能效
	城市切换 (City Switch)	城市切换是一个不断发展的政府和企业之间的租赁计划,是环保的领头军。该计划的目的是提高建筑物的性能,理想结果是业主与租客通过直接相互协议来追求更高的能效,进而共同制定方案来实现这个目标
政府以身作则	政府运行的能源效率 (EEGO)	EEGO 的目的就是在一定基础上提升能源使用的效率,减轻对环境的影响。该规定要求各参与机构必须提供年度能源效率报告,并设定了最低效率标准,以进一步提高节能的效率
	绿色租赁表(GLS)	绿色租赁表详细规定了业主和租户为了达到节能目标应尽的义务。凡是 EEGO 项目涉及的政府或法定机构,办公场所超过 0.2 万 m² 及租赁期限超过 2 年,就必须按照标准要求在双方签订的合同文件中附 GLS,确保建筑符合可持续发展的要求
	环保采购指南与清单	主要目的是降低各类垃圾的产生,避免过度浪费,最终达到甚至超额实现能源效率目标,同时减少政府运作中的耗水量
	用水效率指南——办公建筑和公共建筑	该指南为减少建筑的用水量和促使水循环利用提出了技术方案及改善措施
评价体系	澳大利亚国家建筑环境评估体系(NABERS)	NABERS 通过关注整个运行周期中建筑在调试、操作和维护方面的关键参数评估整个使用周期内建筑是否保持资源的高效利用。同时,这一评估也可以用来辅助判断设计和建造阶段的节能目标是否达成。NABERS 系统旨在评价既有建筑物在运行中各方面因素对环境的负面影响,它覆盖建筑的整个生命周期,对建筑的改造具有重要意义。该系统面向社会和大众,使得所有人都能参与到绿色建筑的评价中
	"绿色之星"评价系统 (Green Star)	Green Star 是为满足建筑设计周期的需求而开发的绿色建筑评价体系。其主要是构建绿色建筑衡量标准以达到建设项目在设计时的整体感,引导既有建筑在改造过程中降低对环境的影响。它是一个系统性的评价体系,涵盖九大项,包括管理、室内环境品质、能源等,九大指标中每项指标划分为众多分项指标,每个分项指标具有相应的环保性能
	建筑可持续性能指标 (BASIX)	BASIX 是基于网络的规划工具,主要应用在设计阶段评价新建项目的水、能源等资源的利用率

2.理论研究现状

在既有建筑与基础设施节能改造机制不断发展成熟的过程中,国内外许多专家和学者一直致力于节能改造的理论研究。

(1) 合同能源管理机制研究

Limaye Dilip R(2011)等分析了发展中国家能源效率项目实施远远落后的问题中所存在的体制和财政障碍,提出节能服务公司实施的合理能源管理机制可以解决上述问题[3]。

Miao Xiaoli(2011)等综述了发达国家节能服务公司的发展,讨论了中国节能服务公司产业现状,分析了不同 EPC 模式的优缺点并列举了一个大学里的节能照明实施项目[4]。

Ren Hongbo(2011)等认为,发展中国家节能服务公司(ESCO)项目的实施不仅可能降低能源成本,而且可能带来可观的环境效益,包括减少二氧化碳的排放量,可在清洁发展机制(CDM)计划的经济方式下进行评估。通过这种方式,投资者和最终用户双方可以获得节能活动的经济效益和环境效益,降低投资风险,实现合理的利润分配。论文提出了一种将分布式能源资源(DER)引入中国城市地区的数值分析方法,开发了一个优化模型来确定在电和热平衡及有限设备约束条件下的能源系统组合。根据模拟结果可知,引进的 DER 系统在减少二氧化碳的排放量上具有相当大的潜力,特别是二氧化碳信贷的经济利润将在极大程度上提升 DER 系统的采用量。此外,通过与 ESCO 框架下的投资者分担节约能源成本,投资风险可以进一步降低,并且 CDM 项目要求的条件可适当放宽。根据模拟结果,可以得出以下结论:

① 发展中国家 ESCO 和 CDM 框架之间的结合增强了引入节能措施的激励作用,带来了更好的经济效益和环境效益及更合理的利润分配。

② 作为国内的能源政策,电力回购能有效地加快 DER 系统的引进,特别是在新提出的框架下。

③ 从国际角度来看,缩短间隔期使其低于最大值,以便让该项目在经济上可行,新框架下的 DER 最低价格只有传统 CDM 框架的一半,这意味着在发展中国家新框架具有很大的潜力来提高 DER 系统的投资。

④ 分配给投资者的能源节约成本的增加可能会在更大程度上促进 DER 系统的使用[5]。

Marino Angelica(2011)等详细分析了欧洲节能服务市场所继续呈现的多元化的发展阶段。德国、意大利和法国有大量的节能服务公司,而大多数国家只建立了少量的节能服务公司。在这种情况下,ESCO 市场往往只能为工程咨询和能源效率技术供应商提供一些 ESCO 元素如设备租赁和性能保证等的解决方案。在该研究范围内进行的调查表明,一个能支持而不是制约 ESCO 类项目的健全的法律框架及可以促进能源效率投资的政策和措施是必不可少的。配套政策包括在公开招标中引入生命周期成本评估和对妨碍了使用节能服务公司的公共采购规则进行改编。一个良好的政策框架(如建筑认证和二氧化碳税)可以缩短能源效率投资的投资回收期,从而降低投资风险。通过认可节能服务公司的合同模式和建立融资机制,如以较低的利率联合融资项目来周转资金,再进行贷款担保将降低金融机构的风险,并慢慢增加 ESCO 项目融资所需的在金融领域缺少的经验。为了促进节能服务公司市场发展并保持他们的信心,鉴别并建立节能服务公司的质量标准和认证方案是必要的[6]。

(2) EPC 模式研究

Booth S(2011)等基于 RLF 和 EPC 两种模式,采取循环借贷低利率的方法和合同能源融资模式进行融资,为节能服务公司提供创新的融资渠道。论文提出了采取 RLF 融资时的应对措施[7]。

Shang Tiancheng(2011)等对 EPC 项目融资模式进行了研究,指出国内节能改造项目融资是既有建筑改造过程中的关键因素。通过分析全球低碳经济对碳排放的限制在市场交易过程中取得的显著成效,文章认为在既有建筑改造过程中利用 EPC 模式可以达到预期节能的目标[8]。

Song Qi(2012)认为,合同能源管理项目有许多利益相关者,其结构是复杂的。因此,由它产生的风险因素不仅包括各种操作过程中的风险,也包括很多合同能源管理的特殊风险。识别合同能源管理风险可使用 WBS-RBS 方法[9]。

Lee P(2013)等基于仿真方法评估能效缺失概率的影响因素,包括在合同期内的天气、入住率、操作时间、恒温器设定值等。该方法包括了建筑能源仿真方案的使用、敏感性分析和蒙特卡罗模拟技术。经验数据也被用于开发已识别参数的概率分布函数,以模拟在改造后的条件下实际的年度变化。使用此方法,EPC 的风险将会被更好地理解和管理[10]。

Matthew J Hannona(2013)等分析了节能服务公司的业务模式,鼓励企业以较低成本满足消费者的能源需求,并通过能源需求管理减少碳排放[11]。

Denise Chand(2013)根据斐济能源部(DOE)的评估认为,在斐济有 12000 到 16000 个家庭是农村电气化计划的潜在受益者。能源部目前已拥有十多年的、小规模地模拟可再生能源服务公司(RESCO)利用太阳能发电系统(SHS)运营农村电气化的经验,并且这一尝试是成功的。文章指出,能源部和所有潜在兴趣方可以提供用来考虑和规划基于农村电气化的 RESCO 发展所需要的足够的信息,这一发展能够以完全可持续的方式提供给农村家庭预期的电力服务[12]。

Genia Kostka(2013)研究分析了中国节能管理市场如何运作,以及是什么因素促进或阻碍了该市场的发展,如能效节约潜力的低认知度、由于银行缺乏测量和验证项目性能的信心而导致的资金渠道缺乏、节能管理公司的专家有限的技术知识及其他因素,这些都有助于解释为什么中国节能管理产业未充分发挥其潜能。除了这些障碍,文章还指出,随着经验丰富的市场机构在中国的持续发展,节能管理公司和潜在客户之间信任关系的形成是至关重要的。通过 Clear World 和 DEED 案例研究表明,大部分节能管理公司的发展仍然是存在挑战的(特别是小型私有企业),即如何与他们的潜在客户群(主要是当地公共机构和国有企业)形成并维持长久的业务关系[13]。

Xu Pengpeng(2015)等通过对两个节能改造项目和一个新安装节能项目的案例研究,分析了实施 EPC 的经济效益及环境效益,阐述了绿色房地产行业实施 EPC 的必要性,指出合同能源管理(EPC)为客户提供了转移风险的高效能源系统——节能服务公司(ESCO),它能有效促进绿色技术在中国建筑业的实施[14]。

Zhanna Sichivits 等认为 EPC 不仅能实现澳大利亚能源效率的目标,还可以减轻基础设施更新建设相关的财务负担,但节能服务公司(ESCO)在澳大利亚的市场远远落后于美国、欧洲等同行,文章通过对 EPC 和 ESCO 在澳大利亚发展现状的研究,分析总结了阻碍 EPC 在澳大利亚进一步实施发展的因素,并提出了相应的战略行动建议[15]。

Stuart E(2014)等提出测算 ESPC(节能绩效合同)的市场投资潜力及由美国 ESCO 带来的建筑剩余年度综合节能空间,将 ESCO 定义为以履行绩效合同为核心业务的公司,分析了 2012 年末业内专家对市场份额的估算、与 ESCO 相关的建筑数据及从 4000 多个项目构成的数据库中得到的标准项目投资成本。文章进一步对美国 ESCO 产业市场剩余投资及节约潜能进行了初步估计,详细描述了该测算方法。从分析结果可以看出,ESCO 产业带来的显著基础设施投资潜力大致为 71 亿到 133 亿美元[16]。

PTRi S. 和 K Sinkkonen(2014)认为 ESCO(节能服务公司)被寄希望于那些大型的、待开发的能效领域的投资机会,但目前还缺少推广。文章通过研究基于节能绩效合同商业模式的可行性,并且在芬兰进行了两轮德尔菲试验,分析了在哈默尔商业模式下专家们的意见。其研究的主要目的是加深对 ESCO 商业模式的理解及识别出阻碍公司发展的主要因素。结果表明,外界对这类公司及其提供的服务产品所知甚少,项目的不确定性影响了客户投资的意愿。因此,发展业务的要点就是要向客户强调可见利益和隐含利益两个方面[17]。

Deng Q(2014)等基于 EPC(合同能源管理)项目价值不确定性条件下,在 ESCO(节能服务公司)和 EU(能源使用组织)之间建立了一个利润分配议价博弈模型。基于该模型分析了能源价格、风险调整折现率、意外事件等因素对 ESCO 议价策略的影响。研究表明,不利情况出现的概率越大,倾斜到 EU 一方的利润越多,ESCO 在谈判中的地位越低。此外,在 ESCO 和 EU 间策划了一个承诺回报的合约,并为 ESCO 分析出理想的产品节能承诺策略来解决节能不确定性和合同风险问题。研究表明,通过引入惩罚和承诺机制,合约就能把节能情况不确定性对履行合同阶段的影响减轻到一定程度;EU 一方承担的承诺风险越大时,ESCO 愿意承担更多义务,这样能促进双方合作关系并降低合约风险。最后,对于提高节能分摊合同标准、第三方节能效率测量及验证机构、节能绩效合同仲裁机构等问题,针对相关部门在 ESCO 的推广政策上给出建议。第一点,可以参照中国政府的做法,将承诺回报条款加入节能分摊合同示范文本中,该条款能减轻合同执行过程中节能风险的影响,也使节能分摊合同具备保证节能量的一些特征。第二点,第三方节能测量及验证(M&V)机制在中国还相当不完善,这是造成节能风险较高的原因之一。不完善的 M&V 机制导致当前识别能源消耗量、评估期望节能量、计算实际节能量的方法种类过于繁杂,导致一些不准确或不具备公信力的节能审计结果出现,增加了节能风险及 EU 的违约概率。因此,国内迫切需要建立审计标准和完善的第三方 M&V 机制来提高节能量估算的准确性,降低 ESCO 的收入风险。第三点,政府应该完善节能绩效合同仲裁机制。即便是制订得十分完善的合同,在执行中依然会产生纠纷,最常见的就是 EU一方找各种借口拒绝向服务方分配利润。政府应当引入相应的惩罚机制来增加 EU 的违约机会成本,也为节能绩效合同的推广创造良好的环境[18]。

Li Y(2014)等指出,ESCO 通过 EPC 向客户提供节能服务,在 EPC 中,ESCO 和它的客户根据谈判确定的比例进行能源效率措施的投资和节能收入的分红,合同到期后,如果能源增效措施继续运行,客户将获得全部的节能收益。不同的 EPC 项目具有不同的合同条款,包括总投资、投资比例和合约期限。这些条款直接决定了节能产出。因此,明确条款的制订过程及主要影响因素至关重要。文章首先建立了 ESCO 与客户之间的理论博弈模型来研究条款之间的结构性关系。此外,通过分析中国在 2010 到 2011 年间的 140份 EPC 合同信息,依靠项目经验评估了各种因素对合同条款及节能产出的影响,发现影响合同条款和节能产出的主要因素是 ESCO 及其客户投入的成本,尤其是 ESCO 的成本。文章还对 EPC 合同条款进行了理论和实践分析,具体包括总投资、投资比例和合同期限等方面。理论方面,EPC 合同条款建立了 ESCO 与客户间的博弈模型,在该模型中假定ESCO 在合约期内能达到最大收益净现值,并且只要客户的收益净现值超过某一阈值,客户就能接受合同条件。实践方面,EPC 合同条款利用中国能源保护协会的调查数据,定量分析了 ESCO 与客户的注册资本、融资类型、行业类别等因素对节能量、投资额、合约期限等方面的影响作用。研究结果均表明:① 当 ESCO 及其客户的资本或折现率降低时,总投资、合约期限和节能量会增加;② ESCO 倾向于承担主要的能源增效技术性投资。因此,向 ESCO 及其客户提供有效且低成本的融资,尤其是 ESCO,对于提高 EPC 在节能方面的活动效率至关重要[19]。

P Lee(2015)等通过对 EPC 项目的相关风险进行分析研究,旨在确定 EPC 项目中的主要风险,研究客户在选择使用 EPC 时的顾虑及针对 EPC 实施过程中出现的问题提出切实可行的建议。基于文章的研究问题,作者在香港进行了两个独立的调查问卷,受访者包括 34 个 ESCO 和 168 个客户。调查结果表明,ESCO 面临的主要风险是客户在节能改造项目完成后的付款拖欠、基线测量的不确定性及 EPC 项目实施过程中可能的成本增加。对于客户,在考虑是否选择 EPC 时,他们主要关心的是 EPC 项目的投资回收期、项目的复杂性及还款能力。同时,受访者还对 EPC 的发展提出了切实可行的建议,包括成功项目的推广、政府采购行为的修正及政府的贷款研究。该研究结果为 EPC 项目的主要利益相关者在提高他们的风险认知方面提供了有效的指导[20]。

Matthew J Hannon 和 Ronan Bolton(2015)探讨了英国一些地方当局(LAs)如何选择与能源服务公司合作的模式,以增强他们对当地能源系统变化的影响力,并帮助实现政治"公共利益"的目标。总结三种常见的当地政府参与到节能服务公司的模式如下:① 当地政府与能源服务公司保持一定距离模式;② 私营部门持有特许协议模式;③ 共同体拥有和运行模式。当地政府决定建立自己的节能服务公司或与其他已有公司合作,其选择主要取决于承担风险的意愿、战略控制水平及对已有资源处理的水平。定性分析与探索性研究相结合的方法,对当地政府通过能源服务公司模式来移交当地能源项目的方式与原因提出了一些有价值的观点。为了弥补定性分析的不足,文章采用一种更加系统性的定量分析得出以下结论:商业模式的影响力、当地政府与能源服务公司的潜在市场规模及这种管理方式的相对贡献最终会实现英国能源与气候改革的目标[21]。

Zhang Xiaoling 和 Wu Zezhou(2015)等基于 EPC 框架可以促进绿色技术在中国建设行业中实施,通过系统性分析认为,只有当建设者有足够信心可以规避潜在风险的时候,他们才会愿意采用绿色技术。他们结合真实案例,针对现有传统照明系统改造及新的 PV-LED 照明系统安装这两种常见情形介绍了两种 EPC 模式[14]。

Deng Qianli(2015)等从 EPC 项目中节能服务公司(ESCO)的视角提出了一种基于仿真的方法,以此来获得适当成本节约保障。通过此方法,节能服务公司(ESCO)可以在合同签订之前,确定每年保证节约成本的多少及超额利益分享的比例。额外的保障不仅可以保证节能服务公司(ESCO)在 EPC 项目中的盈利能力,还可以保证其竞争力,使其在投标中获胜。对节能服务公司(ESCO)而言,相比于过去的经验估算方法,这种方法可以作为能源节约成本设计的标准程序。对于所有者而言,这种方法可以作为投标选择或融资可靠性检查的参考[22]。

Paolo Principi(2016)等基于易重复与验证的常规能耗分析认为,EPC 中任何一个投标候选人都可以快速评估来自任何一种基本投资计划的利益[23]。

1.3.2　国内发展研究现状

目前,我国既有建筑面积已超过 500 亿 m², 其中,绿色建筑仅 1.627 亿 m²。绿色化改造是解决既有建筑节能性和环保性偏低等症结的有效途径。既有建筑绿色化改造是指通过对既有建筑进行节地、节能、节材、节水、室内环境改善及室外资源优化整合等方面的综合性改造,使既有建筑具备绿色属性,达到绿色建筑的标准[24-28]。

与新建绿色建筑相比,既有建筑进行绿色化节能改造在改造过程中更困难和复杂。为此,国内在既有建筑改造方面颁布了一系列相关法律规章政策和标准规范,确保既有建筑改造工作能顺利开展[26]。现阶段既有建筑绿色化改造可直接借鉴新建绿色建筑相关政策与标准体系。

世界银行在绿色建筑方面的数据统计显示,截至 2015 年底,全球接近 50% 的绿色建筑将要在中国建设。亚洲商会数据统计显示,到 2020 年,我国建筑耗能将会达到 35% 以上,这些趋势将会提升我国对既有建筑和基础设施绿色化改造的重视程度。

1. 绿色化改造政策研究

自 20 世纪 70 年代石油危机爆发以来,全球各个国家对能源问题高度重视。建筑业作为三大高能耗行业之一,其节能问题成为国内外研究的重点。在国外,很多学者利用外部性理论,通过分析节能产品的外部特性向政府提供既有建筑与基础设施绿色化改造的管理措施。一部分学者指出,既有建筑在改造过程中由于不同参与者处于信息不对称条件下具有很多的局限性及不确定因素,既有建筑与基础设施绿色化改造受到阻碍,政府必须采取相应的经济补贴、税收政策等政策手段对利益相关者实施激励。在既有建筑与基础设施绿色化改造过程中,发达国家主要采取两种方式:一是奖励性激励政策;二是惩戒性激励政策,通过征收税费迫使企业进行节能改造。

国内从 20 世纪 80 年代开始开展节能相关工作,通过参考借鉴发达国家的政策,逐步出台了相关节能减排政策与法规。早期节能工作主要采取政府强制性实施的方式,随着经济和社会不断地发展,国家也提出很多既有建筑与基础设施绿色化改造税收优惠和财政补助等政策,鼓励企业进行节能改造。我国在既有建筑与基础设施绿色化改造方面采取的相关政策措施如表 1-5 所示[29-32]。

表 1-5　绿色化改造相关政策措施

序号	文件名	颁布时间
1	《技术改造贷款项目贴息资金管理办法》	1999
2	《新型墙体材料专项基金征收和使用管理办法》	2002
3	《可再生能源建筑应用示范项目评审办法》	2006
4	《可再生能源发展专项资金管理暂行办法》	2006
5	《高效照明产品推广财政补贴资金管理暂行办法》	2007
6	《国家机关办公建筑和大型公共建筑节能专项资金管理暂行办法》	2007
7	《中华人民共和国节约能源法》	2008
8	《中华人民共和国企业所得税法》	2008
9	《节能减排综合性工作方案》	2008
10	《太阳能光电建筑应用财政补助资金管理暂行办法》	2009
11	《太阳能光电建筑应用财政补助资金管理暂行办法》	2010
12	《关于加快推行合同能源管理促进节能服务产业发展的意见》	2010
13	《十二五节能减排综合性工作方案》	2011
14	《节能技术改造财政奖励资金管理办法》	2011

注:本表只摘选了部分政策措施而不是全部。

在既有建筑与基础设施绿色化改造进程中,国内学者从不同角度对项目节能改造策略进行了系统研究。

沈婷婷(2010)通过分析夏热冬冷地区既有建筑改造项目,提出改造策略和决策指标,利用统计方法定量分析改造效果[33]。

向姝胤(2013)研究了国内外既有建筑绿色化表皮改造的主要特点,结合具体案例建立了系统性的既有建筑表皮绿色化改造设计流程和方案[34]。

林祺挺(2005)论述了既有建筑绿色化改造的设计与构思,列举了实际工程案例,阐述了既有建筑绿色化改造策略研究的意义[35]。

郑朝灿、杜礼琪、傅双燕(2015)利用动态能耗检测模拟方法分析了金华市中心医院食堂宿舍楼改造前后的节能效果,基于适用性原则和动态分析方法提出夏热冬冷地区绿色化节能改造优化方案[36]。

田轶威(2012)研究了既有城市住区建筑节能改造过程,构建了对象的筛选策略、技术组合策略、改造方法策略、评价方法策略等[37]。

姜德义、朱磊(2011)等以天津市既有居住建筑节能改造工程为例,提出政府职能部门在节能改造中应起主导作用。他们通过分析案例,提出了长久性的改造规划策略和经济激励政策,并构建了行之有效的管理机制,如加强相应配套措施和保障措施的完善、采用"谁投入、谁受益"的原则及积极调动各参与方建立多渠道的融资机制[38]。

综上所述,国内学者认为,我国在绿色化改造过程中应通过积极引导和鼓励,制定中长期的改造规划和激励政策,构建有效的协调管理机制,采取相关税收优惠和补助政策,促进绿色化改造的顺利实施。

2.绿色化改造综合评价研究

沈巍麟(2008)分析总结了既有住宅改造综合评价体系,针对既有住宅改造项目,基于动态网页技术研究开发了既有建筑综合评价工具。开发该评价工具的主要目的是建立能长久储存评价者、评价项目和评价结果等信息的数据库,利用互联网技术开展远程评价[39]。

宋敏、付厚利(2012)建立了既有建筑节能改造综合评价模型,采用模糊数学模型分析了既有建筑节能改造过程中出现的问题及其纠正措施,从而保障改造项目的顺利进行[40]。

王艳丽(2013)分析了既有建筑能耗,界定了改造目标及范围,构建了包含7个指标的评价体系,分析了既有建筑改造的可行性、科学性、操作性[41]。

程兴军(2014)通过评价模型,从改造节能性、改造经济性、改造对环境影响、改造后舒适性四个方面对节能改造项目前期方案进行优选,利用DeST-h能耗模拟软件输出结果,从经济效果的角度对各方案再次进行评价,通过两种不同评价方法的比较分析,得到最优改造方案[42]。

尹波和杨彩霞(2011)根据既有建筑综合改造指标建立的原则和确立流程,构建了建筑、结构、暖通、给排水、电气五大方面的综合改造指标体系,并提出了模糊综合性能评价方法,以解决评价对象的复杂性及评价指标难以直接量化的问题[43]。

闫昱婷(2012)对既有大型公共建筑节能改造进行全寿命周期阶段划分,并分别构建了各阶段的评价模型,建立了改造项目成本模型用于分析改造成本[44]。

上述研究表明,既有建筑与基础设施绿色化改造评价的方法主要有模糊数学分析法和定性指标选取法,这两种方法能够很好地解决评价对象的复杂性及评价指标量化问题。国内学者主要从建筑、结构、环境、人文、规划、节能等方面来建立综合评价指标体系,使既有建筑绿色化改造的综合评价更加客观与公正。

3. 绿色化改造运行机制研究

绿色化改造涉及社会效益、经济效益、环境效益等多方面的平衡与完善,关系各参与方的利益分配。建立良好的既有建筑与基础设施绿色化改造运行机制相当重要,对此,国内学者进行了如下研究:

刘美霞、武洁青、刘洪娥(2010)总结了既有建筑改造过程,提出了三种融资渠道方案,建立了激励制度和商业化运行模式,并引进到企业中应用于具体的既有建筑改造项目[45]。

梁洋、毕既华(2011)针对我国既有建筑改造的实际情况,以监管俘获理论为基础,提出了包括监管对象、监管机构、监管职能、监管手段在内的既有建筑改造监管运行模式[46]。

韩青苗(2010)构建了既有建筑改造项目的激励模型,在模型分析的基础上又构建了建筑用能分项计量制度、建筑能效审计制度、建筑节能量交易制度和建筑能效标识制度[47]。

李菁、马彦琳、梁晓群(2010)从战略角度提出城市既有建筑改造融资机制的设计理念,即依靠合同能源管理第三方融资机制来加速既有建筑节能改造市场化的进程[48]。

上述研究表明,既有建筑与基础设施绿色化项目在改造过程中基本上都建立了监管机制、激励机制及绩效考核机制,这些机制的运用能够为项目带来更好的社会效益和经济效益,为环境的可持续发展提供内生动力。这些机制的建立能够充分调动地方政府、节能服务公司及业主的积极性,可以大力培育既有建筑节能服务市场,建立起既有建筑节能的长效机制。同时,我国在这个过程中要注意发挥政府作用,加强政策引导,为既有建筑与基础设施绿色化改造营造良好的市场环境。

4. 绿色化改造 EPC 模式研究

合同能源管理作为一种新兴产业,国内很多学者从不同视角对其融资模式进行了系统研究,研究重点主要集中在合同能源管理的融资模式和风险管理等方面。

(1) 合同能源管理融资研究

董静(2011)基于合同能源管理与融资租赁两种不同类型的模式,指出两种模式运作流程存在的问题,同时分析了合同能源管理项目采用融资租赁模式时租赁公司和 ESCO 双方在资质申请、利益分享和风险应对时存在的问题[49]。

李玉静、胡振一(2009)对比分析了美国和巴西合同能源管理融资模式渠道,建议效仿国外组建 Super EMCO,引入共享节能量的融资模式,阐述了国内推广 EPC 模式的意义及利用债券融资、股权融资等模式发展国内合同能源管理的方法[50]。

温瑶(2010)指出了 EPC 与传统能源管理的区别,提出合同能源管理是一种市场机制,其核心任务是寻找和发现客户利用 ESCO 的专业优势,有效降低客户的能源消耗并得到各自的利益,是社会、ESCO、客户三方共赢的理想机制。文章进一步分析了 ESCO 的内部和外部影响因素,分别从资金回收时间、专业人员、节能意识、企业诚信等问题上详细分析其原因[51]。

席丛林、李富忠(2008)指出,合同能源管理模式有助于现阶段我国节能目标的顺利实现,是国内节能产业的发展趋势,其发展潜力巨大[52]。

刘长毅(2007)通过分析重庆市在实施合同能源管理项目时节能服务公司面临的资金缺口、贷款障碍、诚信体系等问题,提出了节能服务公司的增信途径,即利用第三方信用担保、灵活运用各类金融工具及采用自偿性贸易融资等方式突破融资困境[53]。

朱聆、余蕴文(2011)指出了合同能源管理项目利用资产证券化融资的优势,特别是解决因抵押品不足和信用记录等给金融机构带来风险的问题,并通过设计合同能源管理资产证券化的交易结构与流程,指出在 EPC 项目证券化的操控中,组建项目公司可以作为政府和节能服务公司的中介,以便于双方之间的交流沟通[54]。

李志青(2010)认为,合同能源管理作为一种融资模式,在节能项目改造中能确保适用效率。文章构建了理论模型分析两种不同模式的差异性,针对实施过程中不同因素变化的结果进行论证[55]。

张亮(2009)指出,节能改造服务行业因政府提供支持及其以节能服务公司为主导的融资模式,能引入民间资本投入节能改造,填补资金空缺[56]。

孙金颖(2007)等分析了国内建筑的外部特性,提出构建以政府扶持为引导、市场推广及项目相结合、符合我国建筑节能特点的融资模式[57]。

尚天成、潘珍妮(2007)针对当前国内合同能源管理的发展状况,以改造项目为研究对象,系统分析了改造项目在实施合同能源管理中的激励政策、市场机制、融资模式、运营等[58]。

沈超红、谭平、李敏(2010)在通过实证案例对比分析现销、融资租赁、合同能源管理三种类型的改造项目后认为,合同能源管理模式是最有效的节能服务融资机制[59]。

朱纯宜、王永祥(2011)针对国内合同能源管理在融资中存在的风险,基于模糊综合评价法对国内节能服务公司融资进行了科学的融资风险评估[60]。

吴丽梅、王永祥(2011)认为,ESCO 筹资相比于传统融资模式更能达到节能改造融资目标。文章采用动态风险评估方法分析了合同能源项目的融资风险,为节能服务公司应对融资风险提供了决策依据[61]。

徐健忠(2012)分析了阻碍我国合同能源管理的主要因素,讨论了节能服务公司的特性,提倡政府应采取针对性的金融机构支持政策和财政补贴方式,并借鉴国内外成功的创新融资方式[62]。

詹朝曦、贺勇、刘邦(2012)提出了"BOT＋EMC"融资模式,即充分利用产权主体的自有资金优势,与 ESCO 组建项目公司,实行既有建筑与基础设施节能改造项目特许经营,并结合具体案例分析,探讨了"BOT＋EMC"模式实施的可行性,指出在国内大中型既有建筑与基础设施改造中采用这种模式符合现阶段绿色化改造的特性[63]。

李晓静、高璇(2015)通过系统分析美国、巴西合同能源管理典型案例,指出合同能源管理作为一种新兴的节能机制,对我国今后在既有建筑与基础设施改造中将扮演重要的角色,政府应该加大力度支持合同能源管理,尤其应积极采取引导措施及提供资金支持避免因融资失败而导致项目失败等问题[64]。

　　金占勇、韩青苗、孙金颖、刘长滨(2010)通过对既有居住建筑节能改造现状及融资障碍的分析,运用市场生命周期理论,按照既有居住建筑节能改造市场产生、成长、成熟三个阶段,相应提出了"设置节能改造专项资金""合同能源管理、碳汇融资、BOT、信托融资"及"股权融资、债券融资、商业贷款"等既有居住建筑节能改造融资方案[65]。

　　高旭阔、辜琳然(2014)基于对我国既有建筑节能改造当前形势的分析,提出"EPC＋融资租赁"的融资模式,初步探讨了该模式的优势、适用范围及风险,最后结合具体案例分析验证了该模式的可行性;并且试图通过引入"EPC＋融资租赁"的融资模式,避免国内节能服务公司在进行既有建筑节能改造时陷入资金困境[66]。

　　柳文旭、孙艳丽(2009)等通过分析我国既有建筑改造投融资的现状及存在的问题,根据不同类型的既有建筑,探讨了合同能源管理、BOT 融资模式、碳汇融资模式及政府、企业、个人按比例共同融资等多种融资模式的适用性,提出了适合我国现阶段合同能源管理项目改造多元化、市场化融资的有效模式[67]。

　　上述研究表明,在既有建筑与基础设施节能改造项目中,融资模式主要有合同能源管理(EPC)融资模式、碳汇融资模式、BOT 融资模式、信托融资模式、PFI 融资模式及融资租赁等。经过比较分析可知,作为一种节能环保新机制,EPC 融资模式有着其他融资模式无法比拟的优越性。在经营机制方面,节能服务公司(ESCO)提供节能投资服务管理,ESCO 服务的客户不需要承担实施节能改造的资金、技术及风险,只需根据获得的节能效益来支付项目节能改造的全部成本,在降低项目节能改造成本、提高能源利用率的同时,ESCO 与客户双方取得了共赢。在服务管理方面,ESCO 提供的是一条龙服务,可以解决既有建筑与基础设施项目节能改造存在的资金困境、改造技术及管理经验等问题,确保客户零投资、零风险、高收益地实施项目节能改造,在实现经济效益的同时,更能实现节能环保的社会价值。在节能效果方面,ESCO 不仅拥有先进的节能技术和管理理念,而且 EPC 是 ESCO 与客户之间关于节能效益的分享机制,因此,与其他融资模式相比,EPC 模式在既有建筑与基础设施节能改造过程中具有更高的推广应用价值。

　　(2) 合同能源管理风险研究

　　胡柏(2007)借鉴国外先进的管理理念,针对国内在改造项目风险管理的问题上构建了系统的风险评价指标体系,通过理论分析和灰色层次评价方法进行风险评估,设计了一套完整的风险应对控制措施,为后期研究提供了借鉴[68]。

　　王婷、胡柏(2007)认为,在合同能源管理项目中主要存在外部环境和内部环境两种不同类型的风险因素。文章利用 AHP 法和灰色系统理论相结合的方法构建评价模型,并依托实际案例进行了论证分析[69]。

　　尚天成、潘珍妮(2007)基于模糊综合评价分析方法,对节能服务公司在政策、融资、运营等方面进行了系统分析,构建了风险评价体系,为节能服务公司提供了风险评价理论模型[70]。

　　周亮(2009)针对目前合同能源管理项目在实施过程中存在的理论研究和应用脱节的现象,分析了改造项目运行流程涉及的风险,构建了风险评价指标体系,为合同能源管理项目风险评价提供了方法,并进行了实证研究[71]。

刘德军、吕林(2009)详细阐述了改造项目运用合同能源管理的管理机制,从节能服务公司角度出发,基于 AHP 法和模糊综合评价方法构建了改造项目风险系数利益分配模型,为节能服务公司在风险效益分配时提供了有利的评价方式[72]。

孙宏宇(2010)结合海尔公司 EPC 项目实施中每个阶段存在的风险控制节点进行了深入分析,提出了解决风险问题的方法与思路[73]。

彭涛(2010)从项目风险和客户风险角度出发,提出了针对不同类型的风险应采取的应对方案,如提高风险控制认知水平、内部考核和创建共赢合作的氛围等实用建议[74]。

陈攀峰(2010)针对 EMC 在运作中的投资风险提出了相应的控制途径,即加强合同能源管理运作的宣传,采取全面评价方式择优选择客户,实施过程中采用动态风险管理模式等,这些控制途径有利于降低 EMC 项目的投资风险,以便于获得更高的经济效益[75]。

周鲜华、徐勃(2010)从收益风险的角度切入研究,通过分析节能量风险、融资成本风险和用能单位付费风险等,提出收益风险的应对策略,如控制节能量测算流程、采用能耗三级考核方式、扩展多元化融资渠道、加强用能单位之间的沟通交流、避免坏账等[76]。

刘西怀(2010)从构建合同能源管理项目风险控制体系出发,分别对风险回避、防范、分担、转移四个方面提出建设性意见,尤其在风险防范的措施上提出内部防范应对措施,如建立制度机制、控制人力资源的不确定风险、提升管理水准;择优选择客户,如详细了解客户基本情况并进行信用登记评估分析;施工节点风险应对,如合同、财务、建设、节能等风险防范[77]。

朱纯宜、王永祥(2011)依托节能服务公司对商场空调进行节能改造的实例,基于模糊综合评价方法,针对改造中存在的风险问题采用 AHP 法构建评价框架具体分析,以便于更好地认识和控制风险[78]。

马少超、詹伟(2015)针对合同能源管理(EPC)项目投资建设模式特殊、利益相关方关系复杂、项目风险关联和传递关系复杂等特点,分析了国内评价方法上的不足,并对不同评价方法进行归纳总结。文章从节能服务公司角度出发,基于 ANP 构建三级风险评价指标体系,利用 SD 软件计算指标权重,结果表明,采用这种方法可以对改造项目风险控制提供指导[79]。

杨雪锋、胡剑(2014)通过分析合同能源管理模式的特点及合同能源管理项目的主要风险来源,对主要风险来源进行了分类,构建了相应的风险评价指标体系,该指标体系主要包括六个一级风险评价指标和十六个二级风险评价指标。同时,运用模糊综合评价方法,文章定量分析了合同能源管理项目的综合风险水平,并以钢铁厂为例,对其能效管理中合同能源管理风险进行评价。结果表明,该指标体系有助于 ESCO 更好地识别风险,便于为后期研究合同能源管理风险控制提供参考依据,有利于合同能源管理模式的推广[80]。

朱军(2012)分析了当前节能服务公司遇到的风险问题,根据风险源的不同将风险划分为客户风险和自身风险两种不同类型。文章对 EPC 项目现阶段运行的三种模式的风险进行了对比分析,得出合同能源管理项目不同的运行模式存在的风险等级不同,节能服务公司应选取有利于自身特点的模式,减少风险分担,以利于改造项目获得盈利[81]。

综上所述,运用层次分析法(AHP)和模糊数学方法(Fuzzy)相结合的模糊综合评价法,能对项目的风险进行综合评价;通过风险最优分担博弈分析,可以确定各类项目风险的承担主体。同时,综合以上研究可总结出应对 EPC 合同风险的主要措施,即进一步完善相关法律法规,强化经济激励手段,在资金方面为节能项目提供政策支持;扶持节能服务公司,提高技术实力,对发展较好的 EPC 机构加强指导;扩展融资渠道,搭建交易平台;建立节能服务公司与用能企业的双向信用档案,不断完善其评价标准。

1.4　相关基础理论概述

1.4.1　利益相关者理论

"利益相关者"理论首次出现是在 1708 年,其表达的主要意思是从事某项活动是人们或公司对其"下注(Have a stake)",并对其抽头或者赔本。Penrose,E. T. 在《企业成长理论》这本书中对利益相关者给出了解释,主要从公司是人力资本和各种人际关系集合的理念进行理论知识的构建。经过不断发展,学术界终于在 20 世纪 60 年代给出了利益相关者的概念,主要是参照"shareholder"的定义,"stakeholder"用来形象地描述和公司存在某种密切关系的团体或者人。按照弗里曼的描述:"利益相关者是指团队中存在相同利益或者具有索取权的群体。更明确地说就是不同参与方之间所代表不同角色的管理者。"[82]

项目是由掌握一定资源并有明确职责分工的个体和(或者)团队构成的临时组织所开展的有针对性的活动,项目活动的目标具有多样性和可变性,项目活动包括过程、支持者及完成者等因素。项目失败通常是由于项目利益相关者的需求没有被满足导致支持者没有很好地协助项目。任何一个项目都有许多利益相关者,项目的利益相关者不同,他们的需求也不尽相同,在不影响项目整体目标实现的前提下最大限度地平衡和满足他们的需求是项目成功的关键。S. Olander 和 A. Landin 指出,项目的不同利益相关者之间存在一定的需求冲突,通常会导致项目预算或成本超支及进度延误,进而影响项目整体目标的实现[83]。因此,对项目利益相关者及其特定需求进行精准识别并进行有效的管理和控制,是保证项目成功实施的关键。

利益相关者理论对项目管理理论和实践的发展具有重要的推动作用,丰富了项目管理理论体系和方法体系,国内外一些学者还构建了项目利益相关者管理的基本框架,它包括项目利益相关者的识别路径、分类体系、分析流程和管理措施等。

随着社会的不断发展,对于利益相关者理论的研究从未中断过,其主要方向是公司治理结构的研究。通过查看不同研究文献发现,一般学者认为利益相关者彼此间的利益协调主要依靠公司治理安排来解决。如李心合基于可持续发展的理念,从整体的角度系统考虑各利益相关者,通过分析认为,公司在安排不同资源分配时,要考虑和顾全不同参与者的利益需求,以达到公平[84]。陈宏辉认为企业治理制度是利益冲突的协调机制,它主要通过采用各种不同的方式,将企业所有资源进行整合,用于解决因利益的问题各利益相关者之间存在的矛盾摩擦[85]。孙文博主要结合公用企业的公共属性,通过全面分析认为,公用企业在治理过程中更加适用利益相关者共同治理模式[86]。

既有建筑与基础设施绿色化改造同样涉及众多利益相关者,如政府、用能单位、节能设备供应商、节能服务公司、金融机构等。既有建筑与基础设施绿色化改造是否能够成功实施与上述这些参与方之间是否协作具有密切的关系,任何一方的存在都具有相应的价值,缺少任何一方都将导致既有建筑与基础设施绿色化改造受到影响[87]。

1.4.2　项目全寿命周期管理理论

1. 全寿命周期管理理论

全寿命周期管理理论(Life Cycle Management,LCM)是美国军方在20世纪60年代提出的,其目的是防止项目只顾前期建设而忽视运营、维护和保养,避免项目给后人带来巨大的灾难和损失,即项目从规划设计到报废拆除整个生命期内,参与方需要承担各自的责任。美国政府和军方以标准、规则、指令及手册等形式颁布了一系列文件,当时所发表的文献多是对全寿命周期费用确定方法进行研究,包括全寿命周期费用的分解、测算、模拟、审核及评估。全寿命周期理论在美国军事领域得到了广泛的应用,随后迅速被推广到民用生产领域。

在项目管理理论中,项目本身便具有一定的生命周期。项目从规划设计到拆除这一过程,可以称为项目生命周期。项目生命周期具有时段性,在不同的阶段特征也不同。因而可以根据项目在不同阶段的特点将其划分为研究开发、设计、建设、使用、报废这几个阶段。

综上所述,可以进一步归纳出项目全寿命周期管理的内涵。全寿命周期管理是基于项目的整个寿命周期,从整体流程角度对项目进行系统化管理,项目前期进行分析预测,建设和运营维护阶段进行管理控制,寿命周期结束后进行评估和审计。总的说来,它是一种系统化的全过程管理,其目标是实现项目全过程成本-收益最优化。

既有建筑与基础设施绿色化改造 EPC 项目涉及整个项目的全寿命周期,从改造项目的前期阶段、改造项目实施直至改造项目运营维护和节能设备交付,每一阶段都有各自的管理要求。既有建筑与基础设施绿色化改造 EPC 项目的利益相关者对改造项目的进度、费用、安全、质量和风险等进行全过程集成管理。

2. 全寿命周期管理的基本特点分析

全寿命周期管理相比其他管理理念的独特之处在于:

① 全寿命周期管理需要系统、科学的管理，才能确保各个阶段投资回报和社会效益最大化。

② 全寿命周期管理在项目各个阶段的任务和目标都不相同，但是各阶段联系紧密。

③ 全寿命周期管理具有阶段性、持续性、整体性、复杂性、多主体性。

④ 全寿命周期管理的参与主体联系紧密，但又相互制约。

1.4.3　信息不对称理论

1. 信息不对称的基本内容

信息不对称主要是指信息在相互作用的经济体中呈现出不均匀、不对等的分布形式，表现在以下三个方面：

① 信息质量不对称。主要是市场活动中双方在进行交易的过程中彼此之间所获取信息的数量和重要程度存在差异性。

② 信息失真。即在经济市场中由于存在某种传达机制或者传达过程中出现偏差，原本准确的信息经传递后与原信息存在差异性从而增加了交易双方的信息不对称性。

③ 信息动态不完全。即通过动态的系统性分析，由信息源造成的信息不完全。

2. 不完全信息与不对称信息

传统经济理论认为市场是开放式的，每个参与经济行为者都有权知道市场上的所有信息。比如使用者对产品的质量、安全、作用、价格等方面的了解，生产厂家完全了解市场的动态变化和使用者在购买中的偏好、信用度等。所有活动都在完全透明的情况下进行决策，然而，这只是一种理想状态。在现实市场中各参与者对彼此之间的信息完全掌握是不可能的，其中不乏某些经济人保留、掩盖准确的市场信息，造成不完全市场信息的存在。不完全信息的存在导致现实市场中的各经济人对市场环境的认知存在优势和劣势，从而导致市场中的每位经济人参与市场活动的信息得不到有效传递或者在传递中形成错误信息。

不对称信息主要指在市场活动中不同参与者获得的消息是对方不具备的信息。不对称信息作为不完全信息的表现形式，主要表现在信息在非对称结构上的不完全性。

3. 信息不对称的特征

（1）信息源占有不对称

信息作为当前最重要的资源，也是可以多方共享的资源。通过采用各种科学工具，可收集到众多可靠的数据为其提供决策依据。然而，在实际中，信息的分布是极其不对称的，各方获取信息数量是不同的，这样的结果会导致当事者在获取利益时也存在不同。如既有建筑改造市场中各方对其改造信息就存在差异性。

（2）信息不确定性

获取信息的重要性普遍受到各参与者的重视，各参与者进行市场活动时都会尽可能地获取更多的信息并对相关市场信息进行研究和分析，这一信息加工处理过程会导致信息的不确定性。同时，获取市场信息的内容、数量及质量的不同，往往导致市场参与者交易位势的差异和交易成本的差异。

4. 信息不对称产生的原因分析

不对称信息产生的主要原因是社会分工细化和各方面专业化程度提升。一方面，社会在发展的过程中进行劳动分工导致不同行业的劳动者获取的信息存在差异性；另一方面，社会发展必然会促进专业化水平的提升，从而产生专业信息的不对称分布。如社会分工促使既有建筑与基础设施绿色化改造项目各参与方获取信息的能力处于不均匀分布。

2 既有建筑与基础设施绿色化
改造的基本概念

2.1 既有建筑

既有建筑一般泛指已竣工的建筑,其存在形式大概可以分为以下 3 类:

① 以文物形式存在的古建筑,凝聚了古代人民智慧结晶,是珍贵的物质文化遗产,应该保护和传承;

② 存在于旧城区和旧工业区的建筑,这类建筑物无法满足经济发展的需要,可以拆除或改造;

③ 近期修建的建筑,为人们生活工作提供场所,其中不符合节能环保要求的建筑应当进行改造。

2.2 基础设施

基础设施是经济发展和社会活动的根基,是保障经济和社会发展的公共服务系统,具有先天性、基础性、不可贸易性和准公共物品性,其主要作用是为社会发展和人民生活提供服务和便利条件。

世界银行在《1994 年世界发展报告》中将基础设施界定为提供给企业进行生产的永久性建筑物、构筑物、工程设备及提供给企业和居民生活需要的设施与服务,并进一步将基础设施划分为经济性基础设施与社会性基础设施。其中,经济性基础设施一般指能源、交通、邮电等设施,而社会性基础设施则包括文化、教育、卫生及其他服务类基础设施。狭义的基础设施指的是经济性基础设施,而广义的基础设施则包括经济性基础设施和社会性基础设施[88]。

国际上将基础设施划分为以下 7 类,如表 2-1 所示。

表 2-1 基础设施分类

类别	包含对象
能源动力	电的生产和供应、燃气生产和供应、热能的生产和供应等
医疗文教	医院、学校、人才培训中心等
道路交通	对内对外的路网、桥梁、道路照明等道路交通工程设施
给排水	供水、排水、制水及水厂管网设施,环境保护及污水处理厂等
生态环境	园区园林绿化系统和环保环卫系统
防卫防灾	抗震、防震设施,防汛设施,消防设施及人防设施等
通信	邮政、电信、移动通信和网络、广播电视等服务设施

结合本课题的研究背景,本课题选取的是狭义概念上的经济性基础设施,认为基础设施应当是能够提高产出和生产效率、深化劳动分工、促进社会化大生产和提升社会福利水平的物质与技术手段。因此,本书将基础设施界定为:为社会生产和人民生活提供基础性公共服务设施的总称,主要包括:① 电力、煤气、水的生产和供应;② 交通运输设施;③ 邮电通信设施;④ 水利管理设施;⑤ 公共服务设施;⑥ 环境卫生设施。

2.3 既有建筑绿色化改造

2.3.1 既有建筑绿色化改造的定义

绿色建筑评价标准中将绿色建筑定义为在建筑全生命期内,可以最大限度地节约能源、土地、建筑材料及水等自然资源,减少污染排放,能提供健康舒适的空间环境,能与自然和谐共生的建筑。

既有建筑绿色化改造是指把已建成使用的"非绿色"建筑改造成达到"绿色"要求的建筑[89],具体通过进行节能、节水、节材、节地、室内外环境优化改造,使建筑节能环保,达到绿色标准。

既有建筑绿色化改造的主要内容如表 2-2 所示。

表 2-2 既有建筑绿色化改造的内容

改造部分	改造内容
节水部分	给水系统改造;排水系统改造;雨水系统改造
节地部分	平面空间拓展;竖向空间拓展;停车设施改建
节能部分	围护结构改造;供暖系统改造;空调系统改造;电气系统改造
节材部分	高性能加固、修补材料的使用;节能环保配套功能材料的使用
环境部分	室内湿热环境改造;室内空气环境改造;声环境改造;光环境改造

2.3.2　既有建筑绿色化改造与新建绿色建筑的区别

（1）制约绿色化改造的因素较多

既有建筑空间格局已固定，对采光条件的改善难度较大；另外，既有建筑自身损伤和建筑内部装饰工程会制约绿色化改造的实施。

（2）资金来源不足

绿色化改造费用由建筑产权单位自行承担，绿色化改造所具有的外部效应是难以衡量的，如果改造费用超过产权单位预期，势必影响其积极性；而绿色化改造的社会效益十分显著，政府需要大力提倡绿色化改造并完善相应激励政策。

（3）实施过程对使用者影响较大

既有建筑绿色化改造过程会影响到部分用户居住、工作及财产安全。施工管理者应具备高效的组织协调能力，重视施工安全和噪声控制，合理安排改造施工时段；必要时采取隔离空间施工，减少用户与施工方不必要的麻烦。

总之，新建绿色建筑在建设完工后已达到绿色建筑的标准，既有建筑绿色化改造是在建筑使用过程中进行绿色化改造，两者之间既有区别又有联系。

2.3.3　既有建筑绿色化改造与既有建筑一般改造的区别

（1）既有建筑绿色化改造以安全性、耐久性为前提条件

既有建筑一般改造通常仅需满足安全性和耐久性指标要求，是强制性标准，所有建筑必须达到这一要求才能被使用，否则属于违法行为。绿色化改造是在满足安全性、耐久性的前提下，按国家绿色建筑评价标准下对建筑进行改造。绿色建筑标准不是强制性标准，一般应先行确定拟改造建筑所能达到的绿色建筑标准水平，然后根据绿色建筑评价标准相关要求实施改造方案，并非所有建筑都需要达到绿色建筑评价标准的所有相关项[90-92]。

（2）既有建筑绿色化改造节能性更好

既有建筑一般改造只对建筑物开展局部节能改造，要求较低，而绿色化改造根据绿色建筑标准对建筑围护结构保温节能、给排水系统、设施设备进行改造，要求更加全面、严格。

（3）既有建筑绿色化改造具有绿色环保性

一般改造的装饰工程有可能采用了大量不环保材料，导致原生木材的过度使用和甲醛的排放，对环境造成严重的负面影响。绿色化改造过程中使用的都是环保材料，可循环再利用，对环境几乎没有影响，甚至还能改善周边环境。

（4）既有建筑绿色化改造具有高舒适度

一般改造仅为了满足使用者基本生活和工作需求，对舒适度的要求较低。而绿色化改造采用无毒环保材料，其光照、温度、湿度及空气质量都得到了极大的改善，建筑舒适度显著提升。

现代社会中,人们希望能够亲近自然,对生活办公条件要求也越来越高,既有建筑绿色化改造是一般改造的升华和延伸,是在绿色建筑标准下对室内环境、外部资源整合、节能节水设施进行的优化和完善,营造了舒适、环保的工作生活环境,综合利用了自然光照、通风及周围环境,有益人们身心健康。

2.4　既有基础设施绿色化改造

2.4.1　既有基础设施绿色化改造的含义

既有基础设施绿色化改造可以直观理解为将高能耗、非环保的基础设施项目改造为节能环保的项目,即对既有基础设施环境改善和资源整合等方面进行改造,使既有基础设施能耗降低,符合绿色标准的要求。

2.4.2　既有基础设施绿色化改造的特点

既有基础设施绿色化改造有别于既有建筑绿色化改造和既有建筑一般节能改造。既有基础设施在国民经济和社会发展过程中长期扮演着重要角色,长期为社会提供公共服务,其绿色化改造对提升城市形象和人们幸福感意义重大。

（1）需要进行检测和加固

既有基础设施大多修建时间较久远,且使用频繁,折旧快,能耗高,结构可靠性明显降低。因此,在既有基础设施绿色化改造前,必须先进行结构方面的检测和加固。

（2）改造场地固定

既有基础设施已服务多年,因功能性、安全性、节能性等无法满足社会需求而进行绿色化改造,其场地已经固定,限制因素较多。新建基础设施在设计阶段需要达到绿色标准,需要规划合适场地使功能最大化。前者是在原基础上采取绿色化改造措施实现既有基础设施使用寿命的延长,而后者则是通过选择对环境有利的建设场地进行设计和施工。

（3）改造的经济性需要评估

判断既有基础设施改造还是拆除重建,主要依据是经济性评估。既有基础设施绿色化改造经济性评估就是计算出既有基础设施绿色化改造的全寿命周期费用,同时对改造后的社会效益进行准确量化,对比分析是进行绿色化改造还是拆除重建。

我国既有基础设施保有量大,基础设施在使用过程中或多或少都出现了一些问题,而数量众多的既有基础设施若可以实现绿色化改造,就可以节约大量的资源,还可以带来巨大的隐性效益。

2.5　绿色化改造关键技术概述

本课题研究涉及的绿色化改造关键技术主要包括三个方面：一是既有建筑与基础设施绿色化改造措施技术，二是既有建筑与基础设施绿色化改造决策技术，三是既有建筑与基础设施绿色化改造 EPC 模式优化技术。这三个方面既层层递进又相互影响。

（1）既有建筑与基础设施绿色化改造措施技术

《既有建筑绿色改造评价标准》（GB/T 51141—2015）将既有建筑改造（Existing Building Retrofitting）定义为采用适当技术、工艺、设备和材料，对既有建筑进行调整、更新、加固等，以提高性能、改善功能的建筑活动。

20 世纪 80 年代以后，西方对旧建筑的改造则包括两方面的内容：一方面是对既有建筑特别是普通老建筑的性能与功能改造；另一方面是延续一个时期对历史性建筑的持续保护与改造再利用。

既有建筑与基础设施绿色化改造措施技术主要是指为了使既有建筑与基础设施达到新的功能、性能、可持续性能等方面的要求，采用适当的技术、工艺、设备和材料，对既有建筑与基础设施进行调整、更新、加固等活动或措施。

（2）既有建筑与基础设施绿色化改造决策技术

决策是管理中经常发生的一种活动，决策技术有定性分析法和定量分析法。既有建筑与基础设施绿色化改造决策技术是指在既有绿色化改造技术下，采用定性和定量相结合的决策分析模型对拟改造项目进行评价决策。

（3）既有建筑与基础设施绿色化改造 EPC 模式优化技术

合同能源管理（Energy Performance Contracting，EPC）作为一种节能项目运营管理模式，是 20 世纪 70 年代在国外发展起来的基于市场化的节能新机制。"合同能源管理"从字面上难以理解其内涵，在实施过程中，合同能源管理就是以未来节省的能源费作为节能服务成本的一种项目融资管理模式。

合同能源管理项目的参与方包括用能单位、节能服务公司（ESCO）、银行、保险公司、担保公司、设备供应商、设计施工单位等。如图 2-1 所示。

图 2-1　合同能源管理的相关参与方

　　既有建筑与基础设施绿色化改造 EPC 模式优化技术主要包括融资模式优化和风险分担机制优化。为了增进对合同能源管理的理解,由图 2-2 可知,EPC 项目通过签订能源管理合同,让专业化的能源服务公司进行能源管理,当项目达到节能目标后,交付用能单位,用能单位将部分节能效益和合理的利润支付给能源服务公司作为回报,并且无偿得到设备。同时,在国家鼓励和支持下,能源服务公司享有政府财政奖励和营业税、所得税、增值税的减免优惠,用能单位运行成本降低,能源利用率得到提高,实现了节能服务公司、用能单位和社会参与者的共赢。

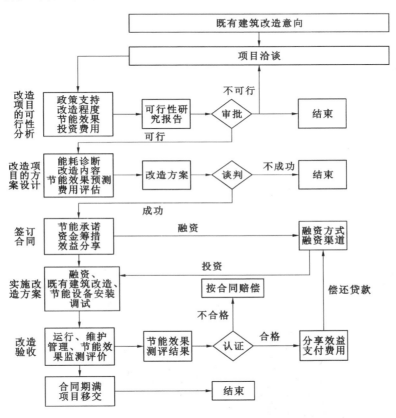

图 2-2　EPC 在既有建筑绿色化改造项目中的运行机制

3 中澳既有建筑与基础设施绿色化改造关键技术应用

3.1 我国既有建筑绿色化改造关键技术应用

3.1.1 北京既有建筑绿色化改造典型案例分析

1. 北京某街道办事处办公建筑改造项目概况

北京某街道办事处(以下简称 A 街道办事处,见图 3-1、图 3-2)坐落于东城区,局部情况见图 3-3。

图 3-1 街道办事处效果图

图 3-2　街道办事处地理位置

图 3-3　街道办事处周边环境图

2. 绿色化改造措施

（1）结构检测与加固

① 对结构构件承载力进行检测和安全性评估，确保使用过程中安全性得到有力保障。

② 在不改变原结构的前提下对相关部位加固，提升结构耐久性。

（2）节能与能源利用

① 对外墙表皮进行绿色化改造以利于保温。

② 更换节能门窗。

③ 空调系统采用联机方式，冬季采暖由供暖公司提供暖气。

④ 采用高效率、性能稳定的节能照明设备。

⑤ 暖通系统加装热回收装置。

⑥ 安装能耗计量设备。

⑦ 采用太阳能供热系统。

（3）节水与水资源利用

① 使用节水器具。

② 安装节水水箱，设置水表。

③ 安装雨水收集系统，并循环利用，采取节水灌溉方式。

④ 采用透水地面使雨水回渗，补充地下水源。

（4）节材与材料资源利用

① 使用垃圾分类回收装置。

② 制定办公用品再利用机制。

（5）节地与室外环境

① 地下室采用自然采光系统。

② 在该项目周边种植适宜在北方生长的景观植物。

（6）室内环境

① 在人员流动大的大厅、会议室配备 CO_2 监测系统。

② 在人员密集区墙面及最容易接触声波的建筑物表面使用吸声材料。

③ 采用减噪、隔振处理的方式。

（7）运营管理

① 制定、完善节能管理制度。

② 健全楼宇自控系统。

3. 绿色化改造效果

通过对主体结构、外墙、给排水系统等方面进行绿色化改造，该建筑物获得了二星级绿色建筑评价标识。

3.1.2　苏州既有建筑绿色化改造典型案例分析

1. 苏州设计研究院办公楼改造项目概况

苏州设计研究院办公楼坐落于苏州工业园区南部星海 9 号，占地面积 1.8 万 m^2，总建筑面积约 1.3 万 m^2（图 3-4）。项目在绿色化改造前是美西航空厂区。工业搬迁造成厂房原使用功能发生改变，该园区使用年限还未达到期限，鉴于拆除重建会造成大量资源的浪费和环境破坏,经反复商讨,决定对该厂房实施改造,实现资源最大化利用,创建绿色化健康舒适的办公场所。

(a)　　　　　　　　　　　　　　　　(b)

图 3-4　项目东立面改造前后对比

(a) 改造前;(b) 改造后

2. 绿色化改造措施分析

该项目结合既有工业建筑的结构与苏州地区的气候环境,利用生态建筑的设计理念,对其空间和使用功能做了与气候环境相匹配的系统性设计改造。通过分析苏州的气候条件,在改造时设计师因地制宜地制定了改造方针。该项目在保护环境、节约资金投入及降低能耗的同时充分利用自然通风和自然采光。

(1)结构改造

根据对该建筑的安全检测分析,在确保改造项目安全的情况下,保留原厂房 95% 的主体结构,对建筑物进行加固改造。

(2)功能改造

对厂房功能空间进行科学化的布局设计,将原高为 8.4 m 的单层建筑局部改造为高14 m 的多层办公楼,总建筑面积由原来的 0.68 万 m^2 改造为约 1.3 万 m^2。其内部变为集办公、会议、休闲娱乐为一体的绿色生态办公场所。

(3)围护结构改造

① 建筑外围护结构的绿色改造

在建筑外部加设绿化外廊,形成绿色休息平台。平台顶部采用铝合金遮阳格栅,外侧搭建种植落叶植物的花架(图 3-5)。

该厂房外围护结构的颜色主要选取苏州市传统的色彩,以灰白色为主。其颜色的选取不仅使其与当地建筑的格调相统一,也避免了炎热天气造成的热辐射。外墙保温材料和窗体材料的选取,也避免了冷热桥的出现,减少了室内能耗(图 3-6)。

② 建筑屋顶改造

对原有厂房的 11 个屋顶天窗进行改造。结合原厂房的设计特点充分利用太阳能,将光导管等技术用于厂房改造中,保证办公空间、走廊等自然采光照明。除此之外,对原厂房进行改造时在屋顶种植绿色植被,充分考虑雨水收集和吸热抗辐射,降低室内温度,

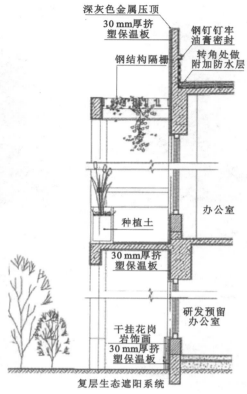

深灰色金属压顶

30 mm厚挤
塑保温板

钢结构隔栅

钢钉钉牢
油膏密封

转角处做
附加防水层

办公室

种植土

30 mm厚挤
塑保温板

研发预留
办公室

干挂花岗
岩饰画
30 mm厚挤
塑保温板

复层生态遮阳系统

图 3-5　遮阳构造与实景

图 3-6　玻璃幕墙构造与外墙面植被

减少内耗(图3-7)。

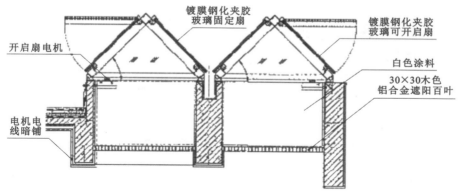

对原有天窗进行改造。将有机玻璃罩更换为可开启玻璃天窗,在保证设计空间的照明同时,利用空气温度差形成的拔风效应,加强室内空气的流通,在天窗下部设置仿木百叶,减弱午间的直射太阳光。

图3-7 屋顶绿化改造设计与实景图

(4)空间改造

① 建筑空间的改造

原厂房是趋近于正方形的建筑,其中间部分采光和通风效果非常不理想,为了达到良好的采光和通风效果,将其改造为三位一体的空间,新建筑由办公、外廊休息区、内庭院三部分组成(图3-8)。

② 空间内部自然通风设计

室内的自然通风应在设计时予以考虑。在改造设计前通过计算机生态模拟数据分析可知,改变建筑外围空间可引入自然风,设置大面积的落地窗可以充分利用自然风改善内部空气流通性并降低室内温度(图3-9)。

③ 室内整体设计室内设计将整体布局和使用功能融合,创建绿色可持续发展的办公空间。在前期室内设计时,改造项目全面考虑了节能材料的选取及节能方案的实施,根据绿色、环保的原则,主要采用可回收利用材料,避免造成二次浪费(图3-10)。

④ 室外空间的景观设计

充分利用周边已有的既有建筑进行绿色化场地改造设计,保证设计院的个性及与周边环境的契合度(图3-11)。

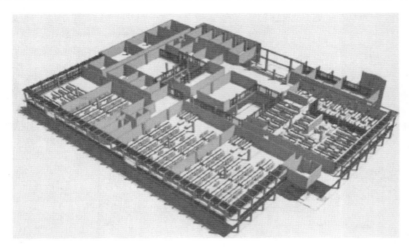

图 3-8　空间改造设计与室内实景图

图 3-9　自然通风设计与内庭院实景图

图 3-10 室内装修过程与休息空间实景图

图 3-11 总图设计与现场实景图

3.绿色化改造技术应用

(1)雨水回收系统

原厂房拥有完善的供水系统,所以在设计时应避免因再次铺设供水管道而造成资源浪费。在改造过程中,增设雨水收集系统,将雨水循环利用,收集的雨水主要用于灌溉、冲厕等方面(图 3-12)。

(2)太阳能系统

太阳能系统主要用于热水供应。依托苏州地区充沛的太阳能资源,改造时在建筑物顶部安装了大量太阳能集热板,其产生的全部热水主要用于满足生活用水的需求。

(3)电气节能系统

将原厂房中的变压器、电线等保留,最大限度地利用原配电器材和电缆,既减少新设备采购投入,又可以确保原设备、电线等循环利用,减少淘汰的废弃物对周边环境的破坏。

办公场所安装分项计量装置,对办公区域能耗进行全面监测,将监测数据传输至物业管理部门,物业管理部门通过能耗分析,实施相应的降低能耗措施。

(4)暖通空调系统

暖通空调系统能耗占整个建筑物能耗的一半以上,其节能改造是本项目的关键,主要考虑以下三点:

首先,改造设计时,本项目充分考虑到自然通风可以满足降温的需求。因此,在设计前期通过动态模拟对其科学性进行分析论证。通过模拟数据分析可知,使用自然通风系统可以减少空调的使用时间 300 多小时,很大程度上节约了空调使用能耗。

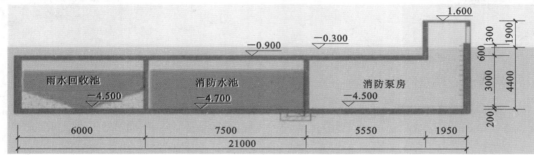

图 3-12　雨水回收系统设计与实际效果

其次,办公楼内利用空调排风和新风系统,配置全热交换式新风换气机,利用新风换气机再次回收室内排风,有效节约了 15% 左右的空调能耗。

最后,根据设计院工作特点,本项目采用可独立控制的空调系统,分别计量,以便于各部门的能耗考核。

4. 绿色化改造效果

通过对原厂房结构功能的转变,新办公楼与传统办公楼相比,其室内温度降低了 3 ℃左右,节约能耗 20%,节约电费 60 多万元,通过了国家三星级绿色建筑评价标识认证。

3.1.3　深圳既有建筑绿色化改造典型案例分析

1. 深圳南海意库 3 号厂房改造项目概况

南海意库 3 号厂房坐落于深圳蛇口海上世界核心区,原为日资三洋厂房,用地面积约 0.44 万 m²,总建筑面积 0.96 万 m²。依据图 3-13 所示的建筑模型进行改造,改造前后的外观如图 3-14 所示。该建筑 3 号厂房作为首次启动的示范工程,荣获国家三星级绿色建筑评价标识。

图 3-13　建筑模型

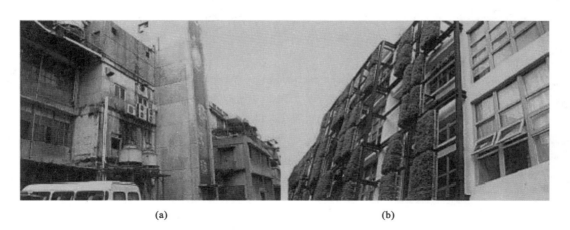

(a)　　　　　　　　　　　　　　　　(b)

图 3-14　改造前后外观对比

(a) 改造前；(b) 改造后

2.绿色化改造措施分析

(1) 结构改造

该项目在保持原厂房建筑结构不变的前提下对其加固，主要是对梁柱节点采用黏结碳纤维布和植筋的方法补强(图 3-15)。

(2) 功能改造

对既有厂房建筑进行绿色生态改造，以增加舒适度，降低能耗，减少环境破坏为目标，将厂房改造成满足 4A 级标准的生态办公楼。

① 加层改造

原厂房为 4 层建筑，为了满足办公空间的需求，扩增为 5 层，增加层主要为实现停车、配套服务、办公、休闲等功能。

② 生态中庭

3 号厂房改造中将原来的 2 层到 5 层贯通改造为生态中庭,其主要目的是便于室内采光及充分利用自然通风(图 3-16)。

图 3-15　结构改造　　　　　　　　　　　图 3-16　生态中庭

③ 前庭阶梯退台的设计

3 号厂房的退台顶部以覆土种植为主,在减少室内能耗的基础上形成生态系统,满足办公场所生态需求(图 3-17)。

图 3-17　前庭阶梯退台设计

④ 景观水池

景观水池位于停车场的上方,其水池底部采用透明的玻璃支撑,用于实现停车场的自然采光,减少能耗(图 3-18)。

图 3-18 景观水池

（3）围护结构改造

① 墙体改造

墙体改造时,尽可能避免大拆大建,避免浪费。在保留原墙体的基础上,采用悬挂 ASA 板幕墙系统和遮阳设备的方法,满足节能效果(图 3-19)。

② 遮阳设计

遮阳设计时,分析深圳市日照方位角,采用百叶遮阳的方式对原厂房东立面进行改造,通过灵活调节叶片角度改变太阳光照射角度,从而改善室内采光。在西立面主要利用绿色植被,将其建造为垂直绿化系统生态墙(图 3-20)。

图 3-19 前厅玻璃幕墙　　　　　　　　图 3-20 遮阳设计

③ 屋顶隔热

屋顶隔热利用 XPS 隔热材料,控制室内外热量的交换(图 3-21)。

图 3-21　屋顶隔热处理

（4）空间改造

① 地下空间的开发利用

为了满足员工停车需求，在原厂房的基础上增加了地下停车场面积，使其达到 0.15 万 m² （图 3-22）。

图 3-22　地下停车空间

② 室外环境

3 号厂房在绿色化改造后，正面中庭采用梯形式立体绿化，随季节变化北立面可以全部融入自然中，并与景观水池相呼应（图 3-23）。

图 3-23　室外环境

3.绿色化改造技术应用

（1）自然通风

利用自然通风的主要目的是满足办公场所室内温度和湿度舒适性的要求，达到舒适与节能相结合的效果（图 3-24）。

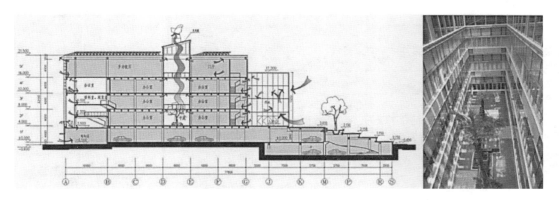

图 3-24　自然通风

（2）节水技术

对该项目进行绿色化改造时，主要对原厂房的排水系统做了相应的改造，将原卫生器具更换为节水设备，将中水和屋面雨水收集循环利用。在植被灌溉方面主要采取滴灌技术，其主要目的是减少直接损耗和蒸发量，便于控制用水量。

（3）光环境改造

在改造时主要采用自然采光和照明（图 3-25）。

4.绿色化改造效果

该项目在比较成熟的绿色建筑设计基础上，从宏观到细部进行系统性的考虑，利用计算机模拟方式对改造项目进行详细的数据分析，分析其结果并指导改造方案设计。该项目在改造前后的技术指标见表 3-1，具体绿色技术参数见表 3-2。

图 3-25　采光设计

表 3-1　改造前后技术指标对比

	原建筑	创意产业园
总建筑面积	16201.2 m²	24250 m²
平均每层建筑面积	4050.3 m²	4850 m²
层数	4	5
层高	4 m	4 m
停车面积	无	5636 m²
结构形式	钢筋混凝土框架结构	钢筋混凝土框架结构＋钢结构
外墙形式	240 mm 黏土砖墙,水刷石批荡及外墙涂料	保留砖墙,内贴加气混凝土砌块 Low-E 中空玻璃及遮阳系统
门窗形式	实腹钢窗	中空玻璃

表 3-2　绿色技术参数

太阳能光伏发电系统	光伏板总面积	有效面积 292 m²	温湿度独立控制系统	高温冷源	18 ℃左右
	平均日发电量	200 kW·h		COP 值	提高 70％以上
	年发电量	5 万 kW·h		新风除湿	带热回收溶液除湿新风机组
太阳能光热系统（地源热泵辅助供热）	光热板面积	约 100 m²	中水利用	末端装置	冷辐射吊顶和干式风机盘管
	每天生产 55 ℃的生活热水	约 5000 L		中水原水量	约 29.3 m³/d
	供应规模	400 人的餐厅和 30 位员工淋浴		雨水收集池	100.0 m³

外墙隔热——原有墙体内侧加砌100 mm厚加气混凝土砖	墙体热传导系数	≤0.8 W/(m²·K)		冲洗地面、绿化	17.3 m³/d
屋面隔热技术——30 mm厚聚苯挤塑板和75 mm厚聚氨酯压型钢板屋面	屋面热传导系数	≤0.8 W/(m²·K)	中水利用	景观补水	8 m³/d
Low-E中空玻璃幕墙	隔声性	≥30 dB(A)		处理方法	人工湿地＋砂滤
	传热系数	≤3.0 W/(m²·K)		非传统水源利用率	10％以上
中庭自然通风	太阳能拔风烟囱	6个	节水器具	节水率	8％以上
	烟囱高度	6 m	其他节能技术	自然采光、自然照明、前庭自然通风、半地下车库自然通风、人工照明节能、光导管采光等	
	外墙开口率	10％以下	综合节能率	66％	

通过绿色化改造后,该项目建筑节能系数为66％,在广东省乃至华南地区都首屈一指。

(1) 经济效益

① 节能

根据深圳市甲级写字楼的建筑能耗计算标准,经改造后的项目能耗是当地其他甲级写字楼能耗的1/3。按照2.2万 m²的空调面积计算,每年可节约用电 220万 kW·h,按每度电1.00元计算(1度＝1 kW·h),每年减少电费 220万元。

前厅制冷功率降低了 2/3,生态中庭大大减少了热辐射,停车库得到了充足的自然采光。以 Low-E 为材料的中空玻璃幕墙节能率达8％,每年节电约 19万～21万 kW·h。运用太阳能拔风系统,每年节电约 60万～80万 kW·h。中庭顶部的太阳能光伏电池板每年节电约10万 kW·h。

② 节水

本项目在设计前期就综合考虑利用雨水收集系统和人工湿地等方式,根据相关数据可知,其节水率达到了 50％。同时,改造后 3 号厂房是深圳市首例以人工湿地方式处理生活杂用水并实现了零污染的项目。

③ 节材

在改造中采用原厂房变电器材再利用的方式,节约了 300万元。

(2) 环境效益

通过分析得出:每年至少节约煤炭用量1000 t,减排二氧化碳 2660 t(二氧化碳等废物减排见表 3-3)。

表 3-3　节能减排表　　　　　　　　　　（单位:t/年）

CO_2	SO_2	NO_x	粉尘	煤渣
2660	6.12	8.99	2.51	328.02

3.1.4　上海既有建筑绿色化改造典型案例分析

1. 南市发电厂主厂房和烟囱改建工程(未来探索馆)项目概况

上海南市发电厂主体建于 1985 年,主厂房占地面积约为 0.92 万 m^2,改造前建筑面积约为 2.3 万 m^2,其烟囱高为 165 m,改造后主厂房建筑面积约为 3.1 万 m^2(图 3-26)。主体改造后的发电厂主要是用作世博会主体展馆,以"未来探索馆"、能源中心和案例报告厅等为主。

(a)　　　　　　　　　　　　　　　　(b)

图 3-26　改造前后的南市发电厂

(a) 改造前;(b) 改造后

2. 绿色化改造目标

根据"四节一环保"的主旨,其改造目标为:
① 室外地基透水率满足建筑需求的 46%;
② 改造项目的整体节能率达到 62%;
③ 利用可再生能源满足 30% 用电需求;
④ 可循环材料使用量占建材使用总量的 12%;
⑤ 自然采光约为 80%。

3. 绿色化改造措施分析

（1）结构改造

厂房主体结构主要由大跨度屋架和连接设备及附属钢结构楼板的支架组成。考虑厂房整体结构设计必须从满足使用功能的角度出发，本项目在尽可能利用原结构的基础上对其加固改造，保留工业文明的特征及融入美学元素。通过大量数据分析，最终决定将原混凝土排架支撑结构转变为带阻尼支撑框架结构。

原烟囱结构改建的主要策略是在烟囱顶部设置轻型钢结构构架，用以在钢结构构架外侧设置 LED 景观灯，筒身部分通过筒壁外的钢架将 LED 设备、管线等设置在上面，同时对筒身部分的裂缝进行针对性的修复加固及涂装。改造技术的主要难点是需要将约 71 t 的工字钢、角钢等钢结构材料在地面精确加工成各个规格尺寸的部件，然后靠 6 台升降吊篮携带工人在窄小的烟囱操作面上进行打孔、焊接、固定和防腐蚀处理。

（2）空间改造

在空间改造上，主要是将原发电机组、辅助设备及锅炉车间分别改造为展馆的大型主题展厅、小空间为主的服务管理区、主要展区三个方面。

（3）设备体系改造

① 主厂房改造

主厂房原设备间包括各种器械设备，在保留原有设备的位置、特征等的基础上，将艺术效果系统性地融入全新功能体系中。

② 烟囱改造

烟囱内部设有电源柜。两路进线电缆沿预埋钢管引入烟囱，从配电柜至末端设备的电缆沿桥架敷设，桥架在 3 m 处由烟囱内部伸出室外，室外桥架沿烟囱外壁敷设至顶部，配出线电缆需满足室外高空敷设要求。其负荷等级与供电电源如下：

a. 工程泛光照明及显示屏按二级负荷要求供电，航空障碍灯按一级负荷要求供电。

b. 航空障碍灯除采用二路电源外，另加装了 EPS 电源，以确保供电的可靠性。应急照明持续工作时间大于 30 min，EPS 转换时间小于 0.1 s。

c. 两路 AC 380 V 电源由南市电厂主厂房变电所引来，两路电源引自不同变压器，容量均能满足所有一、二级负荷使用。

d. 气象塔总电容量设计为 170 kW，其中 LED 显示屏和温度显示屏约 90 kW。

（4）立面改造

在立面改造过程中，主要改造内容包括：南立面利用一组 C 字形转折形体将原来松散的体量关系系统性地连接起来，再结合屋顶加装太阳能板，以满足展馆的功能需求；东立面和顶部改造利用主厂房的高度优势和景观效应，在顶部采用玻璃体材料利用通透的玻璃幕墙形成景观通道；北立面改造主要是拆除原来的外部墙体，将原来的建筑结构呈现出来，将 H 型柱改为紧急疏散通道；在屋面按照一定的规律安装了太阳能发电设备（图 3-27），满足主厂房的功能需求。

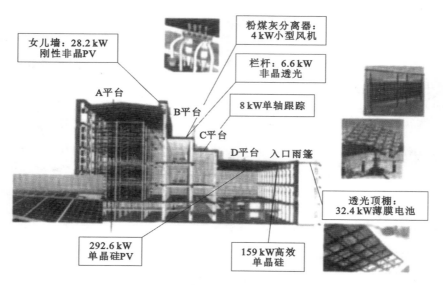

图 3-27　光伏发电位置示意图

4. 绿色化改造技术应用

该项目绿色化改造主要从"四节一环保"展开，利用既有建筑改造关键技术对其进行整体性改造（图 3-28），包括以下几个方面：

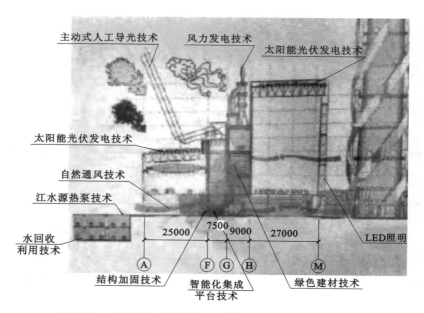

图 3-28　南市发电厂改造工程绿色建筑关键技术集成体系

（1）节地与室外环境优化

① 场地与设备的再利用

在改造过程中，充分考虑改造场地保留和再利用的需要及采用阻尼器耗能结构主体加固技术，以减少结构承担的地震作用，确保整体结构的稳定性。保留原车间吊车及部分机组作为观展工具和主体展示（图 3-29）。

图 3-29　南市发电厂改造工程选用的阻尼加固器和部分保留设备

② 舒适的室外环境

主厂房设计满足活动空间的通风需要。景观和场地设计考虑透水地面和绿化因素，减少热岛效应。在外墙增加 H 型钢和建筑原来的钢柱结合，用于加固。

（2）节能与可再生能源利用

① 维护结构节能

在保留原厂房特性的基础上，外墙采用塑料保温材料，外窗采用玻璃幕墙，天窗选取断热铝合金低辐射中空窗。

② 设备和系统节能

该项目在改造中，以江水源热泵系统为冷热源（图 3-30）。主要目的是在夏季提高制冷效率，冬季提高采暖效率。

在照明设备改造中，采用分区控制的方式并结合 BAS（太阳能光伏组件）联网集中管理，利用集成管理平台，实现系统性管控。

③ 可再生能源利用

改造项目的屋顶平面由南向北逐级升高，呈阶梯状，遮光少，太阳能光伏组件采用了高效单晶硅等不同类型的电池，其建筑一体化效果如图 3-31 所示。

（3）节水与水资源利用

改造项目在设计时，采用两套给水系统，即自来水供水和再生水循环水系统。再生水主要来源于排水和雨水两个方面，经过处理用于灌溉等，很大程度上减少了自来水用量。

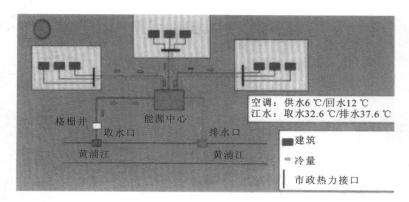

空调：供水6℃/回水12℃
江水：取水32.6℃/排水37.6℃

格栅井　　　　能源中心
　　取水口　　　　　　排水口
黄浦江　　　　　　　黄浦江

■ 建筑
➡ 冷量
┃ 市政热力接口

图 3-30　水源热泵系统示意图

图 3-31　南市发电厂改造项目中应用的太阳能光伏组件

（4）节材与材料资源综合利用

① 设计优化节材

主厂房改造设计时，通过有限元方法对该项目进行模拟分析，通过分析数据对该建筑进行加固改造。

② 绿色施工中的节材与选材

对拆迁的废弃物采用分类处理及回收利用的方法，将部分构件用于工艺制作（图 3-32、图 3-33）。

（5）室内环境

① 天然采光

采用物理方法组合导光系统，利用导光板将太阳光折射至室内，在改造建筑中形成"生态光谷"，达到约 80% 的采光需求（图 3-34）。

② 自然通风

对室内自然通风的效果进行数据模拟测算，如图 3-35 所示。

图 3-32 风管安装过程及时封堵
防止空气污染

图 3-33 建筑废弃物分类回收利用

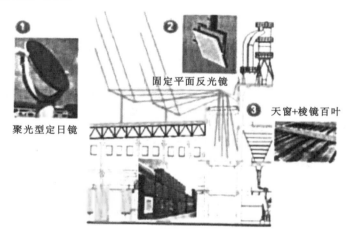

聚光型定日镜　　固定平面反光镜　　天窗+棱镜百叶

图 3-34 南市电厂改造工程主动式导光系统原理图

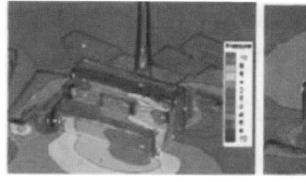

图 3-35 夏季主厂房室外表面压强分布状态图

（6）运营管理

将改造项目相对独立的各子单元系统性地整合成一个综合体，利用软件技术实现全方位管控，有利于提高项目在节能、运营等方面的管理效果，可以将世博会的全新节能建设理念传播给参观者。

5.绿色化改造效果

在改建主厂房过程中最大限度地节约了工期和资金投入，遵循从"保护"到"利用"的可持续改造方针，并将主厂房打造成为三星级绿色建筑，对世博会"绿色世博、科技世博"理念做出了完美解释。

3.1.5　广州既有建筑绿色化改造典型案例分析

1.广东科学中心改造项目概况

广东科学中心坐落于番禺区，是集科普展览、教育、文化娱乐等为一体的综合性建筑，占地面积约 45.4 万 m^2，建筑面积约 13.8 万 m^2（图 3-36）。2001 年 12 月该项目立项，2008 年 5 月竣工。

图 3-36　建筑实景图

2.绿色化改造措施分析

（1）围护结构改造

该项目外围护结构复杂且庞大，包括铝板幕墙、石材幕墙、玻璃幕墙和混凝土屋面、铝板屋面（图 3-37）。

其中在建筑立面上玻璃幕墙采用 Low-E 中空玻璃（图 3-38）。

（2）功能改造

该项目为大型公益性公共建筑，根据平面分区与属性分区原则，将各功能区有机地紧密联系在一起，形成高效、持续的功能关系。其中建筑西部主要为公共活动区，包括大部分的常设展厅、架空层展区、餐厅等。东部主要为行政后勤及公共服务区，包括行政办公、车库、展品研制、售票、商店等公共服务空间（图 3-39）。

(a) (b)

图 3-37　围护结构节能设计

（a）铝板幕墙；(b）玻璃幕墙

图 3-38　Low-E 中空玻璃

3.绿色化改造技术应用

（1）太阳能光伏发电站——太阳能风帆技术

由于广州全年日照达到 2200～3000 h,每年辐射总量为 5016～5852 MJ/m²,因此,本项目在设计时主要采用太阳能风帆技术(图 3-40),倡导绿色能源与环境保护。

（2）自然采光技术

广东科技中心改造设计之初,充分考虑自然采光的优势,设计了采光中庭(图 3-41),最大限度地增大了自然光线与室内空间的接触面。

图 3-39   功能分区图

图 3-40   太阳能风帆

图 3-41   采光中庭

（3）自然通风技术

广州属于夏热冬暖地区,其空调能耗是建筑物的最大能耗单元,采用自然通风技术是最有效的节能方式。在改造项目前期设计时,设计单位采用数字模拟技术,利用获得的数据分析其通风效果,进一步对设计方案进行科学合理的设计,确保有效采用自然通风。

（4）照明系统节能技术

按照相关节能标准规范,结合该项目实际情况,在改造时主要采用自然采光和人工照明相融合的方式（图 3-42）。

图 3-42　人工照明

（5）光电幕墙技术

光伏建筑一体化通过光伏发电和幕墙形成整体,既可以产生电能又可以输出电能。在改造中,该建筑在屋面部分区域天窗部位采用了光电幕墙系统（图 3-43）。

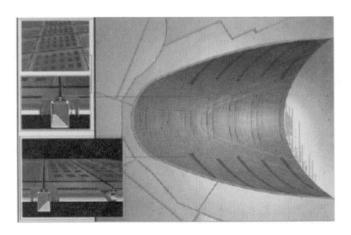

图 3-43　光电幕墙系统

（6）节水技术

① 雨水收集

改造项目的屋面面积达到 4.6 万 m^2，为了便于雨水快速排出，采用压力流排水系统。屋面雨水收集连接人工湖，将收集后的雨水排放于人工湖中，增加景观湖的水量（图 3-44）。

图 3-44　雨水调蓄系统

② 空调冷却水循环给水系统

人工湖中的水在全自动曝气滤机净化后输送给空调，再流经人工喷泉，最终流回景观水池中（图 3-45）。

图 3-45　景观水池循环给水系统

（7）运营管理

项目营运本着充分利用基地周围良好自然生态环境的原则，注重建筑节能及室内外生态环境的协调。在建设和经营过程中，保持所在区域的自然环境特色，实施环境保护和污染治理的措施。

改造项目建立清污分流排水系统，生活污水及饮食、停车场等污水经三级处理达到一级标准后，才排入市政污水管网。

改造项目在室内外适当位置及沿线放置收集箱，将废弃物分类收集，并采用"日产日清"的方式，将废弃物集中送交环卫部门进行处理。

4. 绿色化改造效果

（1）经济效益

① 节能

广东科学中心通过对自然采光、通风等多项改造技术的综合应用，相对于未采用节能方式时节能率提高了 60%。

② 节材

该项目在改造中主要采用预拌混凝土、一体化设计施工技术，在不破坏原有建筑构件及设施的基础上，减少了材料的使用量，节省了材料费用的投入。

（2）环境效益

该项目采用双层玻璃太阳能组件，每年产生的电能约 30 MW，每年减少约 30 t CO_2 排放量。

BIPV 光电幕墙系统每年的发电量为 861 MW·h，可减少 2700 多吨 CO_2 的排放。

3.1.6　武汉既有建筑绿色化改造典型案例分析

1. 武汉建设大厦改造项目概况

武汉建设大厦坐落于武汉市江汉区（图 3-46）。改造项目分为地上五层，地下一层，总建筑面积约为 2.5 万 m^2，占地面积约为 0.6 万 m^2，绿化面积约为 0.1 万 m^2，该项目 2012 年被评为"三星绿色建筑"。

图 3-46　武汉建设大厦改造前后对照

2. 绿色化改造措施分析

（1）围护结构改造

① 外墙

该项目原外立面陈旧且部分外窗高度过高，不利于办公。因此，在设计改造方案之初，针对原建筑的特点对其重新设计规划，确保在不"推倒重来"的基础上，实现节材、节能的目的,以及获得良好的保温性能。外墙主要采用了双层隔热表皮(图 3-47),并采用了可调节的内置百叶窗户,以提高节能效率。

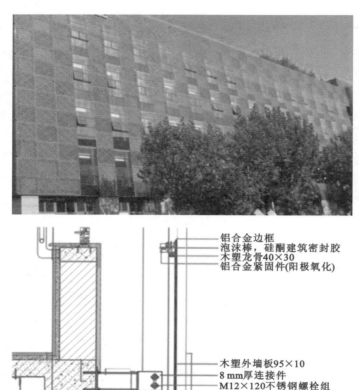

铝合金边框
泡沫棒,硅酮建筑密封胶
木塑龙骨40×30
铝合金紧固件(阳极氧化)

木塑外墙板95×10
8 mm厚连接件
M12×120不锈钢螺栓组

铝合金立柱(粉末喷涂)
木塑外墙板95×10
铝合金横梁
木塑龙骨40×30
铝合金边框
铝合金扣盖
2.5 mm铝单板封修

图 3-47　双层隔热表皮

② 屋顶花园

在改造项目的屋面采用屋顶绿化(图 3-48),经农科院指导,本项目主要种植适用于屋顶的植被,并将其作为实验田。屋面的绿化面积约为 43%,有利于空气净化和屋顶隔热,在夏季降低空调使用时间,在冬季具有保温作用。

(2)空间改造

① 绿色展厅

绿色展厅充分呈现出该项目在改造中所采用的各种绿色改造技术(图 3-49)。

② 停车场

本项目将停车场设计为两层升降式立体车库,利用改造技术达到了节地的目标。

图 3-48　屋顶绿化示意图

图 3-49　绿色展厅

（3）功能改造

① 室内自然采光

保留原有中庭（图 3-50），利用自然采光的方式将顶部设计为玻璃，充分利用光照；其下部改造成多功能厅，通过自然采光满足多功能厅的照明。

② 室内自然通风

改造设计时，采用敞开式的天窗替换原封闭式的天窗，改善通风效果。

图 3-50　武汉建设大厦中庭

③ 噪声处理

采用吸音板、减振一体化基座、空腔隔音等,降噪效果良好。

（4）绿色建材

武汉建设大厦改造主要采用了新型复合材料可再生木塑板。

3.绿色化改造技术应用

（1）自然通风

该项目是由商场转换为办公楼的绿色化改造项目。原建筑的功能不能满足办公楼的功能需求,尤其是自然通风和采光。

通过对室外环境分析可知,对该项目的中庭结构做整体性改造便于充分利用自然通风（图 3-51）。

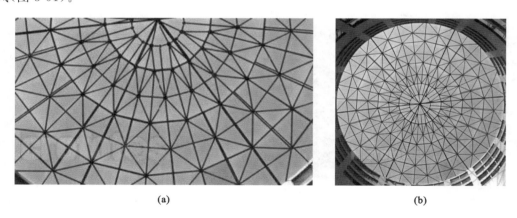

(a)　　　　　　　　　　　　　　　　　　　**(b)**

图 3-51　改造前封闭天窗—改造后开敞天窗对比

（a）改造前；（b）改造后

（2）空调系统

经过检测分析得知,原空调风系统空气处理机组性能完好,在原系统上主要改变了风道和机房（图 3-52）。

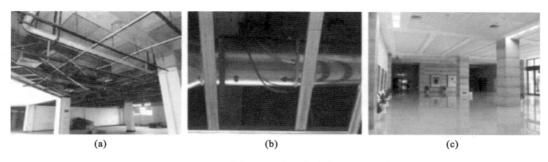

图 3-52　空调风系统改造前中后对比

(a) 改造前；(b) 改造中；(c) 改造后

（3）太阳能光热建筑一体化

改造项目主要利用太阳能光热建筑一体化技术提供生活热水及厨房热水（图 3-53、图 3-54）。利用太阳能光热建筑一体化技术提供大厦每年约 87% 的热水消耗量。

图 3-53　太阳能热水系统与屋面一体化

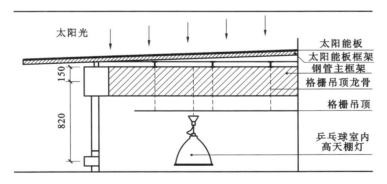

图 3-54　太阳能光热建筑屋面构造

（4）绿色管理

① 采用分项计量方式监测各部分能耗；

② 对地下车库进行 CO_2 浓度监测；

③ 对室内空气质量实施监控；

④ 利用智能楼宇系统对大楼进行综合管理；

⑤ 采用 EPC 模式。

4. 绿色化改造效果

（1）经济效益

① 节能

通过相关的测算分析可知，该项目在改造前建筑节能率约 40％，通过绿色化改造后总体能耗相比于改造前提升了约 24％。

② 节水

该项目通过对改造后使用数据的分析可知，其单位面积能耗低于湖北省 2 万 m² 以上政府机构办公楼的单位面积能耗。通过武汉市能源审计数据分析结果可知，改造项目的平均给水量相对于武汉市其他政府机构办公楼的平均给水量节水率约 21％。

③ 节材

武汉建设大厦在改造中主要使用可循环再生材料，如木塑新型复合材料等。改造后对相关数据统计分析，确定其使用可循环材料达到 2000 多 t，占所有建筑材料总质量约 74％。

（2）环境效益

根据相关数据显示，改造后的武汉建设大厦每年可减少 CO_2 排放量约 130 多 t。

3.2   澳大利亚既有建筑与基础设施绿色化改造关键技术应用

3.2.1   布瑞克街 385 号

1. 项目概况

布瑞克街 385 号是一个商业办公大楼，同时也是一个很好的翻新改造案例，该案例成功地将一个老式建筑进行翻新改造，并使其达到显著节能的目的。该建筑位于伊丽莎白和布瑞克街相交处的热闹角落，于 1983 年建成。它以混凝土和钢结构为主体框架，混凝土外墙上设置矩形窗作为装饰。办公裙楼有 5 层。零售面积为 6000 m²，办公面积为 55000 m²（图 3-55）。

2004 年，澳大利亚建筑评级机构（ABGR）（前身为澳大利亚国家建筑环境评估体系 NABERS）对该建筑进行绿色评价，绿色评价结果表明该建筑为零星级。Umow Lai 顾问公司对项目进行全面的环保标准审核，并为项目提供了一系列绿色节能改造选项，以提高它的能源效率。建筑物中的许多空调系统都已达到寿命周期末端，因此提出的改造建议主要是提高供热、通风和冷却（HVAC）系统的效率。

图 3-55　建筑实景整体效果图

业主了解该系统升级过程中将会遇到的风险和成本数量的变化后，对改造项目进行了可行性研究。2005 年，业主批准项目的进行，并与维多利亚州环保部门以及 Donald Cant Watts Corke 公司的项目经理们共同制订出一份详细的项目翻新改造范围（表 3-4）。该项目的参与者还包括来自 Umow Lai 的环境可持续设计（ESD）顾问，以及承包商 ag coombs，PAarmac 和 Johnson Controls 等。

表 3-4　项目翻新改造范围

关键的翻新特性	升级的建筑管理控制系统； 变速风扇驱动器； 节能模式； 勒克斯计传感器； T5 灯具； 量子热泵机组； 卫生间节流器； 混合回收程序； 计量
节能	每年减少二氧化碳排放 372 MJ/m²，相当于减少 41% 的二氧化碳排放
节水	不适用
温室减排	二氧化碳排放量为 4680 t/年
项目成本	250 万美元

2.项目计划及实施

（1）项目计划

该计划包括暖通空调系统的升级和更新。这个过程包括以下两个阶段：

第一阶段——在升级之前要改装系统并对系统进行合理化评估，例如：建筑管理系统升级、合理化的建设进度控制、引入能源计量的冷冻水系统、更换风扇马达，每隔一个小时以区域为单位积极开展空气质量测量和评估。

第二阶段——进一步升级暖通空调网状系统，例如：加热和冷却水系统、冷冻水控制和一些额外的辅助计量。第二阶段的目的是在原来能量等级的基础上进一步提高能源评级，使其至少达到3.5星级。

（2）实施

项目实施历时两年半，被分解成许多个离散方案同时进行。例如，改造地下室锅炉温度和地下室冷冻水系统。锅炉系统和冷冻水系统本质上是不同的两个系统，但是对锅炉温度的改造（例如改变温度到43°）与对地下室冷冻水系统的改造，却可以在同一时间实施，这样提高了执行效率并减少了支出。该建筑在升级过程中保持着完整的入住率。

3.改造技术分析

（1）建筑

因为该建筑的结构和外墙在现有条件下已经达到绿色节能要求，所以没有对建筑物的结构或外观进行改造。

（2）供暖通风空气调节

随着租户搬家及楼层清空，建筑物的空调系统由气动改造成直接数字化控制。这项随机翻新的遗留问题让建筑处于一种不平衡状态，因此对机组进行完整的重新调试以应对楼层的改变是非常必要的。这个重新调整或重新平衡过程是在项目早期进行的。

变速驱动器的风扇安装到每个空气处理机组，服务于包含几层楼的空调区域。这是一个相当大的投资，涉及十一个大气处理机组（AHU）的供风和回风的风机改造。该系统被重新编程，以提高其使用的节能模式（通过可用的较冷的室外空气自然冷却），而不是使用冷水机组。这被认为是在实施翻新工程中采取的一个更重要的节能措施。此外，项目对每层空气处理管道的密封情况进行了系统调查（图3-56）。

虽然对制冷机组的运行策略进行了阶段性修正及对制冷模式的逻辑进行了修改，但是机组本身的设备没有改变。变速驱动器的安装和机组逻辑的变化使建筑物在工作模式下能更高效地运行。以前，有一半的建筑暖通空调系统只能在一层楼制冷或供热，并且所有楼层的风机都是满负荷运作。现在，它们被分布在各个楼层，意味着风机对建筑物的每层及整体都有更好的控制，这样的措施对节约能源有非常积极的影响。

图 3-56 空气处理管道

（3）照明负荷

照度计的传感器被安装在门厅监测日照的水平，用来确定在任何时候所需打开电灯的数量，照明采用节能灯泡，目前主要是 T5 灯具。

（4）水

改造之前，热水主要由锅炉厂提供，这样的模式造成了重大的能源损失。改造之后，此系统被六个有效的量子热泵机组替换，其中三个位于第 4 层，另外三个位于第 2 层。限流器被放置在卫生间所有的水龙头里面，并且在淋浴间安装了新的节水淋浴头。随着楼层的升级，厕所都安装了最新的双冲系统。

（5）废弃物

所有建筑垃圾包括地板、机组和设备的翻新及其他材料回收等所造成的垃圾实现了60％的回收比率。用一个纸板打包机压缩废弃的纸箱，集中式油回收箱用于美食区。垃圾箱提供了常用的灯和管，这样垃圾就可以被正确处理而不是送到垃圾掩埋场。

（6）环境

空气处理机组可实时测量二氧化碳含量并及时应对，避免二氧化碳含量升得太高。如果需要，更多的外部空气将被输送到办公区。自动门出入口空气幕的更换，使得在美食广场和零售领域的加热和冷却能显著节省能源。在改造过程中采用低挥发性有机化合物含量的地毯、油漆和其他对环境危害较小的材料。

（7）楼宇管控

在主要机组上安装能源计量器，能够更好地监测能源消耗并更容易找到出现的问题。外部服务提供商拨号进入系统，以便于每月分析数据，并对异常的数据进行反馈。关键传感器控制系统（送风温度、系统压力）的调整和重新安置可以提高楼宇管控系统的可靠性和准确性。

4. 绿色化改造效果

（1）经济效益

① 维护成本

为保证改造工作持续进行并稳定成本，需要合理地处理各种维护问题以减少用户对暖通空调舒适度的投诉。

② 节能

每年减少二氧化碳排放 372 MJ/m^2，这个数据表明二氧化碳每年减少的比例为 41%，这也表示 NABERS 能源评级由 0 星提高到了 3.5 星。

③ 节水

NABERS 水评级达到 3.5 星。

（2）社会效益

项目小组认为，该建筑提供的暖通空调的性能比改造前有了显著提高。一些调查还考虑了建筑的内部工作条件及机组的性能。

5. 小结

（1）经验

主要的经验是选择正确的承包商和咨询单位，让他们以积极的态度来承担建筑改造工作。因此，项目团队的选择是非常重要的。另一个重要的经验是需要进行有效的调试，确保系统完全完成。另外，正确操作是调试过程中的一部分。

（2）挑战

该项目团队所面临的挑战是如何正确地安装设备，优化控制策略及完成后续的调试工作。外部技术代理 A.G. 库姆斯主要负责协助建筑性能的优化并为之制定合理的策略。调试过程历时一年，因为有一些复杂的控制策略需要做季节性调整。

保持入住率也是一个挑战，这涉及 NABERS 能量评级对能源使用的测量和计算。换句话说，若要获得一个优秀的评价结果，建筑的入住率不能太低。

（3）改造预期

2009 年，建筑的 NABERS 能源评级已经达到了 2.5 星。

2010 年，建筑经过绿色化改造 NABERS 能源评级已经达到了 3.5 星。

未来，该项目旨在提高建筑 NABERS 能源评级，使其达到 3.5 星级以上。此目标将主要通过以下方式来实现：

① 额外的后台机组工作，如全节能改造的空气处理系统，以确保每层接收空气的数量达标。

② 如果超过正常使用范围，就将能源警报装置安装在机组组件上，这些装置有更多的计量，是用一些更精密的仪表进行控制。

③ 进行空气处理及冷却塔水和冷水机组的性能检查，以收集更多的信息，了解它们之间是如何相互影响的，并调整它们以获得最佳的运行效果。

④ 安装新的冷却塔，提高用水效率和维护效率。

⑤ 评估原锅炉设备，并通过成本效益计算选用一个更高效的锅炉。

⑥ 对楼宇空置的节能模式开展进一步的工作，包括对空气中的水分含量严格审查，确保资源的最大化利用。

3.2.2 柯林斯街 406 号

1. 项目概况

该建筑建于 19 世纪 40 年代。1897 年，这里建立了一座作为维多利亚互助协会总部的建筑。1958 年，该老式建筑被拆除。随后，一座现代六层大楼拔地而起。它是典型的20 世纪 50 年代晚期"摩天楼"的设计——钢筋和混凝土结构、普通（非装饰）外墙，每层设有一排面对柯林斯街的窗户。1961 年，该建筑扩建，在原来的基础上增加了四层。建筑的供热、通风和制冷系统（HVAC）是 20 世纪 60 年代的典型系统，其目的是减少资金成本，同时提供相对较好的工作环境，但是该系统没有考虑能源效率（图 3-57）。

图 3-57　建筑实体效果图

Dr. Dorian Ribush 在 2006 年购买该大厦——Praemium House。当时，Dr. Ribush意识到该建筑运行功能不佳，因此决定对它进行大改造。该大楼净出租面积是 4000 m²，包括一楼的澳洲电信零售店及至少占一层楼的八个租赁者。楼层为长方形，每层测量面积大约为 350 m²。该 HVAC 系统已明显达到其寿命期。改造现有系统以显著改善能源效率的做法被认为是不可行的。由于 1961 年在原来的六层楼上面额外添加了四层，前六层的空气处理系统设置在底部，上面四层的设置在屋顶。因此，尽管锅炉和制冷机为整个建筑提供空气,但是空气流通和新鲜空气摄入使得建筑好像被分割成了两部分。即使遇到极热或极冷的天气,锅炉和制冷机都要运行,这种运行 HVAC 系统的方式效率非常低。Dr. Ribush 在研究提高该建筑能源效率方法的同时,墨尔本市推出楼宇改善合作伙伴计划(BIPP)。根据这项计划,大型咨询公司进行了建造审计,提出了一系列建议,包括完全更换 HVAC 系统。Dr. Ribush 对咨询公司的报价不满意,决定再寻求其他改造建议。2009 年,Dr. Ribush 申请了澳大利亚政府绿色建筑基金,该基金为能源改造工程提供了高达 50 万澳元的配套资金。该申请被批准,改造工程总成本约为 150 万澳元,并按计划实施。

该建筑主要的改造特征包括以下几个方面:
① 三菱可变制冷流量(VRV)空调系统;
② 楼层分区;
③ 夜间自动换气;
④ 屋顶遮阳;
⑤ 庭院内外遮阳;
⑥ 楼梯间及电梯安装移动光源传感器;
⑦ 公共区域高效照明;
⑧ 分户计量系统;
⑨ 支持 Web 的楼宇管控系统(BMCS)。

2. 改造目标

该项目的主要改造目标是:
① 提高建筑物的能源效率;
② NABERS 能源评级至少达到 4 星;
③ 减少碳排放,降低能源消耗,使用绿色环保电源。

3. 项目计划及实施

(1)计划

收到绿色建筑基金款项之后,首要任务是研究实施 HVAC 系统改造的最佳方式。墨尔本市推荐 Dr. Ribush 到澳大利亚制冷通风采暖学会(AIRAH)聘请咨询工程师 Mr. Dick Lister,一起致力于绿色建筑基金应用。Mr. Lister 与 Dr. Ribush 有相同的实践经验,愿意找到解决方案。但是在完全出租的建筑里,当改造工作正在进行时,租赁者的积极参与、咨询及工作机动性对改造工作非常重要。因此,选择逐层改造方式能够减少对租赁者的干扰。这一决定也就意味着要采用能够逐层安装使用的 HVAC 系统代替集中式系统,选择服务于每层的分体式系统,使得每一层系统都能独立有效运行。每个装置系统都位于屋顶,与其相连的铜钢管顺着立管或楼梯到达相应层,并连接室内空气处理机组。该解决方案简化了安装过程,避免需要将大型制冷机和锅炉吊装放置在屋顶。相反,他们能够将分散的系列装置系统通过电梯和楼梯运送至屋顶。

变风量空调系统(VAV)与该建筑物的管道基础设施不匹配或者安装空气处理机组会占用宝贵的楼层空间。在雇佣承包商之前,咨询工程师为这个系统提供了一套全面的设计方案。

（2）实施

Mr. Lister 此前有与一个小型制冷服务公司——蓝色星球合作的经验,该公司后被选定为 HVAC 承包商。蓝色星球有一个五到六个人组成的团队,参与研究 Dr. Ribush 和 Mr. Lister 选择的改造方法,以逐层进行为基础查找故障并解决问题。很显然,这个时代的典型的建筑,每一层都会出现不同的问题。厨房的位置、管道、管道的支架等对于每个楼层而言都不同,所以一成不变的安装计划是不可能的,也不切实际。该承包商与随后安装可变制冷流量(VRV)装置的 HVAC 供应商——三菱重工进行了专门的合作,三菱重工还承包了这些装置的调试工作。Dr. Ribush 出任项目经理,监督项目进度、清理垃圾、安排消防部门、联络租户以及决定设备放置的位置。为了最大限度降低对租户的干扰,该项目从早上 6 点开始,到下午 14 点结束,并在上午 9 点之前完成任何有噪声和尘土飞扬的工作。

4. 改造技术分析

（1）建筑改造

除了拆除和替换天花板以暴露管道和安装新式空气调节系统外,建筑结构和立面保持原样。就天花板而言,原来的天花板安装不合理,新天花板运用现代方法安装,使得之后天花板的移除不会影响整个天花板结构的稳定性。

（2）HVAC

该项目分区安装三菱 VRV 空调系统。每层被划分为 4～5 个可独立控制的区域,共有 10 个室外冷凝机组,平均每层都有 4～5 个室内风机盘管机组(FCU)。除了新的 VRV 系统,每层额外安装经济周期气阀,允许暖风回流到大气,从而减小 FCU 荷载。每层都有缓冲气阀安装在供风管道上,确保风机能快速运行并供应所需风量。冷水机组和锅炉要在项目结束后被移除,而在改造期间,需要将其保留下来。换言之,双系统要在项目整个改造过程中运行。

（3）能源负荷

该建筑物的东西两面被其他建筑物所遮挡,这些方向的热负荷最小。其他建筑为该建筑北面六层提供遮阳,遮挡了六层以下楼层阳光。向南的窗户,接受直射阳光的很少。该建筑与现代"玻璃幕墙"高层建筑相比,窗户很小,装有的双层玻璃主要是为了隔音而非温度舒适。第九层和第十层有一个东面朝向的小庭院,凹进该建筑。所有窗户的外部和内部均安装遮阳装置用来转移太阳的直射。

屋顶暴露部分(约 65 m²)安装了遮阳设施,大大减少了屋顶到顶楼租户的热传递。该遮阳设施由一层遮光率为 90% 的遮阳布棚构成,该遮阳布棚距离屋顶 1 m 左右,既遮阳又通风,该方案造价低而且有效(图 3-58)。

图 3-58　屋顶暴露部分

移动传感器已经被整合进楼梯间和电梯照明。这些地方照明全部采用低压灯。这些灯先前每天都 24 h 工作,现在大部分时间处于关闭状态,这样有助于降低电耗和减小热负荷。

（4）节水

通过调节传统冲水器,确保最少用水量,满足使用功能。在洗手盆里安装通风器,降低水耗。

（5）垃圾处理

采用垃圾分离系统,承租人将垃圾分类放进可回收集装箱和垃圾容器里。为租户的每一个工作台提供一个硬纸箱,只允许处理可回收垃圾。

（6）保护环境

在尽可能多的地方使用绿色清洁产品。楼宇管理者在租约中允许承租者在电梯里携带自行车,这鼓励了更多租户以自行车作为交通工具。

（7）楼宇管控

在项目整修之前,该建筑基本上没有 HVAC 控制系统。旧的模拟控制系统缺乏校准,大约 20％的控制器都处于故障状态。由于多年维护不力,许多接线都是错误的。计时器也没有进行优化以适应节假日和周末。在项目改造中,这个低效率的系统已经被更换为最新楼宇管控系统（BMCS）,新系统配有楼宇自动化和控制网络的互联网协议（BACnet 的 IP）控制器、开放式体系结构、基于互联网并集成了新的计量系统,对建筑运行效果进行实时反馈。

新系统安装了一个完备的计量系统,该系统每半个小时收集详尽的数据,储存在远程结构查询语言(SQL)数据库,并允许从任何位置对它进行全天候访问。

楼宇管控系统(BMCS)有一个网络界面,能够看到每层、每个分区的温度和其他状况,从而做出外部调整。故障可以及时被检测和诊断,并以信息的形式传递给维护承包商。这意味着维修速度和经济性将显著提升。

5. 绿色化改造效果

(1) 经济效益
① 节能
该大楼改造后实现能耗减半,甚至低至改造前的 25%。
② 节水
该大楼用水量较少,NABERS 节水评级达到 5.0 星级。
③ 维护成本
随着 HVAC 系统的改进和 BMCS 系统的安装,楼宇维护速度更快、成本更低。
(2) 社会效益
该项目的显著挑战是租户舒适度,即培养承租人接受夏天周围温度稍微高一点、冬天周围温度稍微低一点的思维。随着新系统的安装,冬季和夏季的温度变化感受明显,达到显著的节能效果。

6. 小结

(1) 经验
Dr. Ribush 认为在租赁状态下对墨尔本旧小建筑改善能效很困难。他认为通过与承租人建立良好的沟通关系,可以妥善实施改造方案。在既小又旧的建筑中,显著的改造只有当建筑物处于承租状态能维持现金流的时候才可以进行。这需要大量规划,并在一个合理的时间内完成该项目。

基于租户空置的改造策略对这种类型建筑不切实际是因为租户可能常年不动,延长项目改造时间令人难以接受。实际上,绿色建筑基金启动项目都要求建筑项目在两年内完成。完全拆除一栋建筑物再重新建立不可行是因为它忽视了旧建筑的内在能量和原有结构的有用性。许多古老的建筑物不能拆除,是因为它们被列为遗产。

Mr. Lister 认为租户从一开始就支持项目的态度很关键。这个建筑物以前的HVAC 性能很差,因此承租人对建筑改造保持敌对和怀疑的态度,转变这一态度至关重要。改造者有必要传达给承租人空气质量更好、空气调节可靠、能源成本降低的信号。
(2) 挑战
项目组受到的主要挑战是处理旧楼遇到的典型困难,即需要在大楼完全处于租赁状态的改造期间,维持现有的服务。另一大挑战是在项目实施期间的现金流管理。起初,Dr. Ribush试图利用不间断的租金产生的现金流资助该项目,却发现并不能满足项目的费用开支。他申请到了绿色建筑基金为整个项目提供的 50 万澳元,但是基金前期仅仅提供 10 万澳元,项目完成后才给予剩余的款项。为了弥补资金的不足,他从墨尔本可持续发展基金(SMF)进行贷款。在资金不充足的情况下,该项目只有继续租赁出去,才能继续顺利实施。否则,该过程费用太高。因此,项目组面临的挑战就是尽量减少工程对承租人的影响。进行重大翻新改造总是会产生噪声、粉尘和干扰,因此与承租人保持良好关系至关重要,尤其是改造楼层的承租人。这需要大量的相互理解和合作,而且并不容易实现。

该建筑本身就有很多难题需要解决。考虑到该建筑于 50 年前建造,后来在最初的六层上面增加了四层。很多从租户端的空调装置到出风口的硬金属管道绝缘体都已经碎裂,修复意味着耗费大量额外的工作时间,要么重新绝缘,要么试图让它恢复绝缘,否则暖气和冷气将会在天花板上散失。旧天花板没有安装好,那么许多天花板必须更换;如果其中一个被移除,那么其他许多天花板都要移动。老式且完全租赁状态的建筑物有许多评级限制,会影响改造后建筑物能效等级的评定。

3.2.3　柯林斯街 500 号

1.项目概况

柯林斯街 500 号建筑完成于 20 世纪 70 年代。多年来,该建筑因施工质量好而享有盛誉,体现了那个时代的建筑标准和服务。因此,该建筑拥有很高的租赁配置(图 3-59)。

图 3-59　建筑实体效果图

然而到了 2002 年,当该建筑投放市场的时候,该建筑经过自然老化,已经恶化到较低的 B 级标准。尽管该建筑等级下降,但它还是设法留住了承租者,这是因为该建筑拥有规模较大、配置较好、区位一流、设计良好、物业管理完善的优势。正是这些因素使得大厦新业主 Kador 集团认为有必要做大量的翻新改造工作。

改造之前,该建筑拥有 23500 m² 的办公空间、5 个零售商店和 140 个停车位。改造工作开始于 2003 年年中,完成于 2011 年年初。

2. 改造目标

该项目改造的主要目标是:
① 达到 A 级建筑标准;
② 在改造过程中和改造工作后运营期间,环境效益明显(该目标是在 NABERS 和绿色之星评级之前设定的);
③ 在改造过程中最大限度地留住租户,以保持最佳的现金流,同时留住潜在的长期租客;
④ 通过扩大租赁的平均规模、延长租赁时间和提升租赁的品质,提升租赁配置;
⑤ 获得合理的商业投资回报。

3. 项目计划及实施

(1)计划

该项目总体规划阶段开始于 2002 年年中,由于该项目较复杂,用了近一年时间才完成。

项目经理和宝维士联盛集团组建了庞大的项目团队,其中包括环境可持续设计(ESD)顾问。其他团队成员包括建筑、工程、规划、工料测量、建筑测量、伤残通道、幕墙工程、有害物质、废弃物管理、声学、停车场、交通、景观设计等专业的人才和业主代表。

同时,项目组聘请了一个独立调试代理机构(ICA)参与项目的所有阶段,包括在改造完成后对楼宇系统绩效的检测和调整。

在 2002 年初,大多数项目既没有致力于项目的可持续性,也没有聘请在项目领域很权威的 ESD 顾问。

在规划阶段,针对广泛的 ESD 目标(它先于 NABERS 和绿色之星评级体系,其预期性能能够计量),人们讨论、测试了一系列方案。

整体的规划阶段不能急促,这点很重要,只有这样,项目才能高效协调进行。那么,团队就有信心得出项目成果,培养团队"环境文化"的意识。

由于改造项目存在许多不确定性因素,项目组对大厦部分构件和设施的改造决策需要做进一步调查,以分析其环境性和商业性优缺点,例如就供热、通风和冷却(HVAC)系统而言,变风量空调系统(VAV)与冷梁系统相比较是否更节能。

(2)实施

考虑到该建筑在改造工作进行的同时几乎完全处于租赁状态,将该项目分为三个阶段。

阶段 1:设备替换升级,改造建筑立面;
阶段 2:零售空间的最大化及停车场的重新配置;
阶段 3:办公楼层改造升级。随着租约期满逐层进行。

楼层改造工作包括翻新该楼层的大堂、便利设施、卫生间等，采用新的装饰和冷梁空调。

逐层改造升级需要大量规划，因为只有租户腾出自己的租用空间才能实现改造。通常，同一时间能够翻新改造三层。这也意味着，施工单位应尽可能减少施工对那些仍在建筑物里的租户的影响——运用若干升降梯，正常工作时间之外完成拆除工作，将旧地毯铺设在混凝土地板上，降低对楼下租户的噪声等。

4. 改造技术分析

（1）建筑

由于选择冷梁作为供热、通风制冷系统的解决方案，因此在安装之前有必要检验该建筑维护结构的气密性。这对该类型系统性能很重要，否则冷凝水就会汇聚在梁上，再滴到人员和设备上。建筑物每层都进行空气压力测试以检测漏气的地方，得到该建筑维护结构气密性良好的结果。建筑外立面进行了用铝制墙壁镶板代替釉面外墙托板、维修翻新立面、重新粉刷整个立面等更新升级。

该建筑改造也包括楼层结构的改变，其结果是办公净出租面积增加至约24400 m^2，商铺额外增加 8 个（总共 13 个），停车位个数小幅下降，同时增加了安全的自行车停车架，以及配有淋浴设施的更衣室和残疾人通道设施。大厅入口和公共区域也进行了改造升级，三楼扩展到二楼的裙楼顶上，并修建了外部会议空间和休闲园林带。

（2）HVAC

2002 年，该建筑新业主 Kador 集团购买该建筑时，其 HVAC 系统设备显然已达到使用寿命。原先的 HVAC 中央系统向管道中注入冷空气，向另一管道注入热空气，并将它们混合，得到恰当的室温。这不是一个非常节能的系统。因此，在项目改造时对 HVAC 系统进行了彻底更新。这包括安装了带有变速驱动器的新型高效节能制冷机组和更加节水的冷却塔，以及以燃气锅炉替换燃油锅炉。

随着每层楼的空置，楼层安装冷梁空调系统。这是一个综合系统——主动式冷梁运用风扇将冷空气扩散到太阳能负荷高的建筑周围，被动式冷梁则置于室内，原中央管道在外围区域重新使用。该冷梁系统使得所有空调的风扇数从 4 个降低到 2 个，显著降低能耗。当时，冷梁技术还相对较新。但是，宝维士联盛集团的项目经理在建设悉尼证券大厦中有相关经验，这对该项目十分有利。

由于该建筑在翻新改造期间处于租用状态，因此，有必要在安装新的冷梁系统的同时维护旧的双风道空气处理系统。

（3）能源负荷

总体能源负荷通过以下方式降低：

① 在屋顶安装太阳能电池板，提供 25% 的生活热水；

② 在所有公共区域和租赁区域安装低能量 T5 灯具；

③ 在主要设施设备上安装变速驱动器；

④ 采用冷梁空调。

（4）节水

通过安装以下设备降低水耗：

① 无水小便器；

② 3 L、6 L 双冲水水箱；

③ 所有固定装置上的流量限制设备；

④ 在地下停车场使用大型水箱为景观灌溉获取雨水和冷凝水；

⑤ 冷却塔挡板防止气溶胶喷雾。

（5）垃圾处理

实施垃圾回收利用审计工作，提出了一些关于建筑垃圾运营管理的建议。

此外，在施工阶段实施了垃圾管理，要求承包商达到垃圾回收利用的目标，垃圾总量至少80％被回收利用。

（6）环境

综合环境改善包括：

① 建筑能耗最小化；

② 尽可能使用无 PVC 材料；

③ 使用低挥发性有机化合物（VOC）含量的材料；

④ 更倾向于使用包含高回收率成分材料；

⑤ 选择耐久性和可持续性好的材料；

⑥ 通过为 82 辆自行车提供安全的自行车架，鼓励使用自行车，增加浴室和更衣室设施；

⑦ 通过增加 50％的新鲜空气、使用辐射制冷（冷梁）和低挥发性有机化合物（VOC）含量的材料，以及减少室内环境噪声水平，改善室内环境质量。

（7）楼宇管控

该建筑控制系统已经完全更新。随着每个楼层改造的完成，该控制系统的调试持续进行。主要的电气配电板被更换，分户计量系统能够有效监控能耗。设施设备的试运行在这个过程中至关重要，可以使得楼宇管理者了解该建筑的性能并控制建筑有效运作。

5. 绿色化改造效果

（1）节能

通过模拟实验，空调能耗降低 30％，照明能耗降低 50％，热水使用量减少 15％。

（2）节水

通过模拟实验，实现节水 40％～50％。

（3）社会效益

2007 年至 2008 年，维多利亚州政府和建筑物所有者进行了一项生产率研究。该研究发现：

① 平均每月每个员工的病假天数减少 39％；

② 请病假的平均成本降低 44%；

③ 平均打字速度提高 9% 及文秘工作准确度显著改善；

④ 尽管平均每月工作时间下降，但营业额比例提高 7%；

⑤ 头痛减少 7%～20%；

⑥ 感冒和流感减少 21%～24%；

⑦ 疲劳度降低 16%～26%。

大家认为这些结果都是因为空气质量和建筑设施的改善。

（4）维护成本

维护成本的降低是因为设施设备减少、设备更高效，以及运用 BMS 更好的监测设备。

（5）商业效益

翻新空间的租值大大提高。在项目改造期间，该团队能够保持不低于 70% 的租户持续支持。

（6）总体水平

该建筑获得了澳大利亚绿色建筑委员会绿色之星办公设计 5 星级和 V1 等级。

6. 小结

柯林斯街 500 号是建筑大幅翻新改造的典型案例，实施结果达到了节能、节水的目标，同时维持了较高的租赁水平。

（1）经验

该项目积累的经验包括：

① 与承租人沟通的重要性。如此规模的项目在改造期间对租户产生很大干扰，如果与租户进行有效的沟通，就可以将矛盾最小化。良好的沟通能够让租户知道项目改造的计划和进程，以及能够提前适应可能对他们营业造成的影响。

② 拥有强大的项目管理的领导能力，能够使团队了解项目的可持续发展目标及根据 ESD 标准评估所有指标。

③ 精心管控噪声和关闭临时服务。

④ 聘请 ESD 顾问，倡导项目团队遵循 ESD 原则。

⑤ 聘请独立调试代理机构（ICA），其作用是提出调整试运行标准和项目时序，同时，负责施工期间建筑设备的安装和调试，监测项目完工后的建筑性能。

（2）挑战

该项目的主要挑战是在建筑物几乎被完全占用的同时进行翻新改造。早期的改造重点是对基础设施和设备的主要项目进行升级（大多数情况下需更换）。这需要同步运行与新设备相串联的现有设备，使得未装修楼层能够继续运营。这意味着该项目的复杂性远超出运用新技术和可持续系统建设一个新建筑物。

（3）未来

项目计划将由旧设备厂房提供的额外空间转换成新的办公场所。由于所有的楼层已经完成改造，HVAC 系统要继续稍做调整。当进行改造工作时，两个系统同时串联运行。既然所有楼层都采用冷梁技术，那么老式冷却管道系统就要被移除，然后还需要微调整个建筑的冷却结构。该过程由独立调试代理机构负责监督。

3.2.4 黄金海岸大学医院

1. 项目概况

黄金海岸大学医院比其前身大三倍以上，满足了该地区高速增长的人口对目前和未来的健康需求。

耗资 17.6 亿美元、拥有 750 个床位的黄金海岸大学医院已经成为昆士兰州卫生基础设施中至关重要的组成部分，能够在经历巨大的人口增长的区域提供先进的医疗服务。

联盛集团公司作为五年建设施工总承包管理方负责医院的设计和施工。建立医院的目的是建立一个让员工提供高级服务技术的机构及满足患者的治疗需求、学生和工作人员的学习需求。

该新建机构建立在一块未开发的地皮上，位于南港的格里菲斯大学黄金海岸校区，2013 年取代原先的黄金海岸医院。它以专业医疗服务为特色，包括癌症、心脏病、神经科学、创伤和新生儿重症监护，同时也是邦德大学医学院和格里菲斯大学医学院学生的主要教学医院。医院院内有 7 栋建筑，总建筑面积约为 170000 m²，包括九层高的临床管理服务大楼、连接主楼的病房楼及其他容纳心理卫生、病理学和教育学的大楼。另一栋大楼是该医院的中央能源设备（CEP）（图 3-60）中心。

图 3-60 中央能源设备

2.改造技术分析

(1)扩建

由于其庞大的规模和广泛的布局,作为一个新建站点,所设计的黄金海岸大学医院中央能源设备(CEP)中心位于医院主楼附近(图 3-61)。

图 3-61   黄金海岸大学医院外景

在与 AURECON(奥昱冠)的合资协议中,CEP 由 SKM(现 Jacobs)设计而成,包括提供无缝连接的未来产能,以及增加在该地和毗邻地域的额外建筑和设施。

据 Jacobs 的高级机械工程师 Karen Croker,M. Airah 描述,作为有效的集成区域供冷系统,CEP 建筑的设计和布局分成东西区域。Croker 说:"它能够进行主要的维护任务和未来的扩展,使得对冷却水基础设施的影响降到最小。"除了能够使所有重型设备、相关噪声和振动远离医院的敏感区域,使用 CEP 能够保证冷却塔与医院大楼外界空气通风口相分离。Croker 说:"它还提供了更高的可靠性、灵活度和能源效率,并确保不间断的冷气供给医院,除非发生灾难性的电力故障这种情况。"

(2)环路

该 CEP 由长 1.5 km、直径 650 mm"环网"的初级/次级/三级网状管道系统组成,服务于医院建筑。

安装的双环路电源,可以在一个电路发生故障的情况下,提供冗余电源。考虑到未来建筑负荷的连续性,所设计的系统可以减少电路故障对运营的影响。

初始安装的制冷机组容量为 30~24 MWr(常用)和 6 MWr(备用),随着扩张,其能力增加,可满足高达 60 MWr 的需求。该冷却设备有 5 个 6 MWr 双离心式水冷却机组,与 CEP 建筑屋顶的 8 个 5 MWr 冷却塔相连。

在应急电源条件下,留置两个冷却运行设备能够在停电时提供连续的冷却水供应。冷却水系统采用多级泵送,以供给不同功能和分布的建筑。冷却冷凝水泵水平放置,中开式类型,具有流量高、能效高的特点,可变频率逆变器控制水泵速度,达到进一步的节能效果。

（3）管道视角

AE Smith 在 2010 年 6 月参与了黄金海岸大学医院项目，当时被聘任为 CEP 建设机械服务承包商，任务包括了现场冷却水分布。除了将 CEP 设备整合在一起，AE Smith 还需要安装两套用于所有建筑管道的顺流和回流冷却水管道环网。根据 AE Smith 国家工程经理 Peter Wise 和 M. Airah 所说，形成设施部分和环网的设备物理尺寸让团队面临了直接的挑战。例如，CEP 的冷却机组就是那时澳大利亚同类项目使用中最大的——每个长 10 m 左右，重约 38 t。

用于环网部分的直径 650 mm 钢管须根据长度来引入。由于每个长度钢管重达 2 t 并且要完成环网所需管道 1.5 km，这需要大量的规划和准备，以确保工程安全和高效。

要将冷却机组安装到位，需要为冷却机组提供一个特殊的负载区。异型管手推车由 AE Smith 提供，它可以将钢管移到坑道合适的位置，并吊装到最终位置。Wise 说，由于有限的通道和狭小的空间，在坑道工作很具挑战性。地面是倾斜的，确保在发生泄漏时能够排水。甚至冷却水流量和回流管道也是挑战，它们长 4 m、直径 800 mm。为了最大限度地提高效率、安全性和质量，AE Smith 指派一个专业团队安装隧道里的 CEP 和管道。

据 Wise 说，不同的团队在他们各自的指定区域对设备做出持续的改进。每个团队保证其工具箱在他们自己的工作区域，避免不断地迁移到其他区域，以节约时间。

（4）专用设计

为了降低冷却需求，每个医院建筑的屋顶都有外部空气预调节器。在临床服务（CSB）和住院部（IPUs）里，外部空气预调节器将除湿的、温和的空气提供给 350 多个服务建筑内的独立空气处理机组（AHUs）。由于采用了分散的空气处理设备室，外部空气在整个建筑里形成了网状结构（图 3-62）。

图 3-62 中央能源处理管道

据 Croker 说，不同性质和规模的 CSB 允许设计团队利用许多机械服务举措。例如，排量空调系统服务于医院门口的七层中庭，在那里主动式冷梁用于管理和支持服务区域。由于空气的自然浮力提供了空气的运动，这种设计减少了气流的发病率。

病理学和教育（PED）建筑包括一些复杂的实验室、太平间、尸检和洁净室设施，它们需要专业化机械系统和控制制度并严格遵守相关技术标准。

（5）调试定位

据 Wise 说，计划和准备调试通常开始于详细设计阶段，一般在施工之前会确定下来。在这种情况下，AE Smith 的调试队伍在施工阶段的早期参观了现场，充分熟悉机组设施。早期接触设施也使他们能够准确提供管道系统所需的配件，使必要的检测和调试同时进行。

约 30 名技术人员和工程师参与调试过程，包括项目经理、现场调试经理、调试测试主管和数据管理的团队。调试、工程和现场安装团队定期会晤，确保试运行的相关要求被参与者执行。项目中的顾问和施工方，也是通过会议来商定测试程序方案的（图 3-62）。

Wise 说："我们之间进行定时的沟通，商讨特殊施工要求是很重要的，如安装隔离墙和天花板的房间及手术室，它们的密封压力控制工艺如何施工等。"CEP 要求在 2011 年12 月完成，而 12 个月前正在完成其他建筑物。Wise 认为，"该机组已经全面启用并通过管道和机组处理循环水来保持水质及保护机组和设备"。后续的维修商选择通过招投标进行。黄金海岸大学医院在 2013 年 9 月正式开业。

（6）建筑管理

鉴于该项目有大量的分项机械合同和 30000 多个建筑管理系统（BMS）控制点，BMS作为一个单独的合同交付。

Jacobs 将 BMS 文件看作特定的设计元素，并安排专门的团队询问和汇总所有项目的要求，特别强调项目范围的界定。

Honeywell 提供全方位的 BMS 设计和安装，包括一系列综合系统的开发。其中包括所有电动防火/防烟阀的状态监测、接口与液压监控系统、高级接口关键建设系统、校园能源计量和报告、广泛的数据存储，并且安装了冗余服务器，以便捕获和存储所有 BMS数据。

3. 承包商经验

① 有必要进行早期团队合作确定项目风险和机会。

② 设备和材料交付的详细记录是至关重要的，如计划的起草和工程的交付日期。

③ 来自海外的设备和材料很多，应确保所有的制造细节得到及时检查，使设备能够按时交付以适应建设项目，这些措施都是非常重要的。

④ 现场材料的处理和设备的物流对项目的成功也是非常重要的。

3.2.5　悉尼 50 马丁广场项目

1. 项目概况

悉尼 50 马丁广场圆柱形的粉红色花岗岩外墙一直是这个海港城市的地标，最初在20 世纪 20 年代作为新南威尔士州政府储蓄银行的总部而建立。

2011 年末，在麦格理集团对 50 马丁广场表现出兴趣之前，这个标志性建筑装修主人是澳大利亚联邦银行(CBA),CBA 聘请了设计方 JPW 和施工方 Arup 完成项目的可行性研究和实现开发应用改造,被澳大利亚绿色建筑委员会授予绿色办公室设计 V3 的六星级。

2012 年,麦格理集团购置 50 马丁广场。它开始由标志性建筑转变为适合总部的现代办公场所,它是澳大利亚最大的遗产改造项目。改造工作开始于 2012 年 4 月,完成于 2014 年 9 月。

2. 改造目标

该项目改造的主要目标是:提供一个当代的工作场所,增强业务连接、协作与可持续发展,同时得到绿色之星六星(V3)评价。

3. 改造技术分析

(1) 屋顶

① 将原屋顶改造为钢玻璃圆顶,用自动开门装置让空气进入中庭的底部(图 3-63)。

图 3-63 钢玻璃圆顶

② 保留在楼顶的设备,包括冷却塔、备用发电机和排烟风机,使其融入新的玻璃结构中,最大限度减少对建筑形式的影响;以一种尽量减少对建筑历史结构影响的方式搬迁其他设备。

③ 将原水箱转移到风扇和锅炉设备室中,使它成为新鲜空气的入口,冷却器从屋顶移到地下室。

(2) 楼层及中庭

① 移除楼层植物(在 1980 年添加),将过时的楼层改造为一个 2000 m² 的核心中庭。

② 地面银行室的北端引入新的接待处和圆形玻璃电梯。

③ 建设开放式双面办公楼层,中庭成为新屋面上的主要流通空间,也是其排气路径,

中庭内建立温度和空气流的详细动态模型,确保其在合适的条件下实现。

④ 所有开放式的、双面的楼层的改造都需要控制火和烟。为了建造一个开放式的中庭,并提供必要的互联互通,以绩效为基础的消防工程设计由奥雅纳消防工程师进行。

⑤ 设计方案提供了无烟风扇,在屋顶也兼作一般排气扇,在正常操作下以较低速度运行。

（3）地板下送风（UFAD）系统

① 原有结构

原有结构由结构梁 600 mm 以下的 7 m×7 m 的管网结构组成,这种结构限制了横向的空气流通。

② 改造内容

a.系统采用了 100% 的新鲜空气系统,循环只在建设前期发生。为了给居住者调整其附近空气分配的机会,旋涡出口均指定可以在垂直方向±30°区域调试。

b.选择被动式冷梁,以允许在天花板被向上推至梁结构内,产生由结构梁网格镶上的一个 270 mm 深的天花板区。

c.慎重考虑从地板出口供给的空气和冷梁下落的冷空气羽流的相互作用,以防止气流的危险。

（4）交易大厅

① 改造原因

拆除一部分后,发现原来华丽的压型金属天花板飞檐部分依然存在。

② 改造内容

由于这些特征的历史价值被认为是重要的,交易大厅的空调需进行重新设计,以保持压型金属天花板。本项目采取综合台冷却,使得在这些空间的天花板和冷梁被省略,并且使飞檐完全恢复并展示出来。

（5）其他

① 除了传统保留区域如电梯、楼梯井和银行室外,其他区域的家具都需要更换。

② 大部分服务于 CBA 银行室的现有空调系统都被保留了,只进行略微的升级。

③ 暖通空调设计允许保留原有的在 20 世纪 80 年代安装的天花板管道系统和吊顶。

4.绿色化改造效果

（1）屋顶

玻璃圆顶屋顶可容纳两个客户室和会议室,让空间既独立,又与工作场所有明确联系,也能使自然光涌入室内。

（2）楼层及中庭

与外部开窗受限于传统面料相比,中庭扩建了 70%,自然光涌入建筑中心。梁、板被削减了,剩余的去掉了花岗岩包层,留下巨大的反射自然光。

（3）地板下送风（UFAD）系统

实现了麦格理集团寻求的室内空气高质量和效率。

3.2.6 悉尼邮局项目

1. 项目概况

建于 1989 年的悉尼中央商务区南部的原雷德芬邮局，面积约 25850 m^2，底楼包括办公空间、酒店大堂和健身房。2012 年决定对其进行翻新出售。该项目的 ESD 目标是为客户提供机械、电气、液压、通信、消防工程及消防服务的建议，它的作用也扩展到能源模型，用来确定建筑物 NABERS 评级是否能从现有的 2 星级升至 5 星级。

2. 改造目标

① 扩大建筑物的 NLA（净出租面积）至 29124 m^2。

② 实现其绿色之星的目标——5 星级绿色之星设计和竣工（V3）评级，以及 5 星级绿色之星内饰（V1.1）的评级。

③ 得到 NABERS B 能源 5 星级评价，其中包括独立设计审查。

④ 总体活动包括温室气体排放量，能源消耗量及水、空气、土壤污染的减少量。

3. 改造措施分析

① 机械设备进行了升级，包括冷水机组，冷却塔更换。

② 建筑物的空气处理系统由设在屋顶机房六个主要的空气处理机组（AHU）组成。

③ 三个恒容空气处理机组为建筑立面服务，而内饰区是三个变风量（VAV）空调机组。供应空气是通过安装在天花板上的空气和光线扩散器传递到相应的空间。

④ 可变容积系统包括服务于中心区的风扇辅助变风量箱和服务于周边区域的恒定容量系统补充变风量箱。

⑤ 利用专用烟雾溢出风扇的无烟溢出系统和现有的回风竖井。

⑥ 建筑管理系统（BMS）是原有电子和气动控制器安装和调试的组合。

⑦ 设计了一个"区域投票"控制策略，用动态需求响应提高建筑运行能效。

⑧ 建筑服务的升级和建筑结构的改进，包括使用新的双层玻璃，将建筑物的 NABERS 能源评级从 2 星级升到 4.5 星级，要达到 5 星级目标则需安装一个大型太阳能光伏阵列（图 3-64）。

4. 绿色化改造效果

① 283 kW 的光伏阵列能抵消建筑能源消耗并得到所需评级。

② 共有 1048 块太阳能电池板已经安装在澳大利亚邮政大楼的屋顶，每年生产 371.5 MW·h 的电力，能在高峰时间减少建筑电气负荷的 25%。

图 3-64　太阳能光伏建筑一体化

③ 光伏发电系统的运用在很大程度上提高了效率,实现了可靠性。

④ 安装一个太阳能光伏阵列,利用简单、智能的可持续发展实践和技术,能显著减少对环境的影响。

⑤ 电气、消防和液压系统经重新设计后,NABERS能效等级可以从 2 星级提升到 5 星级。

3.2.7　西门大桥基础设施项目

1. 项目概况

长度为 2600 m 的西门大桥自 1978 年开通以来,成了墨尔本道路网中的重要枢纽。西门大桥是唯一一条跨越雅拉河下游的通道。该通道将墨尔本中央商务区与墨尔本港及东部郊区与地域城市吉朗和西海岸的热门旅游胜地等快速发展的西部郊区连接起来。它包括中央部分横跨雅拉河的 850 m 长钢结构箱型斜拉梁和分别向西侧和东侧延伸 670 m 和 870 m 的分段预应力混凝土箱型梁高架桥。

相比于 1978 年该桥首次通行时,每天只有 4 万辆车通过大桥,现在西门大桥每天大约通车 16 万辆,其中有近 15% 的通车量都是商务用车。另外,大桥东西方向行驶高峰期的通车量在近几年以每年 3%～5% 的速度稳定增加,导致了大桥路段及入口处的严重拥堵。

2006 年,维多利亚州政府宣布了一个重大项目,即必须开展桥梁加固工程以确保结构的长期稳定性;同时在符合当代桥梁承载与设计标准的基础上,保证桥梁能安全可持续地迎合目前和未来对通勤和货运流量的需求。该加固项目计划工期超过 10 年,计划采用与世界其他地区同类桥梁一样的加固技术。

西门大桥由三种不同结构类型组成:

① 复合钢梁和混凝土桥面引桥;

② 预应力混凝土箱梁高架桥,桥面为连续的 4 m 深及从 10 mm 到 25 mm 不同厚度的钢箱梁,总宽度包括悬臂有 37 m;

③ 斜拉钢箱梁正交异性钢桥面板部分。

箱梁内部被四个纵向 16 m 并且镀了隔膜的腹板分为三个单元。所有板被大量的老式扁球形加强筋很大程度地强化了。桥面由两组拉索支撑,拉索沿着中心线穿过钢箱的索塔,展开并与水平桥面的钢箱梁内部锚接。

2. 加固工程目标

（1）加固西门大桥以确保其结构的长期稳定性,使桥梁在符合当代桥梁承载与设计标准的基础上,能安全可持续地迎合目前和未来对通勤和货运流量的需求。

（2）将紧急停车道转换为 2.5 m 宽。

（3）通过将每个方向车道从 4 车道增加至 5 车道来提高桥的通行能力,减少桥梁的拥堵情况。

（4）通过建设预防自杀护栏并对外交通护栏翻新和升级,来保障过桥市民和行车的安全。

3. 改造技术分析

（1）一般工作

考虑到大桥的独特属性,应用现行设计标准已不太合适,因此桥梁的特殊评价标准被开发出来。桥梁特殊的活荷载评估来源于目前交通荷载的概率分析。最终结果显示,设计荷载大于大桥的原始设计荷载,但小于现行标准 SM1600 负载。

大桥的应急车道使用 SMA（沥青玛蹄脂碎石）材料,替换了之前使用的环氧沥青,并对公路外道的交通屏障进行了明显的更新。

其他工作包括高压和低压电气系统的升级,更换中央分隔带的光梢杆,旗杆和旗帜的安装及安全系统的升级。

（2）桥梁主体

① 在桥的内部为箱型梁垂直面板安装新的开口方便出入;

② 扩大桥面进入孔;

③ 在拱腹处采用接入口;

④ 桥内部建造人行走道;

⑤ 对桥内现有的加劲肋增设大量的小钢部件,用螺栓连接;

⑥ 加强纵向和横向螺栓拼接;

⑦ 安装外部倾斜支柱给悬臂提供附加支撑;

⑧ 安装后张拉装置;

⑨ 塔与隔膜加固;

⑩ 轴承加固。

（3）栓桥梁

① 在东高架桥的拱腹引入附加的接入口;

② 扩大桥面接入开口;

③ 在箱梁和悬臂表面应用碳纤维增强复合材料；

④ 在箱梁内部安装纵向外部后张拉装置。

（4）公共安全护栏

公共安全护栏均沿着桥的长度安装。PSBs 的柱子与护栏柱对齐，与悬臂末端相连，依靠螺栓支架同时连接在钢桥和混凝土桥上。

由于桥的所有拉伸与收缩都发生在钢桥与混凝土桥和 10# 与 15# 桥墩的交界处，因此在桥梁伸缩缝处开发了一种特殊技术，来适应桥的大幅度伸缩，包括彼此滑动的两个互相连接的悬臂面板。

（5）后勤工作

大部分建设项目能否成功在很大程度上取决于能否以高效和具有成本效益的方式安排所有材料和工人在正确的时间出现在正确的地点。

后勤工作的具体挑战如下：

① 桥上加固工程的施工地点受到了限制，最初设计没有考虑重大加固项目和施工点。

② 协调施工与交通畅通，施工尽量不要妨碍交通。

③ 确定最佳加固构件的安装，以及获取材料和协调劳动力的方式。

（6）施工入口

可用的进入大桥内部的通道包括钢桥中间部位均匀分布的一个小升降口，仅在封闭行车道时可用；还有在每一个混凝土高架桥拱腹最下端的一个升降口。进入大桥外部区域需通过钢桥上的四个悬臂，而混凝土高架桥则没有任何外部通道。

项目成功的关键在于最大限度地保证了内部和外部区域的进入，同时避免了封闭行车道。为了最高效地进行工人和材料的部署，项目建立了 5 个分开的现场办公室和食堂；其中两个建立在桥下的高架桥桥墩处（1# 和 27#），其他两个建立在桥下 10# 和 15# 过渡墩附近（在混凝土高架桥和钢斜拉桥的交界处）。第五个被建立在有交通管理队驻扎的高速公路边上。具体工作如下：

① 高架桥桥墩处拱腹下的预留升降口有足够大小。升降口周围区域得到了加强，洞口也得到扩大，用来增强接入能力。建立系统脚手架楼梯以便工人进入地面高程为 7 m 的升降口，在 10# 和 15# 桥墩处新增入口。

② 在过渡桥墩 2# 边上分别安装 Alimak SE 2200 型的工业齿轮齿条电梯，为 200 名工人日常到达 16 个工作点提供通道。如图 3-65 所示。

电梯可以使人员安全到达距离雅拉河面 58 m 高的顶层甲板和桥面，而不用从繁忙的桥面进入施工现场。SE 2200 型大尺寸的电梯还可以被用作担架运输，人员受伤或者应急反应团队均可快速通过大桥。为了符合澳大利亚电梯规范，安利马赫公司为电梯加上了梯子和防坠落系统。

③ 为了在桥的外部区域施工，应急车道被转化成了"施工车道"，该车道在桥的每个方向上布置临时钢筋和混凝土屏障。为了进一步区分施工地点及降低自杀风险，施工人员在屏障顶部提供完整的围栏，如图 3-66 所示。

图 3-65　过渡桥墩示意图

图 3-66　施工车道侧面

④ 桥上安装新的人行道,方便在整座桥上安装横向加劲肋。

⑤ 在特定位置中提供新的更大的开口,便于通过隔膜和内侧臂通道。

⑥ 原始中间桥面开口也被扩大,使更大尺寸的材料能够被输送到桥梁中。

（7）协调人员工作

伴随着超过 700 人的峰值工作压力,高效的分配与场地周围人员的流通成为项目成功的关键。当施工人员等待升降机或因为天气原因导致一些特殊工具无法使用的时候,潜在的时间就流失了。具体内容如下:

① 在地面食堂和施工电梯间,盖了一个人行道,由首尾相连的集装箱组成。

② 在 10# 桥墩处,地面食堂和施工电梯间铺了一条公用双车道。

③ 为了给员工提供一个安全通道,架设了一座主跨 33 m 的人行天桥(图 3-67)。

图 3-67　人行天桥

④ 为了最大限度减少桥梁内部小组工作的停机时间,特别是用餐时间,该项目在钢桥拱腹正下方的鸟笼支架上构建了用餐和移动设施[图 3-68(a)]。共建立了两个这样的设施,一个在 $10^\#$ 桥墩,另一个在 $15^\#$ 桥墩,每一个的地面高程为 45 m。

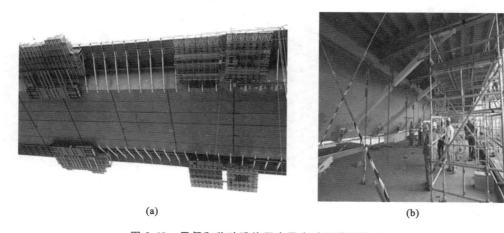

(a)　　　　　　　　　　　　　　　　　(b)

图 3-68　用餐和移动设施平台及自动保护倒装平台

(8) 临时配套服务设施

项目开始时,可用的服务包括自桥梁施工之日起的电源和内部照明系统,但是它们既不满足项目需要也不符合现行标准。在保持现有的服务的同时,在整座桥上安装了新的临时电和应急照明系统,这两个系统后来被移交给资产所有者用为未来维护工作提供帮助。

在场地中,安装临时用电系统向工地办公室和食堂供电。平台悬挂在桥下面,给外部加固工作的每一个通道配备一个发电机来满足其独自用电的需求。

给这些施工通道提供饮用水和施工用水的方法有:湿喷,沿着大桥扶手安装饮水系统,给每个工作地点提供一个供水泵。

（9）专业设备

在桥梁下方的悬挂平台安装专门定制的移动液压起重装置,将新悬臂支柱的底部钢筋支架抬升到具体位置,这个起重非常高效,减少了工程所需的人工运输。

工程中有大部分重要工作需要在钢桥和混凝土桥的下方进行。这些工作包括碳纤维的放置、公共安全屏障的托架安装、螺栓接头的更换和加固及悬臂支柱的安装。自动保护倒装（APS）平台的安装为上述工作提供了便利,如图3-68（b）所示。

APS平台的所有材料通过施工车道进行运输。由于屏障处在施工车道和相邻交通车道之间,施工通道的有效宽度被限制到2.4 m。为了不影响交通的正常运行,需要一个起重装置来适应这个狭小车道。解决方法是运用特制液压起重机和货车。

（10）施工过程中桥梁荷载控制

施工过程中的荷载控制是为了让桥梁结构任何地方的荷载不能超载,以保证桥梁的安全性,应该注重以下几点:

① 施工车道的荷载控制

施工车道原本是桥的应急车道,且是桥面悬臂部分,更是整座桥负载最薄弱的部分。设计团队会获取通行该车道的每辆车的信息,并对每辆车进行分析,确保没有超载。

② 移动的起重机荷载控制

起重机在工作时,会对桥面产生巨大的压力,所以设计团队会详细地评估每一个起重过程施加荷载的动态数据,具体包括起重机外伸支架的正确位置、负载垫的大小和支腿的最大荷载。

③ APS平台的荷载控制

APS平台悬挂于桥梁的下方,使用一系列链条与桥的悬臂梁连接,由于链条和悬臂梁承载能力有限,因此为平台建立了一个严格的负载控制制度。

④ 桥的总体荷载

加固项目启动后,由于每个工序可能同时进行,建设规划工作需要考虑到桥梁的整体荷载及各个工序的顺序。设计团队需要保证在桥梁有限负载能力范围内,各个工序互不冲突,所以设计团队会分析工序并且把结果反馈给建设团队,这个过程每周循环。

（11）碳纤维复合材料的使用

加固工程从高架桥东、西两端开始实施。每一端高架桥,通过应用补充后张法增强了混凝土箱梁部分的抗弯和抗剪能力。此外,碳纤维复合材料（CFRP）被运用到悬臂中以增加其抗弯承载力,碳纤维构件也被用到悬臂支柱中来提供必要的约束,提高它的压缩强度。一个碳纤维层压缩材料和构件的组合也被运用到脊骨梁中以增加抗剪和抗扭承载力。

（12）材料的可建造性

为了使每一个构建材料能被合理使用并方便运输到安装地点,做到了以下几点:

① 为了提高装配效率,构件的细节设计被标准化。现有结构的大多数安装位置都是独特的,因此在标准化大构件安装的时候需要在连接处使用垫片,以保证精密的接合。

② 项目现场也有一个设计团队,以保证在现场出现问题的时候,能够迅速提供指导性意见,并确保设计意图被充分满足。

③ 最大限度地使用轧制型材和曲面型钢以减少装配时的焊接。在施工现场也是尽可能使用螺栓连接而减少焊接。焊接的减少提高了构件交付和安装效率,同时减少了潜在的质量问题。

④ 选择了张力控制螺栓(TCB),这样就不需要在拧紧螺栓的时候考虑"扭矩控制"等问题,也消除了其他拧紧方法可能产生的潜在质量问题。

4. 改造的环境效益

大桥加固的环境效益有以下几点:

① 通过利用已有的结构来提高大桥的通行量和提高设计寿命,这本身就是一个环保的可持续的解决方案。

② 尽可能地减少车道关闭要求以减少加固工作对交通的影响。

③ 大桥加固工程在设计时要尽量减少原始钢材的使用。

④ 为了努力限制材料运输成本,主要的钢铁材料都是出自澳大利亚本土,而且制造商均在距项目 100 km 以内的地方。

⑤ 尽可能地减少去除铅涂料,以减少该项目有毒废物的产生,同时减少任何不利于健康的工作。

⑥ 每一个从大桥上拆除下来的材料都要进行回收检测。其中,所有被拆除的钢铁和铝都要被重新使用,包括水和纸等可重复利用材料在内的其他废弃材料都被计划使用在一个以"industrial"为主题的滑板公园里。

⑦ 尽量减少发电机的使用,主电源被安装在了整个施工现场内,同时也安装了饮用水水管,以减少一次性饮用瓶装水的使用。这两个系统被永久保留了下来,以方便未来的维护和检查工作。

⑧ APS 平台在项目完工后可以再运用到其他项目。

⑨ 安装台架需要关闭大桥,所以安装工作必须在最短时间内完成,Stilcon 公司制造出台架后,还进行了试安装和调试工作,以确保在实际施工中台架的顺利安装,各种准备工作大大缩短了大桥关闭时间。

3.3　中澳绿色化改造经验

通过上述中澳既有建筑与基础设施绿色化改造典型案例分析可知,中澳两国秉承绿色发展理念,将"节能、节地、节水、节材、保护环境、运营管理"等与现代建筑技术有机结合,有效实现了绿色化改造的总体目标。

3.3.1　共性经验

中澳绿色化改造的共性经验主要体现在绿色化改造措施和绿色化改造效益等两个方面。

1.绿色化改造措施

中澳绿色化改造方法和节能技术的应用存在很多相同之处。

（1）节能

在节能方面，其主要措施包括围护结构改造、空调系统改造、供暖系统改造、照明与电气技术改造等，通过改善通风、提高空调冷热机组能效、降低供暖系统热水循环泵耗电比、采用分区照明系统、合理选用电气设备、合理利用余热废热等来达到节能目的。

（2）节水与节地

在节水方面，其主要措施包括节水系统改造、节水设备改造等，通过设置用水计量装置、控制给水系统压力、避免管网漏水、更换高效率等级的卫生器具、采用节水灌溉等技术来达到节水目的。在节地方面，其主要措施包括合理利用绿化场地与科学配置绿化作物、合理开发地下空间、合理规划雨水径流等。

（3）节材

在节材方面，其主要措施包括材料的选用和节材的设计，合理利用废旧材料，达到节材目的。

（4）保护环境

在室内外环境质量控制方面，其主要措施包括室内外声环境、光环境、热湿环境、生态绿化和空气质量，通过专项声学设计、降低噪声等级、提高采光系数、安装空气检测装置、设置景观水池等来改善室内外环境。

（5）运营管理

在运营管理方面，其主要措施包括实施并完善操作规程、建立绿色环保宣传机制、优化智能化管理系统、实施垃圾分类处理等。

2.绿色化改造效益

通过上述绿色化改造效果分析可知，既有建筑与基础设施绿色化改造效益主要包括经济效益、环境效益和社会效益。其中，经济效益主要包括缩短工期、降低施工成本、降低维护成本。降低总耗能比、节约用水、节约用电、节约材料、使用可循环材料；环境效益主要包括 CO_2、SO_2、NO_x、CO、粉尘、煤渣排放及建筑垃圾的减少；社会效益主要包括使用者生病次数减少、工作效率提高、室内环境的舒适度改善及使用者的满意度提升。

3.3.2　澳大利亚绿色化改造的管理经验

随着现代建筑与基础设施的发展,各国所运用的既有建筑与基础设施绿色化改造技术越来越成熟。在绿色化改造实施的整个过程中,澳大利亚更加注重先进的管理理念及与使用者的沟通。

(1)绿色化改造前期进行科学的规划设计,合理选择项目团队(如承包商、咨询单位),设定合理的工期,共享专业知识技术,确定项目的风险和机会,制定控制优化策略。

(2)在绿色化改造实施期间,运用边施工边租赁的逐层改造技术,详细记录设备和材料的交付情况,与使用者建立良好的沟通机制,控制施工中产生的噪声和粉尘污染干扰,随时与使用者进行沟通,让使用者知道改造的进程及可能对其营业造成的影响。

(3)在绿色化改造后,独立调试代理商监督负责设备的安装调试及测试改造后的建筑性能,保证整个建筑系统的良好运行。

4 既有建筑与基础设施绿色化改造 EPC 项目决策分析

既有建筑与基础设施绿色化改造是一个复杂的系统工程,改造效益在运营期方能体现,需要在绿色化改造前采用动态评价指标直观反映改造方案的经济效果。通过绿色化改造潜力评价,决定是否选择改造;做出改造决策后,在现有既定技术下判定绿色化改造前后综合效益是否大于零,即决策改造方案是否可行。

4.1 既有建筑与基础设施绿色化改造技术分析

本课题绿色化改造相关技术分别参考《公共建筑节能改造技术规范》(JGJ 176—2009)、《既有采暖居住建筑节能改造技术标准》(JGJ/J 129—2012)、《节能建筑评价标准》(GB/J 50668—2011)、《居住建筑节能检测标准》(JGJ/J 132—2009)、《既有建筑地基基础加固技术规范》(JGJ 123—2012)、《建筑抗震加固技术规程》(JGJ 116—2009)等标准规范中的技术规定进行分析。

4.1.1 节地与室外环境应用技术

既有建筑与基础设施绿色化改造常用的节地与室外环境控制技术有保护场地生态环境、场地风环境、光环境和声环境控制技术、旧建筑利用技术、场地生态保护、地下空间利用技术和地面透水技术等[41]。

(1) 场地风环境及光环境的处理

场地风环境的处理可以将自然风引入建筑内部空间,使得建筑的自然通风得以改善。光环境的处理可以在地下车库上方采用景观水池,水池池底采用透明玻璃,既减少热岛效应,又增加地下车库采光。

(2) 场地绿化技术

场地绿化一般是指屋顶绿化、垂直绿化。屋顶做绿化,比如屋顶花园,一方面将回收的雨水再利用,另一方面在夏季可以很好地吸收屋顶的辐射,从而有效降低室内温度,减少空调能耗。在前庭阶梯退台顶部亦可采用覆土种植进行绿化,或在建筑外部加设绿化外廊,形成绿色休息平台。垂直绿化可以在建筑局部种植绿色攀爬植物。

（3）旧建筑利用技术

旧建筑利用技术就是改造并利用旧建筑，通过旧建筑的主体结构改造或者功能改造达到降低总体造价和建筑能耗的目的，形成新的功能价值，提高建筑舒适度。如增层改造技术增加可以利用的空间；空间改造技术可以合理分配和利用有效使用面积；增层改造采用阻尼器耗能减震加固技术，保障夹层建筑性能并减少加固投入。

（4）场地生态保护及地下空间利用技术

场地生态保护是指保护当地文物、水系、湿地、绿地等；地下空间利用技术是指合理开发利用地下空间。

（5）地面透水技术

地面透水技术是指使用透水地面，使雨水回渗，补充地下水源。透水地面有透水砖铺装地面、草坪砖铺装地面、透水混凝土地面、透水沥青路面等。

4.1.2　节能与能源利用技术

既有建筑与基础设施绿色化改造过程中，常用的节能技术有围护结构保温隔热技术、暖通空调优化技术、绿色照明技术和可再生能源利用技术。

围护结构保温隔热技术主要通过对墙体、屋面进行保温隔热，比如女儿墙、挑板、窗井等部位均采取断桥保温措施，采用自保温墙体材料；建筑墙体外围护采用白色涂料实施色彩改造，增加反射率，在炎热的气候条件下能起到减少热辐射作用；适当增加铝板、石材幕墙（主要是铝板），减少玻璃幕墙的面积，在非透明玻璃后增加较厚的岩棉来增强其隔热性能，或采用双层隔热表皮等隔热技术；屋面设置屋顶绿化，提高植物碳汇效果，改善屋顶保温隔热效果；建筑立面玻璃幕墙采用遮阳型（高透型）Low-E 中空玻璃；外门窗节能改造中，采取将外门窗玻璃更换为节能门窗和增加外遮阳等具体措施或在中空玻璃内置百叶可调节外遮阳，外窗采用断热铝合金和平开型塑钢中空玻璃窗等。

暖通空调优化技术主要有高大空间采用分层空调系统；增大送风温差，提高输送效率；采用大温差水系统，空调水循环泵变频运行；设置过渡季节新风阀，过渡季节采用全新风运行模式，等等。

绿色照明技术主要通过优化布线路径，优化运行方式，减少配电损耗，并采用高效节能的绿色照明器具。比如主动式导光系统、LED 照明，局部区域采用光纤照明、照明分区智能控制技术等。

可再生能源利用技术主要指太阳能、地源和水源热泵利用等。

4.1.3　节水与水资源利用技术

在既有建筑绿色化改造过程中，常用的节水技术有将普通卫生器具更换为节水器具、完善给排水系统、雨水中水回收再利用、雨水回渗技术。

完善给排水系统,采取有效办法检测办公建筑管道漏损情况。采用两套给水系统,一套为自来水给水系统,一套为再生水给水系统。

雨水中水回收再利用。屋面集水系统技术是指收集建筑屋面和场地的雨水进行再利用,用于冲厕、绿化灌溉和道路浇洒等;屋面雨水收集补充至景观水体等;屋顶绿化对回收的雨水进行再利用。

雨水回渗。采用透水地面使雨水回渗,补充地下水源。

4.1.4 节材与材料资源利用技术

绿色化改造过程中,常用的节材技术有结构检测与加固技术、可再循环材料应用技术、废旧材料利用技术、高性能材料应用技术、土建装修一体化技术和钢木结构体系应用技术。

4.1.5 室内环境质量控制技术

既有建筑绿色化改造中,常用的室内环境质量控制技术有自然采光技术、减振隔噪处理技术、外遮阳技术和室内空气质量监控技术等。

自然采光通常采用采光中庭、采光顶、采光窗等技术;自然通风通常采用生态中庭、开敞式窗户或天窗等技术。

外遮阳技术是指根据太阳光投射角度实时调节建筑物遮阳器具角度,实现最佳采光效果。常用方案有采用固定或活动垂直或者水平百叶遮阳,改善室内自然光照;遮阳型(高透型)Low-E 中空玻璃也是常用技术;为防止强烈西晒对建筑的影响,可采用墙面垂直绿化系统生态墙。

减振隔噪处理是指对于噪声大的暖通空调运行设备予以减振、隔噪处理。常用方案有设置减振一体化基座,减振垫与设备一体化,风机房等设备房采用双层墙等。

室内空气质量监控是指在人员密度变化较大的门厅、会议室设置二氧化碳监测系统。

4.1.6 运营管理控制技术

运营管理控制技术可以降低绿色建筑运行中的各项能源和人力消耗。既有建筑与基础设施绿色化改造中配备完善的自控系统等建筑管理系统(BMS),如设备监控系统、照明控制系统、变配电监控系统等,它们是保障既有建筑与基础设施节能、节水、节材和绿化管理系统高效运行的关键因素。

4.2　既有建筑与基础设施绿色化改造 EPC 项目决策分析模型的构建

4.2.1　决策分析指标体系的构建原则

既有建筑与基础设施绿色化改造决策分析主要对既有建筑与基础设施绿色化改造项目在既定技术条件下的改造方案进行评价。因此,构建既有建筑与基础设施绿色化改造决策分析指标体系需遵循以下四个原则:

（1）针对性

决策分析指标体系应针对既有建筑与基础设施绿色化改造的影响因素及绿色化改造常用的技术,通过对关键影响因素和拟采用绿色化改造技术进行深入分析,筛选关键指标,构建既有建筑与基础设施绿色化改造决策分析的核心指标体系。

（2）系统性

决策分析指标体系应根据影响既有建筑与基础设施绿色化改造的关键影响因素,结合层次分析法的层次搭建原则,逐层搭建评价体系的层次关系,以实现对拟改造项目的科学评价。

（3）时效性

决策分析指标体系对应的评价指标依照我国《绿色建筑评价标准》（GB/T 50378—2014）和《既有建筑绿色改造评价标准》（GB/T 51141—2015）进行设置。如果相关的标准有所修订,或者有新的标准颁布,决策分析指标体系的指标要随之调整,以保证决策分析指标体系的时效性。

（4）可操作性

决策分析指标体系应对既有建筑与基础设施绿色化改造预期效果进行逐项评价,通过成本收益分析进行定性和定量相结合的评价,使得评价过程具有可操作性,评价结论有据可查且有据可依。

4.2.2　既有建筑与基础设施绿色化改造决策分析指标体系设计

根据我国《绿色建筑评价标准》（GB/T 50378—2014）和《既有建筑绿色改造评价标准》（GB/T 51141—2015）相关指标,本课题将既有建筑与基础设施绿色化改造决策分析指标体系分为两个层次,其一是绿色化改造潜力评价指标体系,分为 6 个二级指标、20 个三级指标、63 个四级指标,见表 4-1;其二是既定改造方案综合效益评价指标体系,由经济效益指标、环境效益指标和社会效益指标共 3 个二级指标构成,见表 4-2。

表 4-1 既有建筑与基础设施绿色化改造潜力评价指标

二级指标	三级指标	四级指标
节地与室外环境 U_1	节约用地 U_{11}	场地内合理设置绿化用地 U_{111}
		合理开发利用地下空间 U_{112}
	室外环境 U_{12}	建筑及照明的光污染 U_{121}
		场地内环境噪声 U_{122}
		场地内风环境 U_{123}
		降低热岛强度措施 U_{124}
	交通设施与公共服务 U_{13}	场地内人行通道采用无障碍设计 U_{131}
		合理停车场所设置 U_{132}
		便利的公共服务 U_{133}
	场地设计与场地生态 U_{14}	绿色雨水基础设施的利用 U_{141}
		地表与屋面雨水径流的规划 U_{142}
		合理选择绿化方式,科学配置绿化植物 U_{143}
节能与能源利用 U_2	建筑与围护结构 U_{21}	围护结构热工性能 U_{211}
		外窗、玻璃幕墙的可开启部分能使建筑获得良好的通风 U_{212}
	供暖、通风与空调 U_{22}	空调系统的冷、热源机组能效 U_{221}
		集中供暖系统热水循环泵的耗电输热比 U_{222}
		通风空调系统风机的单位风量耗功率 U_{223}
		供暖、通风与空调系统的优化度 U_{224}
	照明与电气 U_{23}	公共空间照明系统采取分区、定时、感应等节能控制措施 U_{231}
		合理选用电梯和自动扶梯,并采取电梯群控、扶梯自动启停等节能控制措施 U_{232}
		合理选用节能型电气设备 U_{233}
	能量综合利用 U_{24}	排风能量回收系统设计合理并运行可靠 U_{241}
		合理采用蓄冷蓄热系统 U_{242}
		合理利用余热废热解决建筑的蒸汽、供暖或生活热水需求 U_{243}
		合理利用可再生能源 U_{244}

续表 4-1

二级指标	三级指标	四级指标
节水与水资源利用 U_3	节水系统 U_{31}	采取有效措施避免管网漏损 U_{311}
		给水系统无超压出流现象 U_{312}
		设置用水计量装置 U_{313}
		公用浴室采取节水措施 U_{314}
	节水器具与设备 U_{32}	使用较高用水效率等级的卫生器具 U_{321}
		绿化灌溉采用节水灌溉方式 U_{322}
		空调设备或系统采用节水冷却技术 U_{323}
		除上述外的其他用水采用节水技术或措施,合理使用非传统水源 U_{324}
	非传统水源利用 U_{33}	合理使用非传统水源 U_{331}
		冷却水补水使用非传统水源 U_{332}
节材与材料资源利用 U_4	节材设计 U_{41}	公共建筑中可变换功能的室内空间采用可重复使用的隔断(墙)U_{411}
		采用工业化生产的预制构件 U_{412}
		高性能材料应用技术 U_{413}
	材料选用 U_{42}	采用可再利用材料和可再循环材料 U_{421}
		合理采用耐久性好、易维护的装饰装修建筑材料 U_{422}
		废旧材料再利用 U_{423}
室内环境质量 U_5	室内声环境 U_{51}	主要功能房间室内噪声级 U_{511}
		主要功能房间室内隔声性能 U_{512}
		公共建筑中的多功能厅、接待大厅、大型会议室和其他有声学要求的重要房间进行专项声学设计 U_{513}
	室内光环境与视野 U_{52}	建筑主要功能房间具有良好的户外视野 U_{521}
		采光系数 U_{522}
	室内热湿环境 U_{53}	可调节遮阳措施 U_{531}
		供暖空调系统末端现场可独立调节 U_{532}
	室内空气质量 U_{54}	气流组织合理 U_{541}
		主要功能房间中人员密度较高且随时间变化大的区域设置室内空气质量监控系统 U_{542}
		地下车库设置与排风设备联动的一氧化碳浓度监测装置 U_{543}

二级指标	三级指标	四级指标
运营管理 U_6	管理制度 U_{61}	物业管理部门获得有关管理体系认证 U_{611}
		节能、节水、节材、绿化的操作规程、应急预案等完善且有效实施 U_{612}
		实施能源资源管理激励机制 U_{613}
		绿色化运营宣传机制完善,设施设备使用手册齐全,绿色化运营氛围良好 U_{614}
	技术管理 U_{62}	定期检查、调试公共设施设备,并根据运行检测数据进行设备系统的运行优化 U_{621}
		对空调通风系统进行定期检查和清洗 U_{622}
		非传统水源的水质和用水量记录完整、准确 U_{623}
		物业管理信息化程度高,建筑物及设施设备维护、部品部件管理和能耗记录等档案资料齐全 U_{624}
	环境管理 U_{63}	采用无公害病虫害防治技术 U_{631}
		栽种和移植的树木一次成活率大于 90%,植物生长状态良好 U_{632}
		实行垃圾分类收集和处理,垃圾收集站(点)及垃圾间不污染环境,不散发臭味 U_{633}

表 4-2　综合效益评价指标

序号	二级指标	三级指标	四级指标
1	经济效益	改造成本	建设成本
			拆除成本
		运营成本	使用费用
			维护成本
		改造收益	节约用电收益
			节约用水收益
			节约其他能源收益
2	环境效益	室外环境质量改善	CO_2 减排
			SO_2 减排
			NO_x 减排
			CO 减排
			粉尘污染物减排
		绿色增值	绿化面积增加
3	社会效益	健康效益	医药费用的减少
		用户效益	舒适度的提高

4.2.3　决策模型的构建

决策模型由既有建筑与基础设施绿色化改造潜力评价模型和既有建筑与基础设施绿色化改造综合效益评价模型构成。

1. 既有建筑与基础设施绿色化改造潜力评价模型

（1）建立因素集

因素集 U 按属性的类型划分为 k 个子集，或者说影响 U 的 k 个指标，记为

$$U = \{U_1, U_2, \cdots, U_k\}$$

且满足：$U_{i=1}^{k} U_i = U, U_i \bigcap U_j = \varnothing$。

对既有建筑与基础设施绿色化改造决策分析的第二层指标划分为六个指标，详见表 4-1中的二级指标。

记 $U = \{U_1, U_2, \cdots, U_6\}$。

第三层指标详见表 4-1 中的三级指标。

记 $U_1 = \{U_{11}, U_{12}, U_{13}, U_{14}\}$；

记 $U_2 = \{U_{21}, U_{22}, U_{23}, U_{24}\}$；

记 $U_3 = \{U_{31}, U_{32}, U_{33}\}$；

记 $U_4 = \{U_{41}, U_{42}\}$；

记 $U_5 = \{U_{51}, U_{52}, U_{53}, U_{54}\}$；

记 $U_6 = \{U_{61}, U_{62}, U_{63}\}$。

第四层指标详见表 4-1 中的四级指标。

记 $U_{11} = \{U_{111}, U_{112}\}$；

记 $U_{12} = \{U_{121}, U_{122}, U_{123}, U_{124}\}$；

记 $U_{13} = \{U_{131}, U_{132}, U_{133}\}$；

记 $U_{14} = \{U_{141}, U_{142}, U_{143}\}$；

记 $U_{21} = \{U_{211}, U_{212}\}$；

记 $U_{22} = \{U_{221}, U_{222}, U_{223}, U_{224}\}$；

记 $U_{23} = \{U_{231}, U_{232}, U_{233}\}$；

记 $U_{24} = \{U_{241}, U_{242}, U_{243}, U_{244}\}$；

记 $U_{31} = \{U_{311}, U_{312}, U_{313}, U_{314}\}$；

记 $U_{32} = \{U_{321}, U_{322}, U_{323}, U_{324}\}$；

记 $U_{33} = \{U_{331}, U_{332}\}$；

记 $U_{41} = \{U_{411}, U_{412}, U_{413}\}$；

记 $U_{42} = \{U_{421}, U_{422}, U_{423}\}$；

记 $U_{51} = \{U_{511}, U_{512}, U_{513}\}$；

记 $U_{52} = \{U_{521}, U_{522}\}$；

记 $U_{53} = \{U_{531}, U_{532}\}$；

记 $U_{54} = \{U_{541}, U_{542}, U_{543}\}$；

记 $U_{61} = \{U_{611}, U_{612}, U_{613}, U_{614}\}$；

记 $U_{62} = \{U_{621}, U_{622}, U_{623}, U_{624}\}$；

记 $U_{63} = \{U_{631}, U_{632}, U_{633}\}$。

（2）确定各级指标权重

各级指标权重依据德尔菲的方法确定。通过专家调查表进行打分,采用算术平均值计算,专家调查表详见附录 1。其计算公式如下：

$$a_j = \frac{\sum_{i=1}^{n}(a_{ij})}{n} \qquad j = 1,2,\cdots,m$$

式中　n——评委数量；

　　　m——评价指标总数；

　　　a_j——第 j 个指标权数的平均值；

　　　a_{ij}——第 i 个评委给第 j 个指标权重的打分值。

然后,让上述各指标得分在同一层次下进行归一化处理。归一化处理公式如下：

$$w_j = \frac{a_j}{\sum_{j=1}^{m} a_j}$$

式中　w_j——各指标的权重。

$U = \{U_1, U_2, \cdots, U_6\}$ 的权重为：

$$W = \{w_1, w_2, w_3, w_4, w_5, w_6\}$$

$U_1 = \{U_{11}, U_{12}, U_{13}, U_{14}\}$ 的权重为：$w_1 = \{w_{11}, w_{12}, w_{13}, w_{14}\}$。

U_{11} 下属各指标的权重分别为：$w_{11} = \{w_{111}, w_{112}\}$,以此类推。

（3）建立评价指标的评语集

记评语集为 $V = \{V_1, V_2, V_3\}$,V_1:优;V_2:中;V_3:差。

通过专家对四级指标打分的方法对指标优、中、差进行归属判断,专家依据国家绿色建筑标准和既有建筑绿色化改造标准进行打分。每个拟绿色化改造项目将邀请 10 名专家进行现场考察,然后根据附录 2 的打分选项和下面具体打分规则进行打分。然后对 10 名专家每项打分值求平均值并将其作为该指标的归属分值。

具体评价时,根据既有建筑与基础设施自身特点将定性指标和定量指标按照不同的规则进行打分。优、中、差归属值之和为 1,即：$\sum_{i=1}^{3} V_i = 1$。

定性指标将按不同等级进行打分,根据国家绿色建筑标准,既有建筑与基础设施的绿色化水平分为以下 5 个等级：

① 符合国家标准:$V_1 = 1, V_2 = 0, V_3 = 0$；

② 大部分符合国家标准:$V_1 = 0.7, V_2 = 0.3, V_3 = 0$；

③ 关键部位符合国家标准:$V_1 = 0.1, V_2 = 0.6, V_3 = 0.3$；

④ 大部分不符合国家标准：$V_1=0, V_2=0.3, V_3=0.7$；

⑤ 完全不符合国家标准：$V_1=0, V_2=0, V_3=1$。

定量指标的评分规则，优的归属值 V_1 得分为既有建筑与基础设施绿色化实际水平与国家绿色化标准的比率；V_2 和 V_3 的得分根据拟绿色化改造技术实施的难易程度按以下比例分配 $1-V_1$ 差值，若较容易：$\dfrac{V_2}{V_3}=\dfrac{8}{2}$；若较难：$\dfrac{V_2}{V_3}=\dfrac{2}{8}$。

具体评语的调查打分表见附录 2。

（4）确定评判矩阵

① 构建三级指标的评判矩阵

本课题的三级指标的每个指标采用单因素模糊综合评价。设评语集 V 中第 j 个元素 V_j 隶属度为 r_{ij}，则 U_i 的评价结果可用模糊集合表示如下：

$$R_i = \{r_{i1}, r_{i2}, \cdots, r_{im}\}$$

对所有指标都进行评判后，即可得矩阵 $\boldsymbol{R} = \begin{bmatrix} R_1 \\ R_2 \\ \vdots \\ R_m \end{bmatrix} = \begin{bmatrix} r_{11} & r_{12} & \cdots & r_{1n} \\ r_{21} & r_{22} & \cdots & r_{2n} \\ \vdots \, d & \vdots & & \vdots \\ r_{m1} & r_{m2} & \cdots & r_{mn} \end{bmatrix}$。

根据上述原理及本课题既有建筑与基础设施绿色化潜力评价指标体系的设置情况，U_{11} 对应的评判矩阵为 $\boldsymbol{R}_{11}$，同理 $U_{11}, U_{12}, \cdots, U_{63}$ 对应的评判矩阵为 $\boldsymbol{R}_{11}, \boldsymbol{R}_{12}, \cdots, \boldsymbol{R}_{63}$。各指标的评判矩阵如下：

由 $\boldsymbol{R}_{111} = [r_{1111}, r_{1112}, r_{1113}]$，$\boldsymbol{R}_{112} = [r_{1121}, r_{1122}, r_{1123}]$ 得：

$$\boldsymbol{R}_{11} = \begin{bmatrix} \boldsymbol{R}_{111} \\ \boldsymbol{R}_{112} \end{bmatrix}$$

同理：

$$\boldsymbol{R}_{12} = \begin{bmatrix} \boldsymbol{R}_{121} \\ \boldsymbol{R}_{122} \\ \boldsymbol{R}_{123} \\ \boldsymbol{R}_{124} \end{bmatrix}, \quad \boldsymbol{R}_{13} = \begin{bmatrix} \boldsymbol{R}_{131} \\ \boldsymbol{R}_{132} \\ \boldsymbol{R}_{133} \end{bmatrix}, \quad \boldsymbol{R}_{14} = \begin{bmatrix} \boldsymbol{R}_{141} \\ \boldsymbol{R}_{142} \\ \boldsymbol{R}_{143} \end{bmatrix};$$

$$\boldsymbol{R}_{21} = \begin{bmatrix} \boldsymbol{R}_{211} \\ \boldsymbol{R}_{212} \end{bmatrix}, \quad \boldsymbol{R}_{22} = \begin{bmatrix} \boldsymbol{R}_{221} \\ \boldsymbol{R}_{222} \\ \boldsymbol{R}_{223} \\ \boldsymbol{R}_{224} \end{bmatrix}, \quad \boldsymbol{R}_{23} = \begin{bmatrix} \boldsymbol{R}_{231} \\ \boldsymbol{R}_{232} \\ \boldsymbol{R}_{233} \end{bmatrix}, \quad \boldsymbol{R}_{24} = \begin{bmatrix} \boldsymbol{R}_{241} \\ \boldsymbol{R}_{242} \\ \boldsymbol{R}_{243} \\ \boldsymbol{R}_{244} \end{bmatrix};$$

$$\vdots$$

$$\boldsymbol{R}_{61} = \begin{bmatrix} \boldsymbol{R}_{611} \\ \boldsymbol{R}_{612} \\ \boldsymbol{R}_{613} \\ \boldsymbol{R}_{614} \end{bmatrix}, \quad \boldsymbol{R}_{62} = \begin{bmatrix} \boldsymbol{R}_{621} \\ \boldsymbol{R}_{622} \\ \boldsymbol{R}_{623} \\ \boldsymbol{R}_{624} \end{bmatrix}, \quad \boldsymbol{R}_{63} = \begin{bmatrix} \boldsymbol{R}_{631} \\ \boldsymbol{R}_{632} \\ \boldsymbol{R}_{633} \end{bmatrix}。$$

② 一级、二级指标评判矩阵

将单因素评价矩阵分别与权重矩阵进行模糊变换，即 $B = W \times R$，本课题取该合成方法为矩阵相乘。

根据多因素模糊综合评价原理，可知：

$B_{11} = W_{11} \times R_{11}, \cdots, B_{14} = W_{14} \times R_{14}$，由此可得出 U_1 的判断矩阵为 R_1，如下公式所示：

$$R_1 = \begin{bmatrix} B_{11} \\ B_{12} \\ B_{13} \\ B_{14} \end{bmatrix}_{4 \times 3}$$

同理：$B_{21} = W_{21} \times R_{21}, \cdots, B_{24} = W_{24} \times R_{24}$

$$R_2 = \begin{bmatrix} B_{21} \\ B_{22} \\ B_{23} \\ B_{24} \end{bmatrix}_{4 \times 3}$$

$$\vdots$$

$$R_6 = \begin{bmatrix} B_{61} \\ B_{62} \\ B_{63} \end{bmatrix}_{3 \times 3}$$

由上结果可得：$B_1 = W_1 \times R_1, \cdots, B_6 = W_6 \times R_6$，则

$$R = \begin{bmatrix} B_1 \\ B_2 \\ \vdots \\ B_6 \end{bmatrix}_{6 \times 3}$$

（5）分层做综合评判

① 计算三级指标评判结果

本课题研究采用的是模糊综合评价，因此每层次的评判结果将根据最大隶属度原则确定该层次的指标的评价[94]。

U_{11}、U_{12}、U_{13}、U_{14} 对应的评判结果分别为：

$B_{11} = [w_{111}, w_{112}] \times R_{11}$；

$B_{12} = [w_{121}, w_{122}, w_{123}, w_{124}] \times R_{12}$；

$B_{13} = [w_{131}, w_{132}, w_{133}] \times R_{13}$；

$B_{14} = [w_{141}, w_{142}, w_{143}] \times R_{14}$。

U_{21}、U_{22}、U_{23}、U_{24} 对应的评判结果分别为：

$B_{21} = [w_{211}, w_{212}] \times R_{21}$；

$B_{22} = [w_{221}, w_{222}, w_{223}, w_{224}] \times R_{22}$；

$B_{23} = [w_{231}, w_{232}, w_{233}] \times R_{23}$；

$$B_{24} = [w_{241}, w_{242}, w_{243}, w_{244}] \times \boldsymbol{R}_{24} 。$$

$U_{31}、U_{32}、U_{33}$ 对应的评判结果分别为：

$$B_{31} = [w_{311}, w_{312}, w_{313}, w_{314}] \times \boldsymbol{R}_{31} ；$$

$$B_{32} = [w_{321}, w_{322}, w_{323}, w_{324}] \times \boldsymbol{R}_{32} ；$$

$$B_{33} = [w_{331}, w_{332}] \times \boldsymbol{R}_{33} 。$$

$U_{41}、U_{42}$ 对应的评判结果分别为：

$$B_{41} = [w_{411}, w_{412}, w_{413}] \times \boldsymbol{R}_{41} ；$$

$$B_{42} = [w_{421}, w_{422}, w_{423}] \times \boldsymbol{R}_{42} 。$$

$U_{51}、U_{52}、U_{53}、U_{54}$ 对应的评判结果分别为：

$$B_{51} = [w_{511}, w_{512}, w_{513}] \times \boldsymbol{R}_{51} ；$$

$$B_{52} = [w_{521}, w_{522}] \times \boldsymbol{R}_{52} ；$$

$$B_{53} = [w_{531}, w_{532}] \times \boldsymbol{R}_{53} ；$$

$$B_{54} = [w_{541}, w_{542}, w_{543}] \times \boldsymbol{R}_{54} 。$$

$U_{61}、U_{62}、U_{63}$ 对应的评判结果分别为：

$$B_{61} = [w_{611}, w_{612}, w_{613}, w_{614}] \times \boldsymbol{R}_{61} ；$$

$$B_{62} = [w_{621}, w_{622}, w_{623}, w_{624}] \times \boldsymbol{R}_{62} ；$$

$$B_{63} = [w_{631}, w_{632}, w_{633}] \times \boldsymbol{R}_{63} 。$$

② 计算二级指标评判结果

$U = \{U_1, U_2, \cdots, U_6\}$ 对应的评判结果分别为：

$$B_i = [w_{i1}, w_{i2}, w_{i3}, w_{i4}] \times \boldsymbol{R}_i \quad (i = 1, 2, \cdots, 6)$$

③ 计算一级指标评判结果

对于项目整理的评判结果为：

$$B = \boldsymbol{W} \times \boldsymbol{R}$$

在每一级指标的 B 值计算结果向量中，根据最大隶属原则，判断评语结果。对应于评语集 $V = \{V_1, V_2, V_3\}$，若 V_1 值最大，该指标判断为优；若 V_2 值最大，该指标判断为中；若 V_3 值最大，该指标判断为差。

2. 既有建筑与基础设施绿色化改造综合效益评价模型

既有建筑与基础设施绿色化改造经济效益指标用改造项目内部净现金流量的折现值（NPV_1）表示，既有建筑与基础设施绿色化改造生态效益和社会效益指标则通过将改造项目的外部效应转化为货币值的折现值（NPV_2）表示。

既有建筑与基础设施绿色化改造综合效益评价模型如下：

$$NPV = NPV_1 + NPV_2$$

式中　NPV——既有建筑与基础设施绿色化改造项目综合效益（万元）；

　　　NPV_1——既有建筑与基础设施绿色化改造项目内部净现金流量折现值（万元）；

　　　NPV_2——既有建筑与基础设施绿色化改造项目外部效益折现值（万元）。

（1）经济效益分析

① 既有建筑与基础设施绿色化改造成本分析

既有建筑与基础设施绿色化改造项目全寿命期成本是指改造项目建设成本、运营维护成本及拆除成本等费用之和。

为了简化计算，既有建筑与基础设施绿色化改造项目成本可以看作建设成本，即 $t=0$ 时的既有建筑与基础设施绿色化改造总投资。本课题研究中的既有建筑与基础设施绿色化改造期初投资 K 采用改造规模指数法或者概算指标法计算。

a. 改造规模指数法

根据既有建筑与基础设施绿色化改造的特点和生产规模指数法特点，绿色化改造期初投资估算可采用改造规模指数法。

改造规模指数法计算公式如下：

$$K_2 = K_1 \cdot \frac{S_2}{S_1} \cdot P$$

式中　K_1——可比项目实际固定资产投资额；

　　　K_2——改建项目所需固定资产投资额；

　　　S_1——可比项目生产规模；

　　　S_2——改建项目生产规模；

　　　P——物价换算系数，可以根据地域物价差异及时间物价差异调整。

b. 扩大概算指标法

既有建筑与基础设施绿色化改造概算指标法是指以指标中规定的工程每平方米或立方米综合工程费单价乘以拟改造工程建筑面积或者体积得出拟改造工程工程费，再计算其他费用即可求出拟改造工程期初投资。

根据此定义，既有建筑与基础设施绿色化改造期初投资公式如下：

K = 概算指标每平方米（立方米）工程费单价 × 拟改造工程建筑面积（体积）× f

式中　f——调整系数，可以根据地域物价差异和时间物价差异调整。

② 既有建筑与基础设施绿色化改造经济效益分析

既有建筑与基础设施绿色化改造项目第 t 年的经济效益就是该年能源费用的节省。既有建筑与基础设施绿色化改造后采暖和空调系统年节省费用 CI_t 计算公式如下[93-95]：

$$CI_t = \Delta Q_r H_r P_r + \Delta Q_l H_l P_l$$

式中　ΔQ_r——冬季采暖负荷减少量（kW）；

　　　ΔQ_l——夏季空调冷负荷减少量（kW）；

　　　H_r——冬季采暖小时数（h）；

　　　H_l——夏季空调使用小时数（h）；

　　　P_r——采暖单位价格[元/（kW·h）]；

　　　P_l——电价[元/（kW·h）]。

③ 既有建筑与基础设施绿色化改造净现值

既有建筑与基础设施绿色化改造项目经济效益分析选择净现值 FNPV 进行评价，其计算公式如下：

$$FNPV = -K + CI_t(P/A, i, n)$$

考虑能源价格上涨率、投资折现率和实际节能效率，得出既有建筑与基础设施绿色化改造后的净现值 FNPV 计算公式如下：

$$FNPV = -K + \alpha[\Delta Q_r H_r P_r(P/A, d_1, n) + \Delta Q_l H_l P_l(P/A, d_2, n)]$$

式中　d_1——煤炭价格上涨率（%）；

　　　d_2——电价上涨率（%）；

　　　i——折现率（%）；

　　　n——拟改造项目绿色寿命期（年）；

　　　α——实际节能效率。

（2）环境效益分析

环境效益是指通过减少有害污染物对环境的破坏所蕴含的价值量。各有害污染物减排量的计算方式如下：

$$CO_2 \text{ 减排量}(Q_1) = \text{每吨标煤 } CO_2 \text{ 排放系数} \times \text{节煤量}$$

$$SO_2 \text{ 减排量}(Q_2) = \text{每吨标煤 } SO_2 \text{ 排放系数} \times \text{节煤量}$$

$$NO_2 \text{ 减排量}(Q_3) = \text{每吨标煤 } NO_2 \text{ 排放系数} \times \text{节煤量}$$

$$CO \text{ 减排量}(Q_4) = \text{每吨标煤 } CO \text{ 排放系数} \times \text{节煤量}$$

$$\text{粉尘减排量}(Q_5) = \text{每吨标煤粉尘排放系数} \times \text{节煤量}$$

有害污染物减排的环境价值可以根据污染物收费标准与补偿度计算，公式如下[96]：

$$V_e = \frac{C}{\beta}$$

式中　V_e——有害污染物减排的环境价值；

　　　C——污染物收费标准；

　　　β——污染物的补偿度。

在各减排量已知的前提下，既有建筑与基础设施绿色化改造项目减排有害污染物的每年总环境效益（CE_t）等于各有害污染物减排量与其环境价值乘积之和，其计算公式如下：

$$CE_t = Q_{1t} \times V_{1e} + Q_{2t} \times V_{2e} + Q_{3t} \times V_{3e} + Q_{4t} \times V_{4e} + Q_{5t} \times V_{5e}$$

式中　CE_t——绿色化改造项目第 t 年的环境效益；

　　　$Q_{1t}, Q_{2t}, Q_{3t}, Q_{4t}, Q_{5t}$——拟改造项目第 t 年 CO_2、SO_2、NO_2、CO 和粉尘的减排量；

　　　$V_{1e}, V_{2e}, V_{3e}, V_{4e}, V_{5e}$——拟改造项目第 t 年 CO_2、SO_2、NO_2、CO 和粉尘的减排环境价值。

（3）社会效益分析

① 健康效益

健康效益是指由于环境改善、患病和死亡概率减小而产生的效益，可量化为由于患病和死亡概率减小而节省的治疗费用和预防疾病的费用[93]。欧洲项目组通过一定的折现方法得出污染物的健康成本，如表 4-3 所示[97]。

表 4-3 各污染物的健康成本

污染物	作用	污染物作用成本（元/t）
CO_2	患病率和死亡率	2.0
NO_2	患病率和死亡率	可忽略
SO_2	患病率和死亡率	可忽略
VOC	患病率和死亡率	4.2

② 用户效益

用户效益主要指用户满意度。绿色化改造效果达到了客户期望值，则满意度高，反之，满意度就低，这个指标可通过实地调查的方式确定。

4.2.4 决策模型的结果分析

（1）既有建筑与基础设施绿色化改造潜力结果分析

若拟改建项目的一级指标判定结果为优，说明该项目没有绿色化改造潜力，即绿色化效果良好，满足现行绿色化标准要求，无须改造；若判定结果为差，说明该项目绿色化改造的潜力大，绿色化效果很差，与绿色标准相差甚远，急需改造；若判定结果为中，表明该项目有一定的绿色化改造潜力，不满足现行绿色建筑标准，可以结合具体的分析对拟绿色化改造项目进行局部绿色化改造。

对于拟绿色化改造项目确定具体改造部位仍然可以利用上述评判结果，比如，三级指标的某个指标的评判结果为优，说明该指标代表的局部工程没有绿色化改造潜力；若评判结果为差，说明该指标代表的局部工程绿色化改造潜力较大，与绿色标准相差甚远，需要进行绿色化改造；若评判结果为中，说明该指标代表的局部工程具有一定的绿色化改造潜力，不满足现行绿色建筑标准，可以根据下级指标评判结果来进一步确定局部具体绿色化改造对象。

（2）既有建筑与基础设施绿色化改造综合效应评价结果分析

根据既有建筑与基础设施绿色化改造综合效益评判模型，若 $NPV \geqslant 0$，表示该方案可行；若 $NPV < 0$，表示该方案不可行。若 $NPV_1 \geqslant 0$，表示项目在经济上可以盈利；若 $NPV_2 \geqslant 0$，表示该项目具有正外部性。

综上所述，当拟改造项目未达到国家绿色建筑标准、绿色化改造潜力较大，且在既定的平均技术水平下改造方案的综合效益大于或等于 0 时，该改造项目方案可以实施。

5 既有建筑与基础设施绿色化
改造 EPC 模式优化研究

在既有建筑与基础设施绿色化改造中,多方主体共同对项目实施绿色化改造,各参与方在市场交易中共同构建了绿色化改造市场,包括绿色化改造服务市场和绿色化改造资本市场。

(1)绿色化改造服务市场

目前,国内既有建筑与基础设施绿色化改造还处于试点阶段,整个既有建筑与基础设施绿色化改造还受到诸多问题的制约。融资困难、缺乏市场、风险高等问题制约着节能服务公司的生存和发展。绿色化改造服务市场呈现出信息不对称性的问题,缺乏专业的第三方评价机构对改造后的效果进行科学合理的认证。客户和节能服务公司往往通过投入更多的成本开展信息的收集,最终导致客户对绿色化改造缺乏积极性,也会造成"劣币驱良币"现象,使整个绿色化改造服务市场萎缩。

(2)绿色化改造资本市场

据统计,我国既有建筑超过 400 亿 m²,综合改造费用按 300 元/m² 测算,其资金需求量巨大,政府不可能完全承担改造项目的所有费用。既有建筑与基础设施绿色化改造服务市场形成过程中,改造服务市场和改造资本市场之间存在一定的关联性。对既有建筑与基础设施绿色化改造实施合同能源管理模式需要金融机构、担保公司、供应商等不同公司的介入,它们对改造项目提供资金支持,构成绿色化改造资本市场。

5.1 既有建筑与基础设施绿色化改造 EPC 项目
全过程管理制度设计

5.1.1 既有建筑与基础设施绿色化改造 EPC 项目全过程管理运行流程

(1)能源审计

能源审计是既有建筑与基础设施绿色化改造工作的关键环节之一,也是节能服务公司为客户提供服务的第一步。该项工作一般由节能服务公司的专业能源审计人员或者委托其他专业机构对客户的部分或者全部能源活动进行系统性的检查、诊断并给予科学评估,进一步对客户提出相应的改造策略。由于能源审计可以让节能服务公司获得更多改造信息,在能源审计时,客户要同节能服务公司相互合作,最大限度地发现节能改造的内在潜力。

（2）节能评估

绿色化改造项目采用合同能源管理模式进行改造时,节能服务公司要在进行能源审计的基础上向客户提供专业的节能评估报告。在节能评估报告中要详细说明改造方案,提出科学合理、客观公正的绿色化改造措施供客户参考。

按照《中华人民共和国节约能源法》和《关于加强固定资产投资项目节能评估和审查工作的通知》精神,全国各地都制定了节能评估办法。节能评估是既有建筑与基础设施绿色化改造项目可行性研究的重要组成部分,共涵盖八项内容:

① 合理用能标准;

② 节能设计规范;

③ 能耗类别;

④ 各类设备、工艺能耗分析;

⑤ 能耗指标数据分析;

⑥ 改造项目能源供给情况;

⑦ 改造项目节能方案策略;

⑧ 改造完成后改造项目的节能效果分析。

（3）合同谈判和签署

根据能源审计和节能评估详细的数据分析,对于改造潜力大的既有建筑与基础设施,节能服务公司和客户双方开展沟通谈判并签署合同。双方合同谈判主要针对合同类型和合同内容的约定进行。

（4）改造方案设计

节能服务公司签署合同后向客户提供绿色化改造项目的实施方案,由客户审核批准。编制绿色化改造项目实施方案时,节能服务公司在具备设计资质的情况下可自行设计;不具备设计资质的情况下,必须委托具备相应资质的设计单位对绿色化改造项目进行方案设计。在编制设计方案时应严格执行国家相关的标准、规范。

（5）设备安装调试

双方签署合同,绿色化改造方案经审批确认后,接下来就进入绿色化改造项目实施阶段。采用合同能源管理模式的情况下,全部设备安装调试工作由节能服务公司完成。

（6）竣工验收

当绿色化改造项目施工安装全部结束后,客户、节能服务公司、政府部门对绿色化改造项目进行竣工验收。通过竣工验收的绿色化改造项目的质量和安全应满足国家标准要求,并达到合同约定的节能效果。

（7）节能效益监测

绿色化改造项目正式通过竣工验收后,需要根据合同和规范要求试运行,试运行合格后方可进入正常运行阶段。在绿色化改造项目正常运行过程中,节能服务公司必须按照双方签订的合同要求,安排专职人员全面负责整个系统的运营管理和系统维护。节能量是客户向节能服务公司结算的主要依据,因此,在运行中必须对改造项目的节能量进行系统性监测。

(8)节能效益分享和设备移交

在双方签订的合同期限内,绿色化改造项目所需资金都由节能服务公司提供。在正式运营阶段,节能服务公司有权共享节能量产生的效益,直至合同期满。运营期结束,节能服务公司必须将绿色化改造项目的设备无条件移交给客户。除此之外,节能服务公司必须按双方签订的合同要求,协助客户运营并保证移交后的节能设备质量。

5.1.2 既有建筑与基础设施绿色化改造 EPC 项目全过程管理制度设计的目标和原则

1.制度设计的目标

(1)针对性

合同能源管理项目的管理制度主要是针对绿色化改造项目的全过程管理进行设计。为了实现绿色化改造项目管理制度的可操作性、准确性、权威性、灵活性,制度设计应结合项目特定的流程及具体的服务内容,真正对全过程管理工作起到约束作用。

(2)过程控制

全过程管理制度重视对组织活动过程的有效控制,在理念上强调过程控制,认同过程与结果的统一,认为好的过程必能产生好的结果。因此,必须对管理过程进行不断的、频繁的、有针对性的控制、监督和反馈,最终实现全过程管理目标。

2.制度设计的原则

合同能源管理项目制度设计的主旨是为各主体方提供行动指南。能够成为各主体方行为指南的制度设计应遵循普适性原则、全面性原则、效益性原则、稳定适应性原则及协调性原则。制度设计要合理进行制度的资源配置,提高制度效益,同时要注重与意识形态和惯例相结合。制度有其生存的环境,不能简单地移植。奥菲曾指出:"任何一个运行良好的制度,有利于实施者从策略性的思考中解放出来,制度的合理性帮助实施者减少活动成本,达到预期效果。"

(1)普适性原则

制度的普适性,是指既有一般性、明确性,又有稳定性。它不会因人而异,对任何一方都有约束力,也不会含糊其辞,能够准确传递信息以便于理解,更不会因社会环境的变化而发生改变,它是社会价值相宜性在时间纬度上的延续。

(2)全面性原则

合同能源管理活动贯穿项目全过程,它管理的各个方面既有机联系又相互制约。因此,绿色化改造项目的全过程管理制度要满足全面性原则,确保参与各方在工作时有章可循并建立系统性的制约机制。与此同时,在兼顾全面的基础上要突出重点,针对重要活动、高风险环节采取更为严格的控制措施,确保不存在重大缺陷。

（3）效益性原则

效益性原则是一切经济活动都应遵循的基本原则之一,全过程管理制度设计时也必须遵循效益性原则,最大限度地减少绿色化改造项目的风险,从而尽可能避免发生不必要的损失。

（4）稳定适应性原则

合同能源管理全过程管理制度设计既要遵循国家的统一规定,又要充分考虑到项目特点和管理要求,使其具有较强的可操作性,满足内部控制并随着情况变化及时加以调整,即根据外部环境、内部环境的变化对管理制度进行适当的调整。然而这并不等于制度朝令夕改,制度应具有相对的稳定性和连续性。如经过一定时期的实施后,证明是正确的,就必须保持其稳定性;经过实施后,证明是不可行的,就必须及时修订甚至放弃。

（5）协调性原则

合同能源管理项目要顺利实施绿色化改造工作,必须拥有一套完整的综合性管理制度体系,使各子系统制度相互关联和制约,保证每个子系统制度具有协调性,避免矛盾的产生。

5.1.3　既有建筑与基础设施绿色化改造 EPC 项目全过程管理制度设计内容

根据既有建筑与基础设施绿色化改造合同能源管理项目全过程管理思路,结合既有建筑与基础设施绿色化改造项目管理流程分析,借鉴相关理论与制度,既有建筑与基础设施绿色化改造 EPC 项目全过程管理制度应包括以下方面:

（1）能源审计制度

既有建筑与基础设施绿色化改造项目前期阶段必须落实改造的总体规划方案,加强改造项目的节能审计和评估,确保改造项目在实施之前具备科学合理的基础条件。据此,在改造项目的前期阶段,应该以国家建筑节能相关法律法规为基础,建立起规范的既有建筑与基础设施绿色化能源审计制度。

第一,建立动态的能耗计量、采集、监测制度。在合同能源管理项目中,如果缺乏专职人员在运行阶段对节能量的监测势必造成能耗数据统计失真,导致能源审计效率降低,进而使客户与节能服务公司产生矛盾纠纷,造成合作失败。因此,建立能耗计量、采集、监测制度,实现真实数据的共享,才能提高能源统计的准确性。

第二,构建节能量交易制度。构建节能量市场交易制度,把节能量视为商品在改造服务市场中由节能服务公司和客户双方进行交易,将节能量转化成节能服务公司的收益,从而调动节能服务公司的积极性和主动性,形成合同能源管理的长效机制。

（2）资质认证制度

在既有建筑与基础设施绿色化改造项目中,节能服务公司在提供改造服务过程中将所有的资源进行整合,必须建立在节能服务公司具备相应能力的基础上。资质认证制度的建立是节能服务市场规范的基础,是促进节能服务市场健康发展的关键。

国内在资质认证制度建设环节相对薄弱,加强认证制度建设有利于客户根据自身状况选择节能服务公司,充分体现市场机制作用。借鉴国外合同能源管理制度,在对节能服务行业设置资质标准时,可考虑将投入资金额度和提供服务技术范围及内容设为准入条件。

现阶段,国内自身合同能源管理发展的状况可以效仿设计施工行业。在设计资质认证制度时,针对不同行业、领域的节能服务,精细划分不同等级的资质认证条件。

（3）节能材料认证制度

在既有建筑与基础设施绿色化改造实施阶段中,改造项目节能材料必须通过认证。不管是客户自行采购还是委托节能服务公司采购的所有节能材料,都必须按照标准规范要求进行检验,确保改造项目的整体质量和安全。

根据地方节能主管部门的要求,参照国家标准和规范,各地应制定符合本地区实际需要的节能改造材料技术标准和规程,详细规范相关内容并颁发实施。

5.2　既有建筑与基础设施绿色化改造EPC项目融资模式优化

5.2.1　既有建筑与基础设施绿色化改造项目融资模式

据相关部门测算,全国既有建筑达到节能50%以上的标准要求,其绿色化改造所需资金量巨大,融资被视为既有建筑与基础设施绿色化改造的最大瓶颈。二十多年来,西方发达国家在此领域开展了许多卓有成效的工作,取得了很多成绩和经验,但由于社会制度、历史文化、管理体制、建筑特点等方面的差异,尚未形成一套可复制的成功经验。如何解决绿色化改造项目的融资困境仍是一个崭新的课题。本节将从融资现状及困境分析入手,对形成规模化、长效性的融资模式展开研究。

1. 一般项目融资模式

（1）BOT模式

BOT(Build-Operate-Transfer)模式即"建设—经营—移交",是指政府对拟建设的项目与社会资本方签订特许权协议,授权社会资本成立SPV公司对建设项目进行投融资、建设、运营和维护。在特许经营期内,SPV公司通过项目使用者付费或政府付费等方式回收前期投资并取得合理的投资回报,政府对该项目具有监督权。在协议规定的特许经营期满后,该项目由SPV公司移交给政府。

（2）ABS模式

ABS(Asset Backed Securitization)模式即资产证券化,是国际资本市场上流行的一种项目融资方式,通过把缺乏流动性却具有未来现金流的资产汇集起来,采取结构性重组和信用评级,通过发行债券来募集资金。由于该模式存在过度依赖中介机构和专业人才等缺点,加之目前国内ABS模式缺乏法律支持,短期内尚不具备大规模采用的条件。

2.合同能源管理模式

合同能源管理模式是指由节能服务公司与客户双方签订契约,由节能服务公司为客户提供耗能设备的优化改良及升级更新,负责绿色化改造项目融资,从节能效益中回收全部投资并取得投资利润,其管理结构如图 5-1 所示。合同能源管理项目最大的优势在于节能效率高,客户所需投资全部由节能服务公司投入。节能服务公司可以向客户承诺实施效果,使绿色化改造的实施更加专业化。

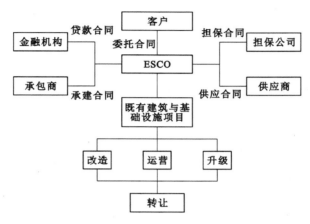

图 5-1 合同能源管理结构图

运用 SWOT 方法,对既有建筑与基础设施绿色化改造项目运用合同能源管理融资模式进行分析,如表 5-1 所示。

表 5-1 合同能源管理模式 SWOT 分析表

Strengths(优势)	① 全过程服务; ② 承担风险; ③ 降低成本
Weaknesses(劣势)	① 缺乏核心竞争力; ② 专业人员欠缺
Opportunities(机遇)	① 发展空间大; ② 政府重视程度高
Threats(威胁)	① 缺乏权威评估体系; ② 宣传不足

(1) 优势分析

① 全过程服务

节能服务公司为客户提供服务以能源审计为起点直到运营期满设备移交。在这个过程中,节能服务公司对绿色化改造项目提供能源审计、节能评估、改造方案设计、设备采购安装与试运行、运营维修管理及节能监测诊断的服务。这样的全过程服务是其他模式难以替代的。

② 承担风险

节能服务公司和客户签订合同后，合同能源管理项目所有的技术和资金都是由节能服务公司提供，客户几乎是零风险，只是根据节能量多少支付费用。

③ 降低成本

专业化的节能服务公司由于掌握信息多、信息源准确，很大程度上减少了信息不对称问题，尤其在绿色化改造前期可以减少很多因信息不对称而造成的浪费，在节能材料与设备的选择上可以充分依托专业优势和市场经验选购质优价廉的材料与设备。此外，整个绿色化改造过程由经验丰富的节能服务公司完成，有利于优化管理，从而降低项目的整体成本。

（2）劣势分析

① 缺乏核心竞争力

由于国内节能服务市场发展较缓慢，节能服务公司提供的服务良莠不齐，一些企业缺乏核心竞争力。而且节能服务公司大多数都是小公司，研发能力相对薄弱，一些服务的技术含量相对较低。

② 专业人员欠缺

节能服务公司在承担绿色化改造项目后，对客户所提供的服务涉及各个方面，如融资、设备、造价、管理、法律、技术等。因此，在整个绿色化改造过程中，现有的节能服务公司改造人员距离研究型、技术型、管理型、创新型专业团队建设目标尚有较大差距。

（3）机遇分析

① 发展空间大

我国是能耗大国，同时也是能源利用率较低的国家。相对较低的能源利用效率是造成经济成本增长的主要原因。我国已经把节能作为长期战略的一部分，是未来发展的重点。国内节能服务产业现在尚处于初期阶段，有巨大的发展潜力和发展空间。

② 政府重视程度高

国家已经制定颁布了大量的节能改造政策法规和标准规范，而且还在逐步加以完善和改进，全方位支持节能产品、节能工艺、节能技术的研究开发与产业化推广。

（4）威胁分析

① 缺乏权威评估体系

既有建筑与基础设施经节能服务公司改造完成后，节能效果的好坏是影响节能服务公司经济效益的关键。国内绿色化改造节能效果评价缺乏权威评估体系，绿色化改造市场的节能效果评估机制处于模糊状态，对于非节能因素导致的节能量变化没有规定详细的审核办法。节能经济效益评估体系的不完善会导致节能服务市场的混乱，不利于节能改造产业的健康发展。

② 宣传不足

一方面，政府对绿色化改造的相关政策缺乏积极引导，宣传贯彻力度严重不足。另一方面，客户对节能知识和节能信息认知度低，获取权威信息和实用综合信息存在不足。提供节能服务的节能服务市场和资本市场普遍存在信息不对称现象，社会投资者无法看到改造项目的营利性和潜力,对节能服务公司存在风险顾虑,导致节能服务公司存在融资障碍。这些因信息不对称存在的问题,必须由政府和节能服务公司共同解决,加强宣传力度,为开展既有建筑与基础设施绿色化改造工作奠定基础。

5.2.2　既有建筑与基础设施绿色化改造 EPC 项目融资框架

1. 既有建筑与基础设施绿色化改造融资主体

理论上讲,既有建筑与基础设施绿色化改造项目所涉及的利益相关方都有可能成为节能改造的投资主体,包括政府、节能服务公司、客户和相关机构等。相关改造主体关系如图 5-2 所示。

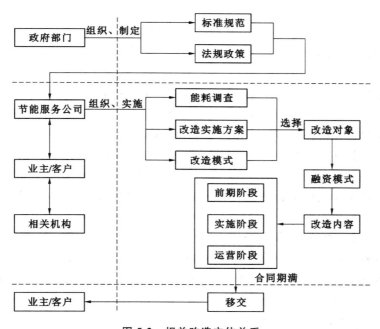

图 5-2　相关改造主体关系

① 政府具有提供资金和项目监管的双重身份。在提供资金时,政府普遍希望在财政资金有限的情况下,尽可能减少财政支出;在实施项目监管时,政府希望在既有建筑与基础设施绿色化改造过程中发挥主导作用。

② 用能单位作为最终受益群体,享受节能服务公司绿色化改造的成果。

③ 节能服务公司作为绿色化改造企业是生产改造者,其目标是绿色化改造完成后实现自身利益最大化。

④ 相关机构作为潜在投资者,将按照参与投资比例获得相应的报酬。

2. 既有建筑与基础设施绿色化改造融资现状

目前,我国既有建筑与基础设施绿色化改造 EPC 项目融资存在一系列问题,如融资模式单一、结构失衡。从既有建筑与基础设施绿色化改造 EPC 项目的融资主体分析,其融资主体还是以政府为主,企业投入缺乏力度,社会资本没有得到充分利用,阻碍了既有建筑与基础设施绿色化改造的进程。既有建筑与基础设施绿色化改造融资现状具体表现在以下几个方面:

(1) 融资模式较为单一

国内对 EPC 项目融资的扶持力度有待提升。既有建筑与基础设施绿色化改造的多元化融资渠道尚未建立,其改造项目的融资主要还是依靠节能服务公司寻求政府补贴和金融机构的借贷。

(2) 融资担保不足、借贷门槛高

节能服务公司由于资金缺乏,在 EPC 项目融资过程中必须提供相应担保才能获得银行的贷款。但是,节能服务公司主要从事技术服务型业务,固定资产相对较少,存在抵押担保不足等问题。

虽然国家近年来连续颁布一系列 EPC 项目的融资政策来支持既有建筑与基础设施绿色化改造。然而对金融机构来说还是存在顾虑,担心贷款风险,因为大部分的节能服务公司属于小规模、轻资产型企业,势必令金融机构承担很大的资金风险。这就导致金融机构贷款时提高贷款条件,节能服务公司很难从金融机构获得足够的贷款额度。

5.2.3　既有建筑与基础设施绿色化改造 EPC 项目融资模式优化路径

(1) 对专项资金管理进行市场化改革

国家对既有建筑与基础设施绿色化改造重视程度高,有专项资金支持。然而,由于节能改造服务市场缺乏相应的市场引导机制,资金使用效率明显偏低。为保证国家对既有建筑与基础设施绿色化改造资金使用的公平性,必须对节能改造专项资金进行市场化改革,其目的是发挥政策性银行的核心作用,将国家对节能改造项目的扶持资金集中使用,通过政策性银行在资本市场进行深入融资,放大资金额度为节能改造行业服务。此外,政策性银行可按照融资的成本费用,发行绿色金融产品给其他商业银行,通过对绿色金融产品利息的调整销售给客户。

(2) 扩展合同能源管理融资平台

为扩展 EPC 项目资金来源和融资渠道,节能服务公司在融资过程中可以寻求信托、国际环保基金、亚洲开发银行等引入改造资金。国家应提倡信托和风险投资机构等进入 EPC 项目,并通过制定相应的政策措施,为节能服务公司构建多渠道、多元化的融资平台来提供资金扶持。

(3) 设立专项基金、增加优惠政策

国家应设立 EPC 项目专项基金,节能服务公司在进行既有建筑与基础设施绿色化改造时可申请相应的资金支持,利用效益分享带来的收益偿还借贷基金的费用。此外,国家应加快制定节能改造项目税收的优惠政策,不断增加资金投入补贴,利用税收优惠和各种财政补贴,积极改善节能改造行业的发展环境。

5.3　既有建筑与基础设施绿色化改造的风险分担机制

5.3.1　风险分担机制设计基础

1.既有建筑与基础设施绿色化改造项目风险评价方法分析

不同的评价方法具有不同的适用范围和优缺点,因此,在对实际问题进行评价时,根据具体情况选择合适的评价方法非常重要。常见评价方法的对比分析如表 5-2 所示。

表 5-2　评价方法对比分析

方法	优点	缺点
BP 人工神经网络评价法	具有模糊性、非线性等特点,用于复杂情况下的数据统计。由于其所具有的自学能力,可以通过该网络使信息获取工作转化为其内部的结构,这样极大地方便了知识的记忆、存储和提取	自学过程速度较慢,在运用过程中受到一定的限制
灰色评价法	能够将复杂环境下事物间动态发展态势通过较少的样本数据进行较为精确的量化分析	要求提供具有时间序列特性的样本数据
主成分分析法	把多个指标转化为少数几个综合指标,使问题简单化	对样本数据的要求高
层次分析法	通过综合多层次指标,用于对项目进行动态评价	只能从备选方案中选择较优者,不能为决策提供新方案
模糊综合评价法	可运用定量和定性的方法对项目进行综合评价	不能够通过自学过程获得评估模型的各项指标权重

2.既有建筑与基础设施绿色化改造项目风险因素

（1）政策风险

政策风险作为节能服务公司面临的风险,是指由于合同能源管理的有关政策法规欠缺而导致的操作性偏差。政策风险对节能服务公司的发展影响巨大。

（2）市场风险

① 设备、原材料价格波动

既有建筑与基础设施绿色化改造项目合同签订后，如果原设备、材料出现价格波动，会导致节能服务公司改造成本产生变化。此外，节能技术虽相对成熟，但由于其使用周期较长，设备有可能因为新技术的出现而产生更新，从而带来设备成本增加的风险。

② 劳动力价格变化

绿色化改造中，人工费用占有一定比例，劳动力价格的变化也会对整个项目的运营成本造成影响。

③ 竞争风险

节能服务产业具有广阔的市场前景，吸引了国内外不少公司纷纷涉足国内节能服务市场。伴随着国内外大型企业的介入，整个节能市场格局将发生重大变化，较早进入节能市场的一些企业的市场主导地位会受到威胁，竞争风险加大。

（3）融资风险

既有建筑与基础设施绿色化改造项目资金需求量大，国内大多数节能服务公司都是中小型企业，经济实力较弱，信用等级较低，融资风险较大。

（4）改造建设风险

改造项目的建设风险是指既有建筑与基础设施在绿色化改造建设实施中遇到的风险，主要有设计阶段中设计图纸不到位、设计变更造成的风险，改造工程工期延迟的风险，节能服务公司与业主签订的合同存在问题及施工原因引发的质量与安全风险等。

（5）节能技术风险

节能技术是项目成功的重要保证。节能技术风险主要来自节能技术的可行性、先进性不足，技术能力欠缺，经营风险，信用风险等。

① 技术可行性风险

既有建筑与基础设施绿色化改造项目节能技术方案是在前期的节能诊断和能耗评估的基础上制订的，准确的节能诊断和能耗评估对技术方案的可行性有很大影响。

② 技术先进性风险

当出现新的技术时，原来的改造技术可能会被替代，但是采用先进技术实施节能改造可能会造成节能服务公司投入的资金不能按期收回。

③ 技术能力欠缺

国内很多节能服务公司技术不全面，业务范围狭窄，只能应对小型节能改造项目，面对大型复杂节能改造项目往往表现出核心竞争力不足，缺乏对重大及专业性较强节能技术研发及应用的能力。

（6）经营风险

经营风险包含节能服务公司对项目整体掌控能力不足所带来的风险和节能服务公司自身存在的问题导致经营不善面临的风险。

（7）信用风险

绿色化改造项目风险结构如图 5-3 所示，信用风险包括分包商的信用风险和节能服务公司的信用风险。

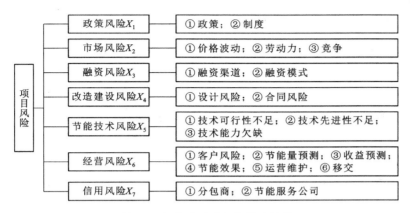

图 5-3　绿色化改造项目风险结构

5.3.2　风险评价模型的构建

按照建模的基本思想，通过综合考虑模型的简洁性、通用性，基于 AHP 与模糊综合评价相结合的评价方法，对改造项目风险进行综合评价。

绿色化改造项目风险按以下步骤进行评价：

（1）确立模糊评价集

首先，对 7 个风险因素记为 $X_p(p=1,\cdots,7)$，构建风险因素指标集 $X=\{X_1,\cdots,X_7\}$。对应的权重集 $A=\{a_1,\cdots,a_7\}$，其中 $a_k(k=1,\cdots,7)$ 代表 X_k 在 X 中的比重，$\sum a_k=1$。子因素集为 $X_k=\{X_{k1},\cdots,X_{k7}\}$，则对应的权重集为 $A_k=\{a_{k1},\cdots,a_{k7}\}$ 其中 $a_{ki}(k=1,\cdots,7)$ 代表 a_{ki} 在 a_k 中的比重。同样有评语集 $V=\{V_1,\cdots,V_n\}$，其中 $V_j(j=1,\cdots,n)$ 代表各个指标因素的不同评语。本课题将既有建筑与基础设施绿色化改造项目主体方对风险因素的评价设计为 5 个等级，不同等级的评价为"低"、"较低"、"中"、"较高"、"高"。权重集 $A=\{a_1,\cdots,a_7\}$ 和 $A_k=\{a_{k1},\cdots,a_{k7}\}$，用层次分析法确定其数值。

（2）构建矩阵

改造项目风险指标 X_{kj} 有 V_{i1} 个 V_1 评语、V_{i2} 个 V_2 评语、……、V_{in} 个 V_n 评语。$r_{ij}(i=1,2,\cdots,p;j=1,2,\cdots,n)$ 为风险因素层指标 X_{kj} 对于第 j 级评语的隶属度。则从 X_k 到评语集 V 的模糊评价矩阵为：

$$R_k=\begin{bmatrix} r_{11} & r_{12} & \cdots & r_{1n} \\ r_{21} & r_{22} & \cdots & r_{2n} \\ \vdots & \vdots & & \vdots \\ r_{q1} & r_{q2} & \cdots & r_{qn} \end{bmatrix}$$

（3）AHP 进行模糊矩阵运算

利用子风险因素指标的评价矩阵 $\boldsymbol{R}_k$ 进行运算，通过计算得出 X_k 对于评语集 V 的隶属向量 $\boldsymbol{B}_k$，则 $\boldsymbol{B}_k = \boldsymbol{A}_k \times \boldsymbol{R}_k = (b_{k1}, \cdots, b_{kp})$，记：

$$
\boldsymbol{R} = \begin{bmatrix} B_1 \\ B_2 \\ \vdots \\ B_p \end{bmatrix} = \begin{bmatrix} b_{11} & b_{12} & \cdots & b_{1n} \\ b_{21} & b_{22} & \cdots & b_{2n} \\ \vdots & \vdots & & \vdots \\ b_{p1} & b_{p2} & \cdots & b_{pn} \end{bmatrix}
$$

进一步计算模糊矩阵 $\boldsymbol{R}$，得出 X 对于评语集 V 的隶属向量 $\boldsymbol{B}$：

$$
\boldsymbol{B} = \boldsymbol{A} \times \boldsymbol{R} = (a_1 \quad a_2 \quad \cdots \quad a_n) \begin{bmatrix} B_1 \\ B_2 \\ \vdots \\ B_p \end{bmatrix} = (b_1 \quad b_2 \quad \cdots \quad b_p)
$$

当 $\sum b_j \neq 1$ 时，做归一化处理，令 $b_j^1 = b_j / \sum b_j$ 得到 $\boldsymbol{B}^1 = (b_1^1, b_2^1, b_3^1)$。

$\boldsymbol{B}^1$ 是 X 对于评语集 V 的隶属向量；则 $b_2^1 \cdot b_n^1$ 是 X 对于评语 $V_1 \cdots V_n$ 的隶属度。

（4）既有建筑与基础设施绿色化改造项目各主体方的风险矩阵 U

计算既有建筑与基础设施绿色化改造项目各主体方的模糊矩阵，算出向量组并建立风险矩阵 U。

$$
\boldsymbol{U} = \begin{bmatrix} b_{11} & b_{12} & b_{13} & b_{14} & b_{15} & b_{16} & b_{17} \\ b_{21} & b_{22} & b_{23} & b_{24} & b_{25} & b_{26} & b_{27} \\ b_{31} & b_{32} & b_{33} & b_{34} & b_{35} & b_{36} & b_{37} \\ b_{41} & b_{42} & b_{43} & b_{44} & b_{45} & b_{46} & b_{47} \\ b_{51} & b_{52} & b_{53} & b_{54} & b_{55} & b_{56} & b_{57} \end{bmatrix}
$$

（5）既有建筑与基础设施绿色化改造项目各主体方的总风险矩阵 T

在计算既有建筑与基础设施绿色化改造项目各主体方总风险矩阵 T 时，只要采用上述风险评价方法，则评语集的隶属度是 $r_{q1}^K, \cdots, r_{qn}^K$。参照 EPC 模式下绿色化改造项目层级的分析，构造出 EPC 模式下绿色化改造项目总的风险矩阵 T。

$$
\boldsymbol{T} = \begin{bmatrix} r1_{q1}^1 & r1_{q2}^2 & \cdots & \cdots & \cdots & \cdots & r1_{q7}^7 \\ r2_{q1}^1 & r2_{q2}^2 & \cdots & \cdots & \cdots & \cdots & r2_{q7}^7 \\ r3_{q1}^1 & r3_{q2}^2 & \cdots & \cdots & \cdots & \cdots & r3_{q7}^7 \\ r4_{q1}^1 & r4_{q2}^2 & \cdots & \cdots & \cdots & \cdots & r4_{q7}^7 \\ r5_{q1}^1 & r5_{q2}^2 & \cdots & \cdots & \cdots & \cdots & r5_{q7}^7 \end{bmatrix}
$$

其中，$rp_{qk}^K = (rp_{q1}^K, \cdots, rp_{qk}^K)$，$K$ 为既有建筑与基础设施绿色化改造项目的风险层次，而 p 为既有建筑与基础设施绿色化改造项目参与方个数，qk 为既有建筑与基础设施绿色化改造项目第 K 层主风险层里的子风险层数。根据图 5-3 所示，在本节中 $K = 1, \cdots, 7$；$p = 1, \cdots, 5$；$q_1 = (1, 2)$，$q_2 = (1, 2, 3)$，$q_3 = (1, 2)$，$q_4 = (1, 2, 3)$，$q_5 = (1, 2, 3)$，$q_6 = (1, 2, 3, 4, 5, 6)$，$q_7 = (1, 2)$。

5.3.3　风险分担机制设计

既有建筑与基础设施绿色化改造项目的成功在相当大程度上依赖于风险能否被准确识别、评估及是否将其分配给合适的主体承担。

1. 风险分担主体

既有建筑与基础设绿色化改造项目的各主体方包括：政府、金融机构、节能服务公司、业主(客户)、担保机构、设备和材料供应商等。

(1) 政府

政府在既有建筑与基础设施绿色化改造项目实施中有权利和义务对改造工作内容进行监督和管理。在改造项目实施过程中，政府应制定建筑节能标准规范和政策法规，搭建节能改造服务平台，培育节能服务市场。

(2) 金融机构

由于既有建筑与基础设施绿色化改造项目资金投入巨大，只有节能服务公司、业主或者政府的资金投入是无法满足改造项目资金需求的，金融机构的贷款将促使改造工作进展更加顺利。

(3) 节能服务公司

节能服务公司是既有建筑与基础设施绿色化改造项目的直接承办者，是改造项目的主要责任人，在既有建筑与基础设施绿色化改造项目中处于中心地位，承担改造项目债务责任和风险，全权负责既有建筑与基础设施绿色化改造项目的全过程事项。节能服务公司直接同设计单位、分包商、设备材料供应商打交道。节能服务公司在建设完成后负责合同约定期限内的项目运营，最后移交给业主(客户)并结束合同。

(4) 业主(客户)

节能服务公司在运营期满后，将所有设备移交给业主(客户)，业主(客户)不需要承担改造项目的资金投入、技术风险。业主(客户)在 EPC 项目改造完成后，分享节能服务公司带来的节能效益。EPC 作为既有建筑与基础设施绿色化改造的一种新机制，成为很多业主(客户)节能改造时的最佳选择。

(5) 担保机构

担保机构是节能服务公司实施 EPC 项目时贷款担保的主要风险承担者，节能服务公司与担保机构签订合同，由担保机构分担改造项目风险。同时，担保机构获得对应的收益[99]。

（6）设备和材料供应商

既有建筑与基础设施绿色化改造项目的设备、材料采购费用是改造项目成本的主要组成部分。改造项目设备、材料的质量优劣是影响改造效益的主要风险来源。因此，节能服务公司在甄选设备材料供应商时必须选取产品性能稳定、技术成熟的设备和材料。双方签订合同时，供应商应提供质量担保，由节能设备材料和质量造成的设备更换和维修费用供应商必须承担。

2. 风险分担原则

（1）风险与收益对称原则

任何一个主体或参与方在承担风险的同时，也有权利分享项目风险变化带来的收益，而且该主体或参与方所承担的风险程度和获得的回报正相关[95]。

（2）风险分担与参与程度相一致原则

各主体方参与既有建筑与基础设施绿色化改造项目的方式存在差异，不同的参与方式其承担的风险也是有区别的。因此，在设计既有建筑与基础设施绿色化改造项目风险分担机制时，应根据各方的具体角色，合理划分承担的风险，确保与参与程度相一致。

（3）风险上限原则

在既有建筑与基础设施绿色化改造项目中，风险的不可预测性带来的损失有可能会超过双方规定的范围，若发生这样的事情，不能由一方独自承担风险，应遵循风险上限原则。

（4）风险可控原则

既有建筑与基础设施绿色化改造项目风险分配时，应预先对整个风险进行预测，切勿将某类无法控制的风险划分给某一参与方，否则势必影响参与方承担风险的积极性，导致更大的风险发生，影响整个既有建筑与基础设施绿色化改造项目的顺利推进。

（5）风险源原则

即谁导致的风险谁承担的原则，该原则充分体现了各参与方之间的公平性。当既有建筑与基础设施绿色化改造项目风险发生后，如某参与方是受害者，则该风险应划分给该参与方。这样主要是由于参与方切身利益有可能受到伤害时，会更加积极地采取各种措施避免风险发生，进一步提高参与者的防御潜力和积极性，实施可靠的风险管理[98-108]。

3. ESCO 与主体之间的风险分担

（1）政府与参与主体之间的风险分担

针对既有建筑与基础设施绿色化改造项目的风险，政府与参与主体之间的风险分担方案为：

① 政府构建节能服务公司和业主（客户）双方之间的信用档案系统，防止节能服务公司为获得不正当利益对业主（客户）实施隐瞒、编造节能量，对不良行为实施制约，有利于处理合同双方的诚信问题，确保节能改造项目工作效率。

② 政府在监管时,通过评估机构或第三方评估机构的参与,可以避免节能服务公司与业主(客户)之间产生矛盾,并且能公平合理地评估节能服务公司实际产生的节能量[102]。

(2) 节能服务公司与业主(客户)风险分担

节能服务公司与业主(客户)双方签订节能改造合同,节能服务公司在实施既有建筑与基础设施绿色化改造项目时,为业主(客户)提供全过程的节能服务,并保证节能量达到预期效果。在改造项目实施过程中,业主(客户)承担风险为零,改造项目的投融资、运营管理及后期还贷压力都是由节能服务公司独自承担,风险很大。因此,业主(客户)在实行合同能源管理模式时,应积极主动配合节能服务公司,减少阻力,实现风险在业主(客户)与节能服务公司之间的合理分担。

4.风险分担机制的设计安排

(1) 行为导向制度

绿色化改造项目涉及的参与方多、专业领域宽、技术产品类型复杂,是一项复杂的系统工程。绿色化改造项目风险分担机制设计的目的如下:一是达到风险控制费用使用最优;二是在绿色化改造项目使用成本相同的情形下,采取参与方之间收益率最高的实施方案,达到绿色化改造项目获得的最佳风险期望净收益。

① 风险预备金制度

风险预备金制度是指按照参与方的风险期望净收益提前设置的风险控制费用预备金[98]。绿色化改造项目在启动时,各方通过签订协议的方式缴纳各自承担的保证金。各个参与方提交的保证金比例系根据出资金额、风险偏好、风险相关性等因素进行详细划分,其保证金额度在风险期望净收益的范围内。

② 风险收益后分享制度

既有建筑与基础设施绿色化改造项目风险成本分摊和风险收益分享是风险分担的不同内容,绿色化改造项目执行时的差异会直接涉及绿色化改造项目风险分担的可行性。为了确保绿色化改造项目风险收益能提供给风险分担方共享,绿色化改造项目必须按照前期风险分担成本的分摊比例对风险收益进行分享。

(2) 行为归化制度

在绿色化改造项目中,风险分担参与方自身性质不同,风险分担主体对风险的偏好、期望收益程度和收益满意度也千差万别。这些因素都直接导致风险分担的决策。

行为归化制度的主要目的就是对绿色化改造项目出现与风险分担目标不一致的行为进行管理约束,防止绿色化改造项目风险分担主体因自身利益而损害其他分担主体的利益及绿色化改造项目的整体利益。

① 惩罚约束

惩罚约束是指业主通过制定惩罚性合同条款限制节能服务公司的不良行为,防止其为了实现自身不当利益而采取违背约定的行为。

②　责任约束

建立既有建筑与基础设施绿色化改造项目风险分担机制是落实绿色化改造项目的各参与方风险分担的基本责任,各参与方应根据风险分担机制中确定的风险承担范围履行其风险分担的义务。

责任约束可以避免因各参与方缺乏风险防范意识而造成的不可预测风险,主要约束对象包括节能服务公司、业主(客户)、其他参与方等。根据既有建筑与基础设施绿色化改造项目风险源和损失程度对各参与方在风险分担中的疏忽行为采取责任追究的方式,有利于绿色化改造项目有效地控制风险。

③　社会心理约束

社会心理约束是指对各参与方在绿色化改造项目风险控制中的不规范行为采取公众监督、新闻媒体曝光等措施进行全面监督,从而约束其行为,进一步保证风险分担机制健康有序地运行。

6 既有建筑与基础设施绿色化改造
管理体系的构建

6.1 建立全过程质量管理体系

既有建筑与基础设施绿色化改造管理工作不应是单一方面的管理,而是工程项目改造全过程的监督与管理。应建立和完善既有建筑与基础设施绿色化改造全过程质量管理体系,构建多部门协同管理模式,严格把控工程改造设计、施工、验收等各个环节,并针对各环节中出现的纰漏情况,责任落实到人,切实保障节能效果。

为促进夏热冬冷地区既有建筑与基础设施绿色化改造工作的成功实施,相关部门应自觉肩负起推进绿色化改造工作的职责,对既有建筑与基础设施绿色化改造项目的全过程进行严格监督与管理。同时,地方政府及相关部门应积极建立健全项目全过程质量管理体系,确保既有建筑与基础设施绿色化改造工作顺利开展。

6.1.1 质量管理体系

质量是衡量企业市场竞争力和可持续发展能力的标准。为顾客提供满意的产品和服务,才可以在激烈的市场竞争中立于不败之地,消费者才会为企业生产的产品买单,企业才能实现盈利。著名质量管理大师 J. M. Juran 认为:"21世纪是质量的世纪。""产品质量具有适用性,即产品在使用过程中满足顾客的需求。"[109]

1.质量管理体系相关理论综述

(1)国外质量管理的研究

国外对于质量管理研究开展较早,涉及医疗、基础设施等领域,不同的领域针对行业情况对质量管理也提出了相应的操作方法和规范的操作流程。如美国、日本及国际标准化组织(ISO)提出的质量管理理论和方法是全世界应用最广泛的。

美国是质量管理的先驱,经过不同阶段的发展形成了具有美国特色的质量管理理念、组织体系。其特点为:

① 注重质量管理过程中专家的作用;

② 质量管理机构和监督机构之间协调作用;

③ 强调质量的关键因素;

④ 质量管理新技术应用。

20世纪50年代,日本开始研究质量管理,主要从美国引入先进的质量管理理念和成功经验在工程建设项目中实施,并形成一套日本式的质量管理方式"QC小组"。"QC小组"质量管理方式特点是自发组成、主动管理、主动协调质量管理过程中存在的问题,是一种从下而上的质量管理方式[110]。

由于每个国家质量管理标准是针对各国的实际情况而制定,只具体反映各自的质量管理水平,内容和需求都存在差异性,不利于国家之间的战略合作。因此,国际标准化组织,通过总结各个国家质量管理的经验,建立世界统一的标准,满足国际性的需求并逐渐形成ISO 9000标准体系。1987年,国际标准化组织正式颁布ISO 9000标准体系,据统计至少150个国家和地区使用这套标准。

除此之外,国外质量管理研究具有代表性的专家学者及其研究内容如表6-1所示。

表6-1 质量管理代表专家学者和研究内容

专家及学者	著作	内容及观点
Taylor	《科学管理原理》《计件工资制》	思想方面:提出专业分工、标准化、最优化等管理思想;方法方面:提出定额管理、差别计件工资制、生产和检验区分成立质量专检部门[111]
Walter A. Shewhtar	《工业产品质量的经济控制》《质量控制中的统计方法》	企业必须专注于消费者的需求,并不断提高产品的综合特性,这是现代质量管理思想的体现。根据产品的质量问题积极鼓励采用统计方法解决有关质量问题
W. Edwards Deming	《戴明论质量管理》《质量、生产力与竞争地位》	提出"戴明十四点"、"戴明环"理论[112]
J. M. Juran	《朱兰质量手册》《管理突破》《质量计划》	指出质量管理由质量计划、控制、改进等构成。质量计划是质量管理的基础,质量控制是手段,质量改进是检测方式[113]
A. V. Feigenbaum	《全面质量管理》	认为质量已经超越了技术概念,更具有经济概念。提出系统性的质量管理理论,在质量管理的过程中所有职能机构必须全部参与。主要观点:(1)强调质量管理的全面性,即全过程、全员和全生命期等;(2)以消费者为主,质量管理始终贯穿于产品生产的全过程中;(3)预防为主,质量管理中由注重结果的管理转变为过程的管理;(4)采用统计方法;(5)采用综合管理方法如计算机、IE、OR、VA、SE等技术方法[114]
Steven Cohen Ronald Brand	《政府全面质量管理:实践指南》	对政府全面质量管理的核心概念、实施意义和方法等内容进行了研究,探讨了政府实行全面质量管理、单个政府部门如何实行等问题,并提供美国一些政府部门实施质量管理的案例[115]
Kaoru Ishikawa	《质量控制》	提出"自下而上的质量管理"、"石川图"

（2）国内质量管理的研究

国内在质量管理方面的研究主要是基于发达国家在质量管理方面提出的理论观点之上，根据国内实际情况进行优化和完善。1982 年，张公绪教授创建了两种质量诊断理论，为世界质量管理的发展做出了贡献。国际质量科学院刘源张院士长期致力于质量管理和质量工程的研究与应用，他认为：全面质量管理（TQM）是全球最好的质量管理方式，并提出 TQM 可以达到改善企业的质量管理文化和员工的综合素质、提升产品质量、降低消耗和增加综合效益的目的；强调 TQM 具有协调和监督的作用[116-117]。黄春蕾（2008）认为，施工项目在进行质量控制时，可以采用 PDCA 循环、全面质量管理、统计方法等，综合运用这些方法对工程项目的施工质量进行控制[118]。戴新文（2011）认为工程建设项目质量管理要重视设计和施工阶段，他还指出提高工程建设项目的质量，必须注重人才质量，树立质量管理观念[119]。

（3）国内外质量管理体系的研究

国外发达国家对工程建设项目质量管理方面开展研究较早，它们拥有一套相对于国内比较完善的质量管理体系。如美国项目管理协会（PMI）编制了《PMBOK 指南》，将工程建设项目质量管理划分为质量计划、质量保证、质量控制三方面[120]。Robert P. Elliott（1991）认为工程建设项目必须建立全过程、全面、系统的质量保证体系[121]。Robert K. Hughes（1991）等提出以预防为主，认为工程建设项目质量管理的关键因素是人，提升管理层和员工的质量意识是质量管理中的核心[122]。

国内学者专家对工程项目质量管理体系也进行相关研究，并取得了丰厚的理论成果。姚玉玲（2005）认为 ISO 9000 标准体系是质量管理体系的基础，6 Sigma 理论能够实现内外部绩效改进。将 ISO 9000 标准体系与 6 Sigma 理论有效结合，可以防范产品的质量风险，降低成本，提高消费者的满意度，两种方法的结合将成为一种较好的质量管理模式[123]。

除此之外，宋松林（2007）分析了 ISO 9000 标准体系，认为 ISO 9000 标准体系具有以下特性：① 适用于所有产品类别、规模；② 与世界接轨，促进组织持续地改进产品特性和过程有效性，全面提高组织管理水平；③ 有利于提高产品的质量，保证客户的权利，增加客户对企业的信任程度；④ 符合市场发展的需求，建立现代企业规章制度[124]。张宏（2009）认为工程建设项目必须按照 ISO 9000 标准体系严格运行质量管理体系，树立员工以质量为核心的意识，完善奖惩制度，实施质量责任制，才可以确保建设项目的质量[125]。马菁（2011）利用 ISO 9000 标准体系并以 TQM 理论为指导原则，根据质量管理的过程从质量计划、质量保障、质量控制入手，建立了新建工程项目的质量管理体系，保证新建项目的顺利实施[126]。郑达仁（2013）基于《19001 要求》标准建立质量管理体系，使企业的质量管理工作具有组织保障，提升了工作人员的质量意识，提高了工程建设项目的质量总体水平[127]。王建成（2014）等分析了工程建设项目不同阶段施工质量存在的问题及影响因素，提出了工程建设项目质量管理措施，如人才引进，增强管理人员和操作人员的综合水平；建立完善的质量管理制度和管理体系；以预防为主，采取全过程管理体系，致力于工程建设项目质量管理[128]。

2. 相关理论基础

(1) 质量管理

① 质量

质量是动态的,随着时间的变化、使用对象的不同、科学技术的发展而不断演变、更新、完善,并不是恒定的。质量是一个综合的概念,其核心目的就是追求如性能、成本、数量、交货期、服务等因素的最佳组合,使顾客满意[129]。

国际上很多专家、学者及 ISO 组织都对质量进行了不同程度的定义。W. Edwards Deming 认为质量是产品本身的质量,具备顾客所需求的使用功能,顾客购买产品后的服务质量[112]。Crosby 认为质量就是符合规格要求,包括工作标准和工作要求,这些规格和要求必须是顾客提出的规格要求[130]。ISO 9000 族对质量的定义是"产品固有特性满足顾客要求程度",包括产品的质量、法规规定的要求、顾客追求的质量目标[131-132]。

② 质量管理

ISO 9000 族对"质量管理"定义为:"在质量方面通过指导和控制组织协调的活动。"[131]国际上对质量管理理论的研究从未间断过,分别从不同角度提出了质量管理理论,如表 6-2 所示。

表 6-2   质量管理研究理论

专家及学者	理论	核心
Philip B. Crosby	零缺陷理论（Zero Defect, ZD）	提出 ZD 的核心包含三个层次:(1) 识别消费者的需求,制定针对消费需求战略;(2) 经营组织、产品质量和服务都符合消费者和市场的客观需求;(3) 预防为主,降低质量,提高效率[132]
田口玄一	田口质量理论	认为产品的质量最重要的环节是设计阶段,然后才是生产阶段。因此,质量控制应由注重生产阶段转变为注重设计阶段[133]
Robert S. Kaplan David P. Norton	重建工程理论	重建工程理论在全面质量管理的基础上,追求客户满意,以客户满意为主的结果和过程相结合的行为导向是顺应当前企业价值观革命的需要而产生的。重视产品质量、服务质量、建设速度和建设成本[134]
Michael Porter	质量战略策划理论	在质量管理中如果没有正确的质量战略策划环节,将很难保证质量管理实施的效果和正确性。相对于把事做正确来说,质量战略策划提出的观点"Do the right thing"则显得更加重要[135]

(2) 工程项目质量管理体系

工程项目质量管理体系由思想保证体系、组织保证体系及质量控制体系三个子系统构成。思想保证体系是以人为本,充分发挥全体人员的主观能动性。组织保证体系是组织结构相互协调。控制体系通过事前、事中、事后三个方面,以预防为主满足质量控制的要求。

工程项目质量管理体系具有的特性包括:

① 系统性。工程项目质量管理体系是由不同要素之间相互作用而形成的有机整体。它反映了工程项目在建成的过程中,针对不同影响因素进行系统控制,抑制不利因素的持续发展,使其处于被控制状态,便于实现工程项目质量的要求和目标。

② 预防性。"预防为主"的目的是对造成质量问题的影响因素加以控制,避免因不利因素造成工程项目的质量缺陷而带来的经济损失。

③ 经济性。建立工程项目质量管理体系,最终目的是使建筑产品达到购买者的预期期望,为购买者提供满意的产品质量和服务质量,从而获得经济效益。

④ 适用性。基于工程建设项目的组织机构、项目特点等建立质量管理体系,使项目控制体系符合该项目运行特点,具有可操作性和有效性。

3. 质量管理体系构建的思路与方法

以 TQM 理论和 ISO 9000 族质量管理体系为基础,对工程项目实施全过程质量管理,以 ISO 9000 族质量管理体系为指导原则建立工程建设项目质量管理体系。

工程项目质量管理体系,在建立时考虑了适宜性、系统性、预防性的特点。工程建设项目的思想保证体系在建立时也引入了 ISO 9000 族质量管理体系和 TQM 全面管理的先进思路,在一定程度上增强了质量改进意识和观念。

4. 质量管理体系构建的主要内容

构建质量管理体系的核心思想即:质量计划体系、质量保证体系和质量控制体系。建设项目在运行活动过程中,这三大体系之间相互影响、相互作用、相互支持,确保整个体系的系统化运行。

(1) 质量计划体系

按照工程项目管理的组织结构、产品的生产过程及最终产品的特性,企业任何一项服务、合同等都必须制订相应的质量计划,并随着时间推移不断完善改进。工程项目质量计划不是一次性的,而是根据质量方针、业主满意及其他参与方的需求不断优化完善,对影响工程项目质量的不同环节实施控制,利用管理方法、手段等,保证项目顺利实施。具体内容如下:

① 按照工程建设项目的具体实施情况确定建设项目的质量方针。

② 制订建设项目质量总体目标,建设项目的质量水平反映了总体目标的操作性。确定建设项目总体质量目标后,将总体目标分解细化并划分各个子系统应用在实际的工程质量管理活动中,针对具体的工作活动进行相应指导。

③ 在制订和落实了工程建设项目的质量方针、总体目标后,针对质量管理体系中的关键要素,基于 TQM 全面管理手段,编制和设计各工作的操作流程。

(2) 质量保证体系

质量保证体系是以保障和提高产品的整体质量为最终目标,通过把质量计划体系各环节的质量相关活动系统化地组织起来,将产品从开始到结束整个过程中影响质量的一切因素控制起来,形成质量管理体系的有机整体。

① 落实质量管理责任制

质量管理责任制的核心是确保工程建设项目顺利实施,在出现突发事件时便于及时解决,保证工程建设项目处于可控状态,其目的在于保障工程建设项目的质量和工程项目质量总目标的如期实现,最终满足 ISO 9000 质量认证体系的要求。

② 质量检验与分析

工程建设项目的质量检验是根据相关技术标准和规范要求,通过抽样检验,收集相关数据。将收集的数据利用统计方法,找出存在的客观规律,分析其内在原因并采取预防控制措施。

（3）质量控制体系

工程项目质量控制是指"满足建设项目质量要求而使用的作业技术和活动"。因此,在工程质量控制过程中,一般遵循质量第一、预防为主、以人为核心、质量标准四项基本原则。工程项目建设过程中,施工单位是整个项目的主要实施者,施工单位在项目建设质量控制中起主导作用。

建设项目质量控制体系必须具有系统的组织结构,以确保建设项目质量管理活动合理实施。任何一个工程建设项目组织架构的运作都存在自身的特点,要根据项目特性,建立项目质量管理体系的组织结构。因此,必须建立统一的模式或组织架构对工程建设项目的质量进行管理,并不断对建设项目的组织结构进行完善优化。

6.1.2　全过程质量管理体系构建

随着经济全球化及我国经济快速发展、全面建设小康社会及加速推进城镇化建设的进程,工程投资规模快速增加,建筑行业得到了蓬勃发展。由于建设工程项目的形成需要经过多个阶段,并且在建设过程中涉及的影响因素较多,因此必须采用全过程的质量管理方法,对影响质量形成过程的各个要素进行严格控制,从而保证工程质量目标的顺利实现。根据工程项目的基本建设程序,将工程质量管理贯穿于项目建设的全过程,通过构建一个完善的全过程质量管理体系,来提高建设工程项目的质量水平。

1. 相关理论综述

（1）全过程质量管理的概念

全过程质量管理,在通常意义上是指根据工程项目的基本建设程序,对从工程项目的立项开始一直到竣工验收及交付使用整个过程的质量进行管理。它是基于工程项目建设过程的各个阶段,对涉及影响工程质量管理的决策、方案、标准、实施、监督等进行系统规划考虑,形成以工程质量为主线、贯穿项目建设全过程的质量管理。全过程质量管理重点要做好各阶段的质量管理工作,针对各阶段不同的工作内容,来分析查找影响工程质量的敏感因素,从而进行系统管理。

（2）质量和工程项目质量

质量具有满足顾客和其他相关方要求的特性，一般通过满足固有特性要求的程度来衡量质量的好坏。它不仅指产品本身固有的质量，还包括产品生产过程中工作质量及质量管理体系的运行质量。

工程项目质量是指通过工程项目的建设所形成的完全满足相关标准规定和合同约定的要求，并具有安全、适用、耐久、经济及环境协调等特点的工程实体质量。

（3）质量管理和工程项目质量管理

质量管理是指在确定质量方针、目标的基础上，通过对质量实施策划、控制、保证和改进等手段来实现全部质量管理职能的所有活动。

工程项目质量管理是指在工程项目建设过程中，为确保工程项目能够满足质量要求，而开展的策划、组织、计划、实施、检查、监督和审核等所有管理活动的总和。它需要工程项目建设的所有参建单位共同努力，在做好各自本职工作的同时相互协调配合，才能完成项目质量管理的任务。

（4）工程项目质量形成过程

根据项目的基本建设程序，工程项目质量的形成需要经过从项目的投资决策阶段开始直至竣工验收这一整个过程。并且，在工程项目建设过程中涉及很多参与方，由于每个阶段的工作内容和侧重点的差异决定了每个参建主体对工程项目质量形成的影响因素也各不相同。总体而言，在项目的质量形成过程中需要建设单位、咨询单位、勘察设计单位、施工单位、监理单位、政府部门等不同参建主体的通力合作、密切配合才能确保顺利实现工程项目质量目标。

① 投资决策阶段

在项目投资决策阶段，建设单位应根据建设规划和需求，结合项目自身特性和所在地区环境及国家与行业制度规定，拟定满足投资需求的工程项目质量目标，并通过项目可行性研究和项目评估，来择优选择项目建设方案，以便做出科学决策，对项目质量目标进行分析论证，同时还要协调投资、质量、进度三者之间的关系，最终确定有效可行的质量目标。总体而言，在决策阶段制订的质量目标及方案对整个工程项目质量形成有着决定性影响。

② 勘察设计阶段

勘察设计阶段是工程投入施工前的重要阶段。勘察工作是设计工作的基础，勘察成果不仅为设计工作提供了重要的依据，而且对后续施工过程也具有重要指导作用。而设计工作是将工程项目的质量目标加以具体化、详细化的过程，也为建设工程的施工提供依据。因此，勘察设计质量是将质量目标由建设方的构思规划变成实际图纸的前提，是对项目质量目标的具体化表现，它的好坏直接影响工程项目的使用效益和经济效益。

③ 招投标阶段

在招投标阶段，建设单位通过招投标法定程序来择优选择资质、业绩、信誉、能力都很好的承包商、供应商及咨询监理单位。在合同约定范围内，他们履行各自的权利和义务，并在整个工程建设质量的形成过程中负责具体项目的实施与监督，承担着相应的质量责任，他们的工作质量直接影响了项目质量目标的实现。

④ 施工阶段

工程施工是将设计图纸上的构想变成建筑实体的重要阶段，也是实体质量形成的决定性阶段。施工过程中任何一项工序的质量都会对质量目标的实现产生直接或间接的影响。

⑤ 竣工验收阶段

竣工验收阶段是工程项目施工完成之后的重要环节，主要是考核项目建设参与方的质量工作是否符合要求。由于施工过程中影响工程质量的因素较多，不可避免地会出现一些质量缺陷影响质量目标的实现。通过竣工验收不仅可以发现并及时处理质量缺陷，以便达到规定的质量标准，同时还可以全面考核建设成果，总结经验教训，为以后的项目建设提供借鉴。

2. 全过程质量管理体系建设的主要内容

（1）实行全过程质量管理的要点

全过程质量管理是一项系统的管理工作，涉及了项目建设全过程的诸多影响因素。在工程建设中实施全过程的质量管理，应关注以下几点：

① 提高人员的整体素质

质量管理涉及了人、机、料、法、环等五大因素，各因素之间相互依存，相互作用。但人的工作质量在整个质量形成过程中占有主导地位，人员的整体工作水平和综合素质的高低决定了每个阶段的质量管理效果。只有大力提高人员的整体素质，才能确保全过程质量管理的有效实施，并为各阶段过程质量提供有力保障。

② 做好各阶段基础工作

为了顺利实施全过程质量管理，在项目建设全过程的各个阶段，需要提供相关的基础数据资料、技术手段，做好配合管理协调服务等经常性工作。这些属于质量管理的基础工作，构成了全过程质量管理的基础管理工作体系。

③ 构建完善的质量管理体系

通过制订明确的质量目标和健全的质量管理体系，来规定各阶段质量管理的工作内容，并协调好各项活动之间的关系，促使其有效运行。

④ 充分运用现代管理理论与技术

由于全过程质量管理涉及工程建设的各个阶段，而且内容十分复杂，要想全面提高全过程质量管理的实施效果，必须要灵活运用各种现代管理理论和技术。不管是定性分析与定量分析，或者是现场控制与系统控制，全过程质量管理都要求采用科学实用的方法。

（2）全过程质量管理的主要内容

根据工程项目的基本建设程序，从项目的投资决策到竣工验收的各个阶段，针对影响工程质量的不同影响因素分别进行管理和控制，寻找解决质量问题的办法和措施，从而提高整个工程的质量水平。

① 严格执行基本建设程序

遵循项目建设的内在客观规律，严格按照基本建设程序进行项目建设，这也是保证工程质量的有力措施。建设过程中任一环节质量的好坏都会对整个项目质量构成影响，必须严格把控好每个阶段的质量，才能避免产生不必要的后果。

② 加强对人员的控制

人是项目质量管理的主导者，建设单位必须要强化人员的质量管理意识，发挥人的主观能动性，促使他们积极参与质量管理工作，并通过健全质量管理体系及明确质量责任制来实现质量管理目标。

③ 注重对材料、机械等客观物质的控制

工程项目的建设离不开材料设备，如何把控好材料设备质量关，是确保最终建筑产品质量的关键所在。工程建设过程中，必须制定严密的规章制度，落实材料的进场检验和见证取样制度，从而保证材料与设备的质量。加强对现代化机械的管理与控制，坚持"人机固定"原则，便于促进工程建设质量与现代化程度的提高。

④ 重视勘察设计质量

勘察设计质量的提高为后续工程施工质量提供了保证。而勘察设计单位的资质及相应的从业人员水平直接影响了勘察设计的质量。因此，必须严格审查勘察设计人员的资格水平，确保勘察设计质量符合要求，从而为后续施工奠定基础。

⑤ 严格控制施工环境及工序质量

全面及时掌握、分析影响工程质量的环境因素，积极预防并正确应对影响工程施工的不利环境因素，加强施工过程中的各个工序质量控制，变被动控制、事后控制为主动控制、事前控制，确保整个施工过程的质量达到预期目标。此外，积极推广应用新材料、新工艺，采取先进科学的施工方法，保证工程质量。

（3）建设工程项目各阶段质量管理的实施

质量不单单指有形质量，还包括各种无形质量。由于工程项目具有一次性和不可逆性，传统侧重施工阶段的质量管理已经很难满足要求，为了保证工程项目的最终质量达到预期目标，必须加强主动控制、事前控制，将全过程质量管理理念贯穿于项目建设的每个阶段、每一环节，做好阶段性控制，层层把控好质量。

① 投资决策阶段的质量管理

在项目投资决策阶段涉及的项目参与方有建设单位、政府、咨询单位。投资决策阶段质量控制的好坏直接影响了项目使用价值的实现，同时也是控制技术质量的前提。建设单位应结合自身的实际情况，考虑经济发展需求和单位长远规划，来确定质量目标，并组建质量管理机构，编制质量管理工作流程，以便更好地驾驭全过程的质量管理。对制订的质量目标，要充分运用价值工程理论方法进行严密的论证分析，确保质量目标的有效可行。建设单位在此阶段应选择资质、业绩、信誉较好的咨询单位，在咨询合同中就咨询单位的责、权、利充分达成一致，以便提高咨询单位的工作质量。此外，对业主或咨询单位提供的项目方案采用工程经济学的理论方法进行可行性论证分析，择优选择出施工可行、技术先进、经济合理、价值最优的方案。同时，建设单位应与建设行政主管部门做好沟通交流,及时向政府机构汇报有关项目建设标准和建设意图,获得他们的批准,从而为项目建设的顺利实施做好铺垫。

② 勘察设计阶段的质量管理

勘察设计阶段质量管理的目的是在保证勘察设计进度的前提下,通过科学的质量管理方法,提高管理效率,保证勘察设计成果质量。勘察设计质量直接关系到人们生命财产安全,对勘察设计单位的发展和市场竞争力产生深远影响。勘察是设计的基础,设计又是施工的依据,勘察设计工作质量将对后续施工质量产生不可逆转的影响,所以把控好勘察设计质量是保证整体工程质量的第一道关口。一方面,建设单位不仅应择优选择资质、业绩、技术水平好的勘察设计单位,重视对勘察设计人员的从业资格审查,完善勘察设计合同管理,还应做好勘察设计的过程控制及对勘察设计结果的审查,从而保证勘察设计的工作质量。另一方面,设计单位应根据自身资质允许范围开展相应工作,并结合设计单位内部质量体系运行要求,对设计过程中的各个环节及相应的责任人均以内部文件的形式予以详细规定。对设计过程中出现的重大技术问题应与建设单位协调聘请相关专家进行咨询。设计成果交付后,应进行技术交底,与施工单位和监理单位及时沟通,及时了解和处理施工中的技术难题,从而为最终工程项目质量提供技术保证。

③ 招投标阶段的质量管理

根据项目建设的基本程序,招投标工作贯穿了整个项目建设的过程。建设单位通过招投标程序择优选择咨询单位、勘察设计单位、施工单位、监理单位。这里所说的招投标阶段主要是施工招投标,建设单位必须严格按照我国《招投标法》规定的程序及方式组织招标工作,结合自身的实际能力来自行组织招标,或委托招标代理机构代为办理招标事宜。建设单位应按照国家和地方的法律法规要求,编制招标文件。由于招标文件是投标人编写投标文件的依据,建设单位必须保证招标文件的编制质量,要求内容严谨、措辞严密。此外,要特别加强对投标单位的资格审查,防止在招投标过程中出现挂靠投标、串标、围标等违规违法行为。

④ 施工阶段的质量管理

在施工阶段涉及的项目建设参与方较多,人员素质参差不齐,而且不可预见因素也较多,所以施工阶段不仅是最容易出现质量问题的阶段,同时也是建设单位、施工单位与监理单位进行质量管理的重要阶段,保证施工质量、提高质量管理水平,需要参建各方的共同努力。各参与方在做好自己本职工作的同时,还需要与其他相关方做好配合管理协调工作,以提高质量管理效率。作为建设单位,应与择优选择出的资信良好、实力更强的施工和监理单位进行良好的沟通交流,在施工合同和监理合同中明确工程质量目标和各方应承担的质量责任,强化施工合同和监理合同的管理工作。通过委托的监理公司,依据国家的法律法规要求及合同文件和施工图纸对整个施工过程进行监督、检查、管理,从而提高工程项目的整体质量。总体来讲,从建设单位的角度来考虑质量管理工作,要做到以下几点:

a. 强化合同管理

建设单位应强化合同管理工作,健全各种质量管理制度,明确项目质量标准及其质量管理责任,加强对监理单位和施工单位的监督管理,从而保证施工过程的质量,提高经济效益。

b. 建立有效的信息沟通机制

在项目建设的实施阶段,涉及的参与方较多,他们通过合同关系来明确各自的责、权、利。然而各参与方所获得的信息不对称,会导致参与方对传递的信息理解不一致,从而影响质量目标的实现。因此,信息沟通对质量管理的作用效果不容忽视。建设单位应建立有效的信息沟通机制来确保高效、及时、正确的信息传递。只有通畅、及时、有效的沟通,才能保证项目正常有序地进行,以便实现质量目标。

c. 控制好监理单位的工作质量

在工程建设过程中实行工程监理制,这是工程建设市场趋于规范化的重要表现。建设单位通过招标择优选择出资质、业绩、信誉、管理水平都很好的监理单位,通过监理合同委托监理公司对项目施工阶段的质量进行管理控制。一方面,建设单位应充分调动监理单位的积极性,发挥其主观能动性,促使监理单位认真负责地对工程质量进行有效控制。另一方面,建设单位不仅应量化监理合同内容、赋予监理相应的权利、在合同中特别明确要求监理做好质量检验工作,还应安排专人进驻施工现场,对监理人员进行实时实地监督检查,同时加强对监理规划和监理工作细则的审查,并且主动参与施工重要工序及分部分项工程的检查验收,从而把控好工程质量关。

d. 加强对材料、设备的质量控制

材料构成了工程实体,材料与设备的质量为工程质量提供了重要保证。建设单位应对施工过程中的主要材料明确其规格和标准,可以通过招标方式来优选材料供货商。对材料的进场执行严格的检查验收制度,可以派驻材料工程师对所有进场的材料进行质量把关,以防以次充好。同时,建设单位和监理单位应协助施工单位合理安排材料供应及进场时间,以防材料积压和停工待料情况的发生,从而影响工程施工进度。只有把控好材料、构配件和设备的质量,才能确保最终工程实体质量符合要求。

e. 做好施工阶段的质量控制

在工程开工前建设单位应严格审查施工单位的质量保证体系,确保施工单位的质量保证体系行之有效。建设单位除了委托监理单位进行工程管理以外,也应配有自己的质量管理组织机构,从而确保质量管理落实到责任人,经过层层把关来控制工程施工质量。对于施工阶段的质量控制,不仅局限于施工单位和监理单位,建设单位同样可以通过事前控制、事中控制、事后控制的措施来保障工程质量。

事前控制。施工图纸是工程建设的依据,是形成最终工程实体的灵魂,它的质量决定了工程质量。由于图纸是将设计意图与实际施工联系起来的纽带,对图纸的审查不容忽视。建设单位应组织设计单位、施工单位、监理单位进行图纸会审,一方面可以确保图纸的规范性、结构安全性和施工可行性;另一方面可以帮助施工单位与监理单位更好理解图纸的意思表达,从而确保最终工程质量达到要求。

事中控制。施工图纸和原材料的质量是保障工程质量的先决条件,此外,为了确保最终工程质量满足要求,还应具有正确的施工工艺和操作规程。施工单位在施工中如果没有严格按照施工规范和施工图纸进行施工,不可避免地会出现工程质量问题。所以,除了监理单位的监督检查外,建设单位也应派驻代表对施工现场进行巡视,对施工质量的把控不能全部仰仗监理单位,必须对关键工序的质量进行检查,确认合格后才能进入下道工序施工,从而保证整个施工过程的质量。

事后控制。加强对隐蔽工程的检查验收,隐蔽工程的质量直接关系人民生命财产安全,建设单位必须认真把控好隐蔽工程质量,它的优劣直接影响了主体结构的安全耐久。同时,隐蔽工程的验收记录也是工程竣工验收、竣工结算的重要依据。

⑤ 竣工验收阶段的质量管理

工程项目施工完成后,即进入竣工验收阶段,建设单位需制定相应的竣工验收质量标准。在此阶段,建设单位和政府部门应对工程项目质量进行最后把关,严格执行竣工验收备案制度。建设单位应组织相关参建单位一起验收,针对完工工程严格按照国家颁发的验收规范和标准进行验收评定。对影响结构安全及技术上有特殊要求的部位进行实测,并形成验收记录,同时加强对工程资料的分类整理和归档,为日后其他工程项目建设提供借鉴。

3. 全过程质量管理体系构建的思路

针对上述工程项目建设各阶段的质量管理内容,为保证质量目标的顺利实现,提高质量管理效率,将全过程质量管理理念引入到质量体系建设中,构建基于项目建设全过程的质量管理体系,这将促使工程建设项目更好地满足市场需求,大力提高工程项目的质量管理水平。在体系构建过程中,始终秉承以全过程质量管理为基本准则,以优化组织结构为基础,将全过程质量管理体系与 ISO 9001:2000 质量管理体系进行系统整合。推行全过程质量管理体系,有利于提高建设项目对市场的符合程度。贯彻 ISO 9001:2000 质量管理体系,能够有效地促进质量管理的规范化、法制化,从而保障各种质量管理活动的顺利开展。

(1) 全过程质量管理体系构建原则

① 目标一致性

工程建设过程中涉及的参与方较多,他们各自的角度和职责各不相同。提高工程质量、追求效益最大化需要各参与方的共同努力。建设单位在整个工程建设过程中占有主导地位,它需要协调好各参与方的关系,规范各参与方的行为,促使它们奔着同一目标——创造优秀合格工程去努力。全过程质量管理体系正是从此角度出发,并结合目前建设单位在质量管理方面存在的问题,充分考虑各参与方的不同职责来构建基于全过程的质量管理体系。

② 体系统一性

尽管建设单位与其他各参建单位在工程建设过程中所担负的角色和承担的任务各不相同,他们各自的质量管理体系形式也有差异,但他们的质量目标相同,都是为了实现同一目标而努力。全过程质量管理体系综合考虑各参与方的质量管理体系，他们之间相互配合、相互协调，对工程项目建设实施监督、管理，从而确保质量目标顺利实现。

（2）全过程质量管理体系结构

建设工程项目的质量波动大、形成过程复杂、影响因素较多，并带有一定隐蔽性，这就决定了建设工程项目的质量管理具有综合性和复杂性。要想提高整个工程的质量管理水平，单靠各参与方的独自管理是不够的，还需要作为工程建设主导方的建设单位来协调好各方关系，在工程建设过程中建立基于全过程的质量管理体系。建设项目全过程质量管理体系包括建设单位质量管理体系、设计施工单位质量保证体系、社会监理体系与政府质量监督体系，各组成部分之间共同协作，相互支持，从而确保整个体系高效运作，具体的运作程序见图6-1。

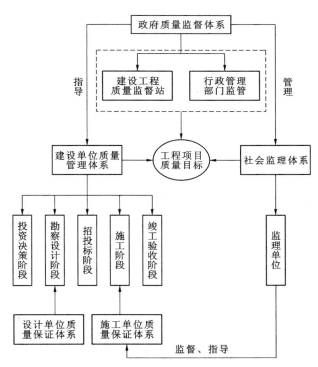

图6-1　建设工程项目全过程质量管理体系

由于建设单位在整个工程建设的质量管理中起主导作用，为确保工程项目的质量管理更加规范、系统，就必须建立以建设单位为核心的全过程质量管理体系。在上图中，设计施工单位的质量保证体系与监理单位的质量监督体系必须以建设单位确定的质量目标为核心来建立，而政府部门的质量监督体系对各参与方的质量体系进行监督。这些体系之间相互配合、相互协调，都是为了实现共同的目标，对工程项目建设进行质量管理、质量保证、质量监督。

6.2　建立评估认证制度

基于我国既有建筑与基础设施绿色化改造技术水平总体低下、市场机制不健全等现状,有必要借鉴国外节能改造成功经验,建立节能技术和产品评估认证制度,同时成立评估认证执行机构,加大对节能技术和节能产品研发的资金投入,推动节能技术和节能产品创新,提高节能改造总体水平。

6.2.1　评估制度、认证制度及评估认证制度的定义与特征

1.评估制度、认证制度及评估认证制度的定义

（1）评估制度

评估是指针对不同对象所面临的标准,进行评价其质量、性能、完善度,或估量其成本、价值、等级等内容的活动,包含定性和定量两个方面。评估制度是指为了确定不同事物对特定标准的表现情况,针对评估活动的原则和程序等方面制定的统一要求。

（2）认证制度

认证又称评价标识,是指由认证机构依照审核标准,按照规定流程审核并确定一个组织的产品、服务、管理体系符合相关标准、技术规范的要求的合格评定活动。认证制度又称为合格评定程序,是指审核和确定相关标准或技术规范中要求被满足的一套程序和机制。

（3）评估认证制度

评估认证制度是指根据管理部门制定的评估体系,由特定机构对事物进行评价和估量,认可其满足评估标准并按照认证体系进行信息性标识的规范或章程,具有指导性和约束性。

2.评估认证制度的特征

（1）制度的特征

制度是一种行为规范或需要共同遵守的办事规程,具有以下特征：

① 根本性和全局性。制度应该站在事物全角度和发展的全过程来反映事物根源和主要问题,并且符合大众的广泛认知。

② 稳定性和变化性。制度的实行就形成了一种秩序,不应该被轻易更改,否则会影响到制度功能的发挥,但制度也不应是一成不变的,它由环境中产生也应随环境而发展,所以要保障制度的效力,也要维持制度的生命力。

③ 权威性和主观性。制度一旦实行,它面向的任何组织和个人都应该受到制约并遵守规则,但制度归根到底是由社会主体自发制定的,根据社会发展程度和发展需求,制度

也具有可设计、可选择、可改造的性质。

④ 规范性和习惯性。制度的建立就是要通过引导和激励人们按照规则行动、禁止和处罚违反规则的行为,从而保障制度的效力并形成固定的社会秩序,当制度被群体接收并长期实践后,就会产生一种习惯性力量。

（2）我国评估认证制度的特征

当前我国的建筑行业总体而言规模庞大但市场不够规范,传统和新兴领域竞相发展但缺乏统筹,工程项目复杂性突出但技术规范和管理标准建设仍未完善。评估认证行为正是以标准化为导向,对规范和引导建筑行业健康发展有着重大作用。我国的评估认证意识是由国外启发,从民间自发申请国外评估认证业务开始,逐渐引入国际上较为成熟的体系并自行发展,目前处于方兴未艾的阶段。当前我国建设领域的评估认证制度具有以下特征:

① 起源上主要是借鉴国外先进经验。国外建筑行业的发展相对国内而言更加稳定和领先,面对行业发展显现的问题也有更多处理经验,国外建筑行业率先提出的新方向和新方法大多会向国内传播,评估认证制度也不例外。目前我国已建立的相关制度,在制定范围和具体内容上都参考了国外的发展路线。

② 制定目的主要是规范和约束传统市场,推广和引导新兴市场。评估认证制度意味着标准的重新确定和考察,能为传统市场带来新秩序和新动力,新兴市场普遍见于理论研究且认知度低,建设评估认证制度即是把标准和理想成果具象化,有助于被大众接受。

③ 制度内容复杂,难以协调。考虑到建筑行业和工程项目的特征,评估认证制度必然需要涵盖很多方面,形成很多层次,制度建设不能一蹴而就,是一项长线工程,因此在边制定、边发展的过程中,既要囊括大量的微观内容,达到具体的指导效果,又要站在宏观角度和工程项目的全阶段,实现通用性和全局性。

④ 制度建设基础未完善。评估认证制度要以大量相关领域的法律法规和技术规范作为评估依据,以各类管理标准制定工作程序,通过已有政策或专门条例来保障执行和监督管理,而当前我国建设领域的政策环境还不完善。

⑤ 政府是制度建设主导者。国外的一些评估认证制度是由政府、学界、社会等各界人士组成委员会来制定和实施,但在我国由于市场庞大而不统一,必须由政府主导来建设评估认证制度并加以宣传推广,才能产生足够的影响力和控制力。

6.2.2　评估认证制度建设的主要内容

制度建设是指以现行法律政策环境为基础,对某一领域制定行为规范或约束条例的过程。建设领域评估认证制度建设的目的包括保障建设领域评估认证行为有序开展,明确各细分领域的管理标准及操作规范,为工程行为提供可靠的依据,引导、推动和激励建筑行业全面、健康发展。

评估认证制度包括评估制度和认证制度两部分。评估制度的内容包括确定评估原则和建立评价体系。评价体系包括评价指标选取、权重计算、指标合成、评价结果表达等方面。认证制度的内容包括选择或培养认证机构及设置认证程序,认证程序通常包括注册、审核、复审、认证等步骤。

评估认证制度建设活动具有标准化性质。ISO国际标准组织是世界上最大的非政府性标准化机构,负责大部分领域的标准化活动,具有非常重要的地位。ISO国际标准的形成过程包括六个阶段,分别是申请阶段、预备阶段、委员会阶段、审查阶段、批准阶段、发布阶段。参考ISO国际标准并结合我国实际情况,按照制度建设过程分析评估认证制度建设的主要内容包含以下方面:

(1)制度建设前期工作

内容包括对拟评估认证领域的前期调研,确定制度主管单位及标准制定人员,收集相关法律法规并完善技术规范,推出宣传引导政策,为科学地建立评估认证制度并顺利实施打下可靠的基础。

(2)建立评估认证体系

内容包括制定和发布评估认证技术标准、管理办法及实施细则,设立认证试点项目作为示范和推广,完善激励政策促进业界参与,使评估认证制度能够尽快覆盖目标范围并充分发挥效力。

(3)制度维护和更新

内容包括完善监督管理机制和处罚办法,根据行业发展情况对制度内容进行修订和更新,使得在评估认证制度实施后,制度有效性能够得到保障,也能维持制度对相关领域的指导作用。

评估认证制度建设的主要内容按照性质可以分为基础建设和技术建设两个方面。基础建设是指对拟建设制度所处的行业现状、法律政策环境、技术发展情况等外部问题的了解和完善,其目的是为制度建设创造条件,减小制度推行的阻力,在制度建设中处于辅助地位,并且实践这些内容需要牵动社会各方力量,尤其需要政府的参与和主导。技术建设是指在评估认证制度中的评估认证体系建设及其保障、监督和激励等相关内容的补充,其目的是获得可参考、可操作的行为规范和实施细节并保障其有效性,在制度建设中处于主要地位,并且由于其对象和目的较为明确,以技术角度为主,在建设领域评估认证制度的理论研究中也受到极大的关注。

6.2.3 评估认证制度建设研究综述

1. 绿色建筑评估认证制度

绿色建筑是可持续发展思想下的重要实践领域,其评估认证制度在国内外都经历了较长时间的发展。目前对于绿色建筑评估认证制度建设的研究主要涵盖体系介绍、体系对比研究、评估体系开发、认证程序、制度建设等方面,其中评估体系是认证制度的技术支撑,是最主要的研究热点。目前国际上已颁布的绿色建筑评估标准主要包括英国BREEAM体系、美国LEED体系、日本CASBEE体系等,国内主要有《中国生态住宅技术评估手册》、绿色奥运评估体系、绿色建筑评价标准、绿色建筑评价标识管理办法等，大量研究均基于上述标准进行。

（1）国际绿色建筑评估标准

在国际绿色建筑评估标准方面，卢求（2010）介绍了德国 DGNB 体系，其评价指标包括六个领域共 61 项标准，评价方法为对每条标准单独打分，评价结果按达标度评定金、银、铜三个等级，并生成直观的罗盘状图形，认证程序包括设计阶段预认证和施工完成后的正式认证，作为第二代体系，相比第一代更具整体性及定量化特征[136]。谭志勇（2011）等人介绍了新加坡 Green Mark 绿色建筑评估体系，包括两级评价指标、单项指标差异化评分方式、四级评价结果，其认证程序为企业申请、预估、实估、现场认定四个步骤，虽然设立年限短，Green Mark 体系仍凭借自身优点及政府的推动和激励获得普遍认可[137]。陈益明（2012）等人介绍了香港 BEAM plus 体系，其评估过程由香港绿色建筑议会（HKGBC）主导，评价体系包括六类指标、四个等级，不同指标得分比例不同并设置最低要求；认证过程由 HKGBC 和 BSL（环保建筑协会评估委员会）分别负责行政事务和审核工作，认证环节包括项目注册、提交资料、评估、认证，并可对结果提出申诉；另外，该体系还认证 BEAM Pro（绿建专才）作为评估员参与全程把关[138]。廉芬（2012）介绍了澳大利亚 Green Star 办公建筑评价标准，认证权限为第三方审核、绿色建筑委员会认证，审核包括两轮评估并允许上诉，评估体系包括九部分 64 个分项指标，采用 GS-V3 作为评价工具，评估结果分为六级且达到后三级才能认证[139]。

（2）国内外绿色建筑评价标准对比

在国内外绿色建筑评价标准对比方面，袁镔（2007）等人将我国《绿色建筑评价标准》与其他国际标准进行了对比，得到该评价体系的特点，包括细分指标不分类、指标间呈并列关系，采用措施评价法、将得分简单相加而不考虑权重等，最后对该评价体系提出了建议[140]。杨文（2008）指出建立绿色建筑评价体系的意义在于为发展绿色建筑提供指导，详细介绍和总结了国外多个评估体系，对国内三项主要绿色建筑评估体系进行了指导性分析，指出各体系存在的不足及与国外评估体系的差异，最后提出对国内建立绿色建筑评价体系和对政府管理工作的建议[141]。胡芳芳（2010）以住宅能耗作为切入点，从中、英、美三国分别选取《绿色建筑评价标准》、《可持续住宅标准》和 LEED 标准，从节能、节水、节地、节材和室内环境五个方面比较分析了评价指标和评价体系，开发出一个基于 VB 环境的 CASGB 对比评估软件，得到同一住宅在不同标准下的评价结果并提供改进建议[142]。支家强（2010）等人介绍并总结了国内外的七个主要评价体系，其共同点包括评价指标均基于全过程选取并利用 AHP 法确定层级，确定权重采用德尔菲法兼顾定性和定量需求，指标合成方法由线性求和向加乘混合发展，评价结果均采用分级制、包括直接划分和 Q/L 二维划分；其不足之处在于德尔菲法和打分评价主观性太强，关注技术采用情况而忽略运行效果等[143]。张建（2011）等人比较了 LEED 2009 NC 和中国绿标体系的指标系统和评价内容，指出两种体系的评估标准相似，但评估对象、指标层级、认证要求等方面有差异，另外，LEED 2009 NC 量化程度高，使用范围广，完善了认证程序和人员培训，值得我国借鉴[144]。张伟（2011）对国内外共七个评估体系进行了分析，特别指出加拿大 GBTool 体系指标灵活、适用性强,但操作复杂,单独比较了 LEED 和绿标体系,并提出我国应通过激励政策和信息化等手段来改进、完善评估体系的建议[145]。张群(2014)等人比较了台湾 EEWH 体系和内地 ESGB 体系,指标上前者比后者更细致,但 ESGB 包含了运营管理,评价方法分别为得分制和专家评议通过制,评价结果分别有五级和三级,据此提出对 ESGB 的改进建议,包括定性定量相结合、细化指标、因地制宜等[146]。

（3）绿色建筑评估体系的开发

在对绿色建筑评估体系的开发研究方面,侣同光(2005)等人以《绿色奥运建筑评估体系》为对象,将模糊数学运用到评估过程中,使用"乘与加算子"进行运算,利用"加权平均法"合成分值,得到数值连续的"隶属度"来表达指标,比直接评定分值更加准确[147]。徐莉燕(2006)基于国内外较成熟的案例提出了绿色建筑评价体系,包括基于环境质量(Q)和环境负荷(L)的三层指标体系、定性定量相结合的等级标准、因地制宜的指标权重系统,评价方法采用分阶段的灰色多层次评价法,并利用该体系对实体建筑进行了评价[148]。秦佑国(2007)等人进行了评估体系和工具的开发,指标上调整 Q/L 评分并提高了各阶段的指标独立性,采用 AHP 和专家调查法构造了灵活的权重系统,开发了建议评估软件和项目数据库,并进行了大量试评估[149]。段胜辉(2007)提出了适用于国内的基于 GBTool 的绿色建筑评价体系,对 GBTool 过于复杂的指标体系进行了改进,采用层次分析法通过网络在线调研确定指标权重,最后进行了案例分析[150]。严静(2009)等人指出当前评估体系中常通过协商确定权重,甚至回避权重,运用 AHP 法和德尔菲法确定权重比较科学,但也存在着主观性和评价时间长等局限,归纳了两种结合方式可以弥补不足[151]。李智芸(2010)等人指出目前利用专家讨论或默认权重的方式比较宽松,研究了评估系统的权重确定方法,利用改进 AHP 算法和案例推理技术灵活计算权重并建立权重数据库,再结合三维 Web GIS 技术开发了评估系统[152]。张雷(2011)等人研究了绿色建筑预评估系统的开发,利用 BIM 模型提供建筑信息和数据集成管理作为分析依据,利用三维数据处理平台进行数据分析、辅助评估和可视化表达,预评估系统具有前瞻性,有利于绿色技术推广[153]。杨彩霞(2011)建立了中新天津生态城的评估体系,基于全寿命周期对园区的绿色性、经济性、社会性进行综合性评价,在各阶段分别选取评价指标,利用因子分析法,通过问卷调查和 SPSS 分析将原 62 个指标合并为 17 个综合指标,并对区内动漫产业园进行了实证分析[154]。李涛(2012)通过大量统计调研,指出性能表现对评价的重要性,对比国内外十项评价体系,开发了基于性能表现的评价工具 PBGBAS,采用可调整指标体系、专家调查法及 AHP 法权重系统等,构造地域范围、建筑类型、生命周期三个维度,使 PBGBAS 适用范围更加广泛,最后针对天津地区构造了子系统并进行了试评价[155]。

（4）绿色建筑认证

在绿色建筑认证方面,俞伟伟(2008)对国内外绿色建筑的评价标准和认证体系进行了比较研究,分析了美国绿色建筑委员会(USGBC)和中国建设部科技发展促进中心在绿色建筑认证机构、评价标准编制人员、认证程序等方面的差异,认为我国对 USGBC 的认证机构组织形式未必适用,但在会员制、在线答疑、认证费用等方面可以借鉴,最后提出对我国绿色建筑评估认证体系发展的建议[156]。林柱(2011)等人介绍了中、美、英、澳四国的绿色建筑的认证程序,美国 LEED 体系采用企业申请、第三方收费认证的方式,英国 BREEAM 体系包含预评估步骤,由持牌评估师参与认证,澳大利亚 Green Star 体系包含两轮评估,中国绿标体系由绿标办认证,包含形式审查和专家评估等过程[157]。

综上所述,已有的绿色建筑评估标准大致可分为三代,第一代是以 LEED 体系为代表的无权重体系,第二代引入权重系统并对评价指标分级,第三代以 CASBEE 体系为代表,引入环境效率概念并采用 Q/L 指标。许多体系自身在持续更新,每代体系也在完善发展。我国的评估标准目前存在的不足包括:评价的建筑类型不够广泛,指标选取的地区适用性不够灵活,权重计算及评价方法的定量化与复杂度仍需平衡等;对评估标准的研究主要集中在评价体系开发上,利用模糊数学法、层次分析法、专家调查法、因子分析法等数学方法提高量化程度,以问卷调查、网络调查、实地调研为手段获取信息,通过 GIS、BIM、SPSS、数据库等技术开发综合评价软件等。总体而言,我国的评估认证制度建设处于有待完善的阶段。

2. 资格评估认证制度

刘梦娇(2004)探讨了中英两国建造师执业资格互认模式,比较了我国注册建造师制度与英国皇家特许建造师制度的各方面差异,在双方具备工程管理专业评估互认协议的基础上,分析了两国资格互认的可行性并提出一种互认模式,包括成立组织、组建工作组、签订合作协议等前期工作,以及学位评估、培训标准、考试标准、资格获取等互认内容[158]。任艺林(2014)逐步分析了我国资格认证体系的现状和建筑业人才评定认证存在的问题,指出目前现状,具体包括:从业人员构成复杂、素质较低;资格认证体系多由行业协会和专业学会发起,多体系并行导致权威性和效力难以保证;人才评定认证方面包括相近专业被机械割裂;行业发展与制度建设步伐不统一;单一化人才教育难以满足多样化需求等问题。所以推动资格认证体系建设,才能持续输送优秀人才,维护行业健康发展[159]。

廖奇云(2008)指出建筑劳务市场存在劳务人员职业能力低、用人方轻视培训、劳务分包制度不完善等问题,需要通过改革用工制度来改善,以业绩评判为中心建立劳务资格认证体系,总体框架包括评估体系、培训体系、职业资格标准,其中评估体系以目标控制三阶段理论和 PDCA 原理为基础,建立反映、学习、工作三向评价标准,通过询答和问卷方式调查,将劳务人员的业绩情况评定为 0 至 5 级[160]。

王海滨(2009)介绍了美国建造师执业资格认证制度,认证机构包括美国建造师协会 AIC 和建造师认证委员会 ACCE,它们分别负责建造师认证和院校认证;执业资格分为助理建造师 AC 和注册职业建造师 CPC,认证步骤包含专业知识考试、工作和教育背景评审,并建立了继续教育制度,资格证书持有者需支付年费,遵守行为准则,参加职业发展继续教育,未能有效维护合格标准的建造师将被取消资格[161]。

袁勇(2011)提出从建筑材料的来源上规范市场,建立了乡村建材企业认证评价体系,选择产品性能、质量管理、质量技术有保障的"3Q 指标"作为一级评价指标,划分目标层、准则层和因素层,运用层次分析法和专家调查法确定权重,评价方法为灰色最优聚类模型,并构造了企业认证信息系统和设计企业预认证加专家现场考察的认证流程[162]。

资格评估认证的内容可以概括为人才、教育、企业三个方面,即工程师执业资格评估认证、高等院校土建类专业评估认证和企业面向新兴领域的资质评估认证。资格评估认证制度建设目前涵盖的内容较为全面,各类体系在评估方法、认证程序方面都有完整的规定,并且都投入了实践运行,逐步积累起良好的经验和成果。但是在宏观层面,资格评估认证制度仍然缺乏政府的强力介入和引导,以相关领域自发行为为主,没有形成系统的制度框架。

3. 风险评估制度

风险评估是指对风险事件可能造成的影响和损失程度进行量化评估的工作。风险管理过程包含风险识别、风险评估和风险控制等步骤,风险评估通过定性和定量评价得到风险值或风险等级,使决策者对各风险因素的影响程度有了直观认识,揭示了风险防范的侧重点,是制订风险应对措施的依据。随着建设领域风险管理意识的提高,目前,风险评估工作已成为建筑企业运营和工程项目实施的必要环节。目前,对建设领域风险评估的研究主要包括对评估范围的扩展和评估体系改进方面,应用范围包括对建筑物火灾风险、工程质量风险、绿色建筑风险及其他类型风险的评估,评估体系研究方面包括指标选取、权重确定及评价方法选取等内容。

胡传平(2006)研究了火灾风险评估和消防力量布局的问题,采用历史数据量化法、定量火灾风险评估法对区域火灾风险进行了评估,按风险水平划分为四级风险并提出风险控制措施,提出消防力量与风险水平相匹配的思想,进行了区域火灾救援力量布局评估并建立数学模型对其进行了优化,实现了科学、灵活、有效的消防布局规划[163]。王大博(2009)将火灾风险引入了消防站布局中,采用有专家参与的 AHP 法确定风险权值,将风险划分为五个定级,根据风险等级确定响应时间,寻求最短路径,并结合离散数学模型进行了消防站布局优化,指出火灾风险评估可以指导消防规划编制,有效配置资源[164]。夏成华(2014)指出现有的财产保险基本险费率的确定方法非常粗略,火灾是财产基本险中最主要的保险责任,根据火灾风险评估结果厘定保险费率将更加科学,由此建立了基于层次分析法的建筑火灾风险评估模型和保险费率厘定模型,形成的费率杠杆效应能激励投保人自觉加强防灾减灾工作[165]。李梨(2015)研究了大型商业建筑在火灾公众责任险制度下的火灾风险评估,建立了评估模型和保费计算模型,评估模型建立了三级评价指标,采用结构熵权法计算权重,评价结果分为五级,保费计算模型对传统计算方法中的设施系数和保险费率进行了修正,该体系有助于投保的评估和保险制度的推广完善[166]。

廖弘(2014)针对建设项目全寿命周期的质量安全问题进行了风险评估和管理体系的研究,提出了风险评估和管理工作的总体要求,并将风险管理划分为建设前期和施工准备期两阶段,引入风险评估评审机制考察评估结果,明确了项目各参与方的工作职责及政府在体系推行中的职能[167]。尹相旭(2014)指出在工程质量保证险制度下,进行质量风险评估有助于厘定保险费率和制度推广,对此建立了建筑质量评价体系,评价过程包括勘察设计、工程施工、使用期一年后三个阶段,并将施工阶段的评价对象按工程部位分为三类,提出常见质量缺陷对保险公司的影响大于严重缺陷,通过总结施工经验和验收规范对其进行了风险评估,提出建筑质量缺陷数据库的构想[168]。范文宏(2016)等人介绍了第三方工程质量及风险评估业务,指出过去由于质量意识淡薄、市场不成熟、评估偏向定性等,只有极少数开发商聘请境外咨询机构进行评估,金融风暴促使小业主产生质量维权意识,因此推动了第三方质量与风险评估这一细分领域的发展,目前这类业务仍属于自发行为,并无法律规定或特许经营要求[169]。

荆磊(2012)对绿色建筑的全寿命周期风险进行了识别和评估,建立了风险清单,识别出 56 个风险因素,按照风险发生概率和危害严重程度对识别的风险因素进行了重要性分析,采用了问卷调查、描述性和推论性统计分析等方法,识别出 36 个关键因素,并按照不同阶段、不同参与方进行了分类并分别提供建议,为绿色建筑全寿命周期的风险及其危害提供了全面认识[170]。芦辰(2015)等人指出风险分担是绿色建筑风险管理的起点,研究了绿色建筑投资风险的分担和评估问题,通过多目标规划获得风险分担的最优方案,建立风险评估模型,评价指标通过实验风险收益和理想风险收益的偏差程度确定,利用 AHP 法确定权重,通过综合评价法计算风险值和定级,最后提出各级风险的控制对策[171]。

黄文娟(2011)指出工程索赔管理的实质是参与方之间风险再分配的过程,研究了工程项目索赔风险评估问题,采用层次分析法和专家调查法建立了包含六个方面的评价指标体系,运用物元-层次分析法进行风险评估,为发包方提供了项目决策的依据,指出了项目实施过程中索赔风险控制的重点[172]。

张辉(2012)等人指出重点建设项目可能对社会带来较大的压力和影响,对其给社会稳定带来的风险按照对象、时间、过程三个维度进行了识别和评估,并设计了风险评估管理组织架构,包括评估机构和职能、具体任务、工作流程等,工作流程包括风险评估、审查、实施的总流程,以及动态多循环的风险管理流程,对保障重点项目实施、维护社会稳定起到了积极作用[173]。

风险评估范围涵盖了消防规划、质量管理、绿色建筑、工程索赔、社会影响等多个方面,并且评估同一类风险的理论基础也不尽相同,在建设领域风险评估中全寿命周期思想始终贯穿,保险制度作为研究基础也十分突出。根据研究内容可以发现,建设领域风险评估更注重于对应用范围和评估对象的拓展,尤其在公共项目和交叉领域其作用体现得更为明显,而对数学方法的改进只是作为辅助手段。究其原因是由于风险管理在建设领域的发展时间较短,但它重要性不可忽视,当前建设领域各类专业、各个环节及向公共事业、金融保险等领域的拓展层面都在积极参与风险评估理论建设和实践工作。从目前的理论和实践水平来看,风险评估还不能达到形成制度及规范的程度,但它作为工程项目管理的重要辅助方法,有利于保障建设领域的健康发展,应该将其作为建设领域评估制度的必要组成部分。

6.2.4 评估认证制度建设的思路与方法

通过对评估认证制度建设的内容梳理和研究综述可知,当前的研究热点主要集中于评估认证体系的通用内容,比如提高评价方法的量化程度、通过信息化手段实现评估过程及呈现更丰富的评价结果信息、提出认证程序方案及认证费用收取方案等。另外,对建筑行业丰富的细分领域评估认证工作的介绍和研究也是一种趋势,并且涵盖绿色建筑、资格认证、风险评估等领域,涵盖教育、保险、公共事业等方向。这些研究热点说明我国在评估认证制度建设过程中对技术性问题关注度很高,同时也在努力将该制度推广到建设领域的各个层面。

1. 我国评估认证制度的不足之处

我国在评估认证制度建设中存在的不足主要包括以下几个方面:

① 在制度基础建设方面,政府颁布政策法规进行引导和宣传的力度不足,技术规范的完善也比较缓慢,这种状况未能给制度建设提供良好的基础环境。

② 在覆盖范围方面,由于建筑行业的复杂性,评估认证所涉及的范围比较分散,同范围的相关制度也缺乏整体性和系统性,使得各类体系无法协同互补。

③ 在责任主体方面,当前的情况是政府一手建立标准一手负责评估认证,没有设置独立机构和培训专门人才,责任主体不明确可能导致冲突和混乱。

④ 在认证程序方面,一些已建立的审核认证程序存在缺陷,比如出现仅进行一次性评审,缺乏复审等问题,降低了评估认证结果的有效性。

⑤ 在制度监督方面,一些领域的标准具有垄断性,或者引入华而不实的标准,可能对正常评估认证市场产生干扰,比如产生卖证或认证造假问题。

2. 我国评估认证制度的建设构想

这些不足需要整个行业的长期努力来逐步改善。在未来评估认证制度建设的思路上,提出以下构想:

(1) 政府主导建设,多方共同参与

在评估认证制度建设中,政府的主导地位不能动摇,政府通过法律政策手段积极为制度建设保驾护航,是评估认证制度快速发展的强大动力。同时,不论是具体实施标准体系的制定,还是出于对评估认证机构独立性的考虑,从建设领域吸收学术界、工业界等更多参与方共同进行制度建设都非常必要。

(2) 覆盖范围由点及面

建设领域包含众多层面,各细分领域的发展程度和重要性不同,对于评估认证制度介入的需求和迫切程度也不尽相同。在全部领域内同时进行制度建设是不现实的,但是可以在对整个行业有大致了解的情况下,选取一些领域率先发展,做出成效,为其他领域积累经验,最终实现评估认证制度的全面覆盖。

(3) 始终体现全寿命周期思想

制度建设要有全局性,对工程项目来说阶段性既是其本身的重要特性,也从时间维度涵盖了工程项目的所有内容,因此从全寿命周期来考察项目会更加全面。另外从评估认证的内容上看,建立评价指标体系、随项目阶段进行审核、多参与方介入,评估认证制度建设的各种细节也与阶段性息息相关,因此要始终保持全寿命周期思想。

3.我国评估认证制度建设中的问题解决途径

基于上述思路,针对建设领域评估认证制度建设中的主要问题,可从政府主导和评估认证体系建设两方面予以解决:

(1)政府主导方面

政府主导制定的政策法规内容要包含基础法规、技术规范和推广激励政策等几大方面;要对评估认证制度建立配套的全过程监督保障机制;在内容上,深入掌握各领域、各地区的具体情况,制定出具有通用性、形式内容可灵活调整的评估认证标准;在宣传推广手段上,积极采用宣贯教材、专业论坛、人员培训等多种方式。

(2)评估认证体系建设方面

标准形式和评估认证流程可以参考 ISO 体系,已有建设工程方面的内容可以借鉴,以解决标准规范性和认证流程缺失等问题;在明确责任主体方面,根据我国国情,政府必须作为认证主管部门,同时可以设置第三方认证机构独立承担评估认证的具体事务,注重培养评估认证专业人才;在审核认证过程中,应积极引导各相关部门及相关行业专家参与;在体系开发上,模型建立和计算方法改进等方面不能止步,这有助于提高评估认证体系的科学性和有效性。

6.3　建立节能组织管理体系

随着国家对节能改造工作的逐步重视,地方政府应积极响应国家政策号召,组织引导相关部门致力于既有建筑与基础设施绿色化改造工作,提高地区经济社会可持续发展能力。为保证夏热冬冷地区既有建筑与基础设施节能改造工作的顺利开展,提高各地区能源利用效率,减少能源损耗,在既有建筑与基础设施绿色化改造过程中应建立健全建筑节能组织管理体系,落实节能改造工作管理机构,明确各环节责任主体,实行目标责任制考核。

6.3.1　组织管理体系的定义与特征

1.组织管理体系的相关概念

从系统论的角度来说,工程组织可以看作是多个工程主体互相作用的系统。该系统以工程建设目标为中心,各工程主体在系统的运作规律下相互协作,从而构成一个开放的协作组织网络,完成与工程密切相关的建设及管理活动。工程组织含有复杂的层次结构,这是由建设生命周期内不同阶段参建主体所承担的不同职能而生成的。工程组织的管理重点是能够对工程资源进行有效整合,并且协调工程建设活动中各要素(人与物、人与人)之间的关系,在有效的时空最大化地发挥出工程建设能力。

组织管理体系由互相关联的组织系统组成，众多项目利益相关主体以适宜的结合方式形成组织管理架构，构成适合项目管理从而实现项目最终目标的组织体系。工程组织体系则以多个工程组织系统相互耦合形成，围绕工程建设目标，对相关能力主体进行管理，实现各主体成员的动态集成与协同。

2. 组织管理体系特征

（1）主体自主性特征

组织管理体系内的主体成员具有独立思考、自主决策及分散行动的能力，并行使不同的权利及功能。工程组织各主体在管理体系中拥有不同职能，在工程总目标及管理制度约束下，为了自身及其他利益自发地实施工程建设活动。

（2）体系层级性特征

组织管理体系的形成过程是体系内部不同层次的主体相互协同、相互作用的过程。不同层次的工程组织成员进行交流互动，形成不同功能的协作网络，通过与外部（政府、社会环境等）进行物质、信息和能量交换（人才、专利、设备等），体系内各结点发生交流、碰撞、分享等联系。

（3）耗散结构特征

组织管理体系具有开放性，体系内各参建主体（业主、承包商、施工方、政府等）相互交流，相互碰撞，相互协同并形成新的组织管理模式。同一层级技术体系之间的非线性相互作用，不同层级之间的相互制约反馈，构成了组织管理体系从远离平衡状态到形成新的有序状态的新组织体系。

6.3.2　工程组织管理体系建设研究综述

纵观国内外有关组织管理的研究，工程组织管理体系建设研究主要包括组织管理体系的内涵、工程组织架构的设计、工程组织的管理等方面。

1. 工程组织管理体系的内涵

工程组织是以多个独立主体（系统）为同一目标而组成的多方协作大系统。系统的系统（System of System，SoS）这一新颖概念最早是由美国官方提出，用于解释这类由多系统集成的大系统。美国官方认为 SoS 是为了实现特定任务，由多个独立系统动态集成形成的更大的复杂系统，注重"1＋1＞2"的系统功能。此后，许多外国学者从不同角度对 SoS 的定义进行了阐述，如 Jamshidi(2011)按系统特征来定义，认为当系统具有以下特征：① 独立性，组织单元能够独自进行运营与管理；② 松散的耦合组合方式；③ 系统要素能相互作用，协调优化产生新的组织模式，该系统便称之为 SoS[174]。Carlock 和 Fenton(2001)从组成结构方面来定义 SoS，将体系结构与系统结构相区别，指出体系结构是一种复杂的交互，主体单位之间是一种松散的耦合方式[175]。美国国防部 Sullivan(2006)等人认为体系是由紧密联系的系统相互作用联系组合的，具有自组织行为，在不断的协同与竞争作用下发挥出远超于各系统累加的作用[176]。

国内学者将系统的系统这一概念称之为体系,并基于不同的应用背景对体系进行探究。胡晓峰(2011)认为信息时代的到来,促进了信息领域高新技术的蓬勃发展与应用,为原本各自独立的系统个体提供了"纽带",使得各独立系统能够彼此联结构成一个大系统,他将形成的这种"系统的系统"的存在形态称之为体系[177]。游光荣(2010)从系统科学、组织科学、军事科学角度对体系的概念进行阐述,认为体系是由系统演化而来的一种复杂巨系统,并将体系与一般系统、复杂系统从多方面进行比较,最后对体系工程提出了相关建议[178]。聂娜(2013)对大型工程组织系统及其复杂性进行了研究,阐述了工程组织系统的属性、要素、结构、功能等,并对比分析了大型工程组织体系的内涵与特点,通过运用NK模型对大型组织的系统适用性进行分析,基于协同论研究了组织协同平台运行机制,从而解决了大型工程建设活动中的复杂问题[179]。

2. 工程组织架构设计

国内外学者对工程组织架构设计也多有研究。陆佑楣(2008)对我国大规模水利枢纽工程长江三峡工程进行了研究,分析了长江三峡工程建设和运营阶段的项目管理体制总体架构,从设立工程开发总公司作为项目法人全面负责工程的建设管理到对应设置国家建委办公室及建委监察局,认为我国大型工程组织架构一般为平衡矩阵形式[180]。李迁(2008)对大型工程这一开放性复杂系统进行研究,提出大型工程管理组织结构需具备更多柔性及适应性,为解决工程建设管理面临的常规问题、系统问题和复杂性问题,构建了综合集成工程管理组织结构[181]。张萍、肖立周、桑培东(2013)等基于优化的传统矩阵式项目型组织架构,通过对项目总控理论,扁平化组织架构和学习型组织进行研究,探索设计了工程项目群管理组织架构模型,并对其适用性进行了分析,为项目管理模式提供了优化的递进途径[182]。

此外,学者们也对组织间架构即项目参与方之间的关系结构进行了许多研究。Mendling(2006)认为将集成化管理思想应用于工程建设合同领域,通过设计相应的新型合同模式,如EPC、DB,能够使参与建设的各主体相互协同作用,建立起良好的合作关系[183]。洪巍(2014)将企业的虚拟组织系统与大型工程组织系统从要素、结构、功能三方面进行比较,分析其异同点得出两者在结构和功能两方面十分相似,提出大型工程组织可以被看作是制造企业实现敏捷制造的一种组织模式——虚拟组织模式在大型工程中的具体表现[184]。

3. 工程组织的管理

工程组织管理的核心内容是使参建主体进行有效沟通与协调,让他们围绕工程建设目标作业。国内外学者从不同角度对工程组织管理方法进行了探索。

(1)集成管理

一些学者从信息化角度对集成管理进行研究,认为信息化集成应用于组织管理中有助于各组织系统之间的交流互动。例如,刘显智(2013)运用项目全寿命周期理论,对工程建设项目信息集成要素进行了深入分析,研究了建设项目信息集成建模方法;利用 BIM 平台二次开发技术对信息集成系统平台进行构筑;最后对系统集成组织模式进行了比较,认为 SOA 模式下的系统集成最有利于组织间的数据传递、信息交流[185]。张占军(2012)认为施工企业进行信息化建设是提高管理水平、实现企业管理模式创新的重要措施,在对我国施工企业实行信息集成化的现状统计分析后,他提出要对企业信息化建设中存在的风险进行全面认识,并构建了信息化集成相关的风险评价模型对风险进行评价与管控[186]。

(2) 组织成员间的冲突管理

关于组织成员间的冲突管理,Ng(2002)等人指出工程建设各主体之间和谐的伙伴关系有助于各类施工活动的进行,他从承包商的角度,分析了导致伙伴关系不成功的原因,提出需要更加灵活的行政法规来引导客户签订项目伙伴关系的协议[187]。McWilliams SM(2008)对建设市场活动中的其他综合收益(OCI)进行了研究,从各项相关项目建设收益和损失中探讨了潜在的组织利益冲突,提出要运用限制性的合同条款进行组织间的冲突管理[188]。许婷(2012)研究了 DBB 模式和 EPC 模式下工程业主与承包商的利益冲突本质,认为冲突、竞争与合作之间存在着辩证关系,提出设计合理的机制可以解决工程业主与承包商之间的非完全共同利益冲突[189]。

(3) 协同管理

关于协同管理,何寿奎等(2009)研究了风险影响下的项目群管理模式,对项目群风险特征进行分析,并以此为基础对项目群风险进行识别,提出建立风险协同管理平台,最大限度地利用组织自身和项目的信息资源,以加强建设项目多个子系统之间的协同管理[190]。彭琼芳(2013)基于协同理论对传统项目和大型建设项目的差异进行了分析,提出运用协同管理方法来应对新兴大型建设项目遇到的难题,以国内大型建设项目世博园为例进行分析,对协同管理组织体系的构建进行了阐述[191]。

综上所述,国内外学者专家已从多角度对工程组织及管理体系进行了研究,取得了丰厚的理论成果。相比而言,国外在管理体系的研究方面起步较早,对于工程组织管理的研究更注重于参与方之间关系的管理,重视管理体系自组织能力的涌现。国内学者多对工程建设领域组织管理体系的应用感兴趣,对于新兴技术应用于组织管理体系多有研究,且习惯构筑模型来评价结果。

6.3.3　相关基础理论

1. 组织理论

19 世纪末 20 世纪初,泰罗首次提出了科学管理理论,开辟了组织理论研究的先河。随后,西方学者对组织理论进行了大量研究,而其中最具影响的有三种理论,分别为古典组织理论、行为科学组织理论、现代组织理论,它们的演进亦是组织理论的发展历程。

古典组织理论重视组织的结构设计,认为组织是一个金字塔形的层级结构。从塔尖到塔底代表不同的组织结构分工和明确的职能职权范围,组织成员必须严格按制度办事。这一阶段的组织理论忽视了人的感情需求和精神追求,一味追求效率化和利益最大化,因此即使着重分析了严密的组织结构,因团队缺少团结精神支撑,组织仍是一盘散沙,无法真正达到管理目标。

在古典理论的基础上,学者专家们将行为科学的基本原理引入组织理论中,提出行为科学组织理论。该理论对组织的看法和认识发生了改变,它把组织形式分为正式与非正式两种,重视人的心理需求,认为组织中的人不仅要按规章制度形成工作团体努力工作,而且还要有非正式的交互沟通,从而在很大程度上调解了人这一组织因素的冲突问题。

然而,尽管从古典组织理论发展到行为科学理论,组织理论研究已前进了很大一步,但始终局限于封闭的研究视角。卡斯特应用一般系统论,从开放的系统观对组织理论进行研究,提出组织是一个开放系统的观点。卢桑思的权变理论对组织的多变量性及在不断变化的环境中运营的状态进行了分析,认为没有普遍适用于所有环境的法则,组织的结构及运营模式需要根据环境变化不断进行灵活调整。这些专家理论组成了现代组织理论,该理论下的组织是一个由多个子系统组成的开放系统,各子系统内部及子系统之间要相互协调配合,且组织作为系统也要与外界不断进行信息交流,进行输入与输出,从而使组织逐渐达到一个稳定的社会系统。

2. 系统论

系统论最早是由奥地利科学家贝塔朗菲在 1945 年提出,20 多年后他又在其出版的《一般系统论:基础·发展和运用》一书中将一般系统论作为一门新学科,之后经过许多科学家的深入研究,形成了一系列有关系统的科学理论,包括"老三论"(一般系统论、控制论、信息论)和发展到目前的新三论(耗散结构论、突变论、协同论)。

系统是由多个相互作用、相互联系的子系统(或系统要素)组成的一个有机开放的整体,在某种环境下能发挥出特定的功能。不同的视角下系统有不同的分类,如根据系统与环境的交流情况,可分为封闭系统和开放系统;根据系统的规模与复杂性,可分为大、小系统和简单、复杂系统;根据自然不同等级的水平,分为有机系统、社会系统、生物系统,不同分类之间还能互相组合。系统具有多种特征,包括整体性、层次性、开放性、自组织性、目的性等,这些特征对系统完整概念进行限制。

6.3.4　工程组织管理体系建设的主要内容

1. 工程组织管理体系的构建及其绩效测量

合理的体系结构是组织管理体系建设的主要内容,工程组织管理模式受工程实际规模大小影响,依据不同规模可采用不同的组织管理模式,而管理模式又包括管理方式、融资模式及组织分工。因此,应围绕工程建设目标,依据合理的原则进行组织管理模式设计,构建出能解决工程组织中面临的复杂性问题的工程组织管理体系。

任何体系的实用性都需要检验，要对工程组织管理体系的结构及体系关系类型进行分析，对体系整体绩效与各子系统绩效进行比较，并建立考虑层级涌现效应的体系绩效测量模型进行验证。

2.组织协同平台的搭建及其管理机制

组织管理体系本身的多元主体参与等特点，使得众多主体在工程建设过程中，同等情形下，对自身利益的诉求优先于工程总建设目标，这使得工程组织的稳定程度相对不太稳定。考虑到目前国内的一些大型工程项目拥有复杂的工程任务、紧张的工程进度，导致其稳定性更弱于企业或一般规模项目的，更依赖于高效稳定的工程管理组织。因此，目前亟待解决的突出问题是如何构建工程组织管理体系，使得不同层次的主体单元集成化。

工程组织体系具有主体多元性、结构层次性、任务复杂性等特点，传统的层次管理方法已难以解决工程建设中的复杂问题。国内外专家对工程组织系统内的竞争与协同两种相互作用关系进行了研究，认为各参建主体能够自发遵守行为规范和规章制度及工程文化，从而使工程组织体系在自组织行为中通过不断涨落发展为有序稳定的宏观结构。搭建组织协同平台，能有效辅助工程组织管理体系的构建，给体系中各组织网络的协同提供环境。

组织协同平台的结构具有层次性，可分为文化层、制度层、技术层。分析制度层与文化层的运行机制，组织成员之间通常会发生三种冲突，即利益冲突、组织冲突及文化冲突。对于这三方面冲突，可通过契约协同机制、制度协同机制及文化协同机制三种机制共同协作，实现组织成员之间的协同工作。

7 湖北省既有建筑与基础设施绿色化改造的对策建议

7.1 调整现行既有建筑与基础设施绿色化改造管理办法

政府应以立法形式规范既有建筑与基础设施绿色化改造市场行为,规定一定规模以上的既有建筑与基础设施的能效必须进行公示和定期检测,建立节能咨询服务机构,加强既有建筑与基础设施绿色化改造宣传力度,积极推广新型绿色环保节能技术和产品。

(1)通过法规建设规范既有建筑与基础设施绿色化改造市场主体行为

既有建筑与基础设施绿色化改造市场培育过程中,地方政府应加大节能相关法律法规的制定力度,整合社会资源参与既有建筑与基础设施节能相关法律法规工作,激发全社会的节能意识和绿色发展意识,通过法制建设,规范既有建筑与基础设施绿色化改造市场主体行为,使其自愿致力于节能减排工作。

(2)建立地方性建筑与基础设施节能咨询服务机构

建筑与基础设施节能咨询服务机构作为专业节能咨询服务公司,能为客户提供诊断、设计、评估等既有建筑与基础设施节能咨询服务。如加拿大通过在自然资源部外设立国家级秘书处,增进了产业界与政府的联动互通,提高了产业界参与节能减排的积极性与自觉性,有助于国家节能减排目标的实现。借鉴国外成功经验,为促进湖北省既有建筑与基础设施绿色化改造工作的顺利开展与实施,政府应鼓励设立建筑与基础设施能耗咨询服务机构,为地方居民提供可靠先进的节能技术改造设计及节能产品等节能咨询服务,推动既有建筑与基础设施节能建设。

(3)加大对既有建筑与基础设施绿色化改造的宣传力度

既有建筑与基础设施绿色化改造作为开展节能减排工作的重要举措,是实现湖北省可持续发展战略的有效途径之一。既有建筑与基础设施绿色化改造给政府、业主及节能服务公司带来经济效益的同时,节约了大量能源,有利于建设资源节约型和环境友好型社会。因此,政府各部门应加大对既有建筑与基础设施绿色化改造的宣传力度,加强既有建筑与基础设施绿色化改造相关知识的普及,促使广大企业和个人掌握"绿色"的具体内涵,明确既有建筑与基础设施绿色化改造带来的经济效益、社会效益和环境效益,继而增强企业和个人节能意识。

(4)积极推广新型绿色环保节能材料

我国建筑业新型绿色环保节能材料经过近年来的高速发展,种类繁多,主要有聚苯乙烯泡沫板、泡沫玻璃、硅酸盐复合浆料等,这些材料综合性能好,适用范围大,应用前景广阔。在既有建筑与基础设施绿色化改造过程中,应积极推广使用新型绿色环保节能材料,加快节能环保型建筑与基础设施建设步伐,有效降低既有建筑与基础设施能源损耗。

7.2　积极培育绿色化改造市场,逐步优化竞争机制

既有建筑与基础设施绿色化改造市场的培育与发展,不能仅仅依靠政府、业主、节能服务公司的作用。作为一项复杂的系统工程,既有建筑与基础设施绿色化改造工作需要多方的积极参与和配合,只有通过各参与主体协调合作,才能促进绿色化改造市场的形成,才能使既有建筑与基础设施绿色化改造市场得以充分发展。其次,除了节能改造各参与主体的积极配合外,还需建立一种绿色健康的生活方式,将节能环保型的生活方式融入改造后的既有建筑与基础设施中,如采用节能设施设备、安装中央空调、室内充分利用自然风等。

在既有建筑与基础设施绿色化改造市场竞争机制建立过程中,政府还应着力于构建公平合理的利益分配制度,不断优化既有建筑与基础设施绿色化改造市场竞争机制。在绿色化改造技术不成熟及市场机制不完善的背景下,通过政府和市场力量的调和、引导,确保既有建筑与基础设施绿色化改造市场利益主体交易的公平性、公正性和透明性,不断完善既有建筑与基础设施绿色化改造市场的各项运行机制,提高节能服务企业参与市场竞争的能力。

现阶段,湖北省初步建立了一些管理办法,如《湖北省建筑节能管理办法》(2005)和《湖北省建筑节能工程质量监督管理办法》(2007)等,严格规范了建筑节能改造相关工作流程,推进了湖北省既有建筑节能改造工作进程,但更多更具体的标准、管理条例还有待完善。

为促进湖北省及其他夏热冬冷地区既有建筑与基础设施绿色化改造工作的成功实施,相关部门应自觉肩负起推进绿色化改造工作的职责,对既有建筑与基础设施绿色化改造项目的全过程进行严格监督管理。同时,地方政府及相关部门应积极建立健全项目全过程质量管理体系,确保既有建筑与基础设施绿色化改造工作顺利开展。

7.3　完善夏热冬冷地区既有建筑与基础设施绿色化改造的评估技术体系和标准体系

夏热冬冷地区既有建筑与基础设施普遍缺乏节能措施,室内舒适度较差,随着人们物质生活水平的日益提高,夏热冬冷地区空调夏天制冷、冬季采暖的需求逐年上升。对夏热冬冷地区既有建筑与基础设施实施绿色化改造,不仅有助于提升建筑与基础设施用能效

率,还有利于改善人们生活环境,提高建筑室内舒适度。

　　既有建筑与基础设施绿色化改造评估是对既有建筑与基础设施实施绿色化改造的必要性和可行性进行的综合评价,主要评价对象包括绿色化改造技术采用的合理性、绿色化改造的经济性、改造预期效果等方面,评估报告是绿色化改造效果的表现形式,为是否进行绿色化改造提供依据,而评估结果的准确性取决于绿色化改造评估技术的选用。为提高评估报告的可信度,确保绿色化改造效果的显著性,评估机构应将计算机技术与绿色化改造技术有效结合,广纳专业技术人员,开发科学有效的评估技术,优化绿色化改造评估流程,完善绿色化改造评估技术体系。

　　目前,湖北省夏热冬冷地区绿色化改造标准体系不够完善。因此,加快夏热冬冷地区既有建筑与基础设施绿色化改造标准体系建设,对于夏热冬冷地区建筑绿色化改造显得尤为重要。

　　湖北省应积极响应国家政策,落实国家既有建筑与基础设施绿色化改造的相关细则,完善既有建筑与基础设施绿色化改造技术体系和标准体系建设,推进湖北省既有建筑与基础设施绿色化改造工作。

7.3.1　技术体系建设

1. 技术体系的定义与特征

（1）技术体系的相关概念

　　技术体系是指各种技术相互作用和制约,按照一定目的、原则、组织方式构成的具有特定功能的复杂系统。系统内各技术要素之间联系紧密,缺一不可,如绿色化改造技术需要工程技术,同时也离不开新材料技术、太阳能技术等其他技术。

　　工程技术是将技术成果运用到工程项目全寿命周期,以达到项目预期目标。管理技术是将工程的各类技术与资源进行合理配置,即协调、组织、控制各类工程技术,促使它们系统集成优化。工程管理技术体系是确保项目各参与人员和组织按照国家建筑法规、行业标准及企业规章制度、合同契约,达到项目预期目标的一套完整、复杂的管理技术体系。

（2）技术体系的特征

① 层级体系特征

　　技术体系由生产制造相关要素(技术研发推广主体、工具、设施设备、数据库等)相互作用生成的,通过与外部(大学和科研机构、社会环境等)进行物质、信息和能量(人才、专利、设备等)交换,体系内各结点发生知识交流、碰撞、分享等联系。工程技术体系由建设领域内企业技术体系互动生成,工程管理技术体系由工程技术体系和管理技术体系互动生成。

② 耗散结构特征

　　技术体系具有开放性,体系内各要素(技术、信息、人才、资源)相互交流。同一层级技术体系之间的非线性相互作用,不同层级之间的相互制约反馈,构成了从远离平衡状态到形成新的有序状态的新技术体系,这实际上是一种进化过程。

③ 自主发展特征

技术体系的研发和推广主体,根据研发经验中获得的知识,能够自主决定改进或创造新的技术要素和相互作用形式,从而达到技术创新的目的。创新主体拥有自主知识产权及技术壁垒带来的高额利润,才能更好地利用资源,深度推进产品研发设计或转向新的领域。

2.技术体系建设的主要内容

(1)工程建设领域重点技术范围及类别

根据住房和城乡建设部规定,工程建设领域重点技术应包含下列技术之一:建筑节能和绿色化改造技术,地下综合管廊技术,新能源建筑推广和应用技术,新型建筑材料研制和推广技术,城镇垃圾处理与资源综合利用技术,城镇给排水、节水、污水处理及循环利用技术,新型城镇化农村建设适宜技术,建筑设计、施工工艺与质量安全技术,城市快速交通技术,信息化、数字化应用技术。

工程建设领域技术研究可分为软科学、科研技术开发、科技工程范例和国际技术合作四类。软科学类项目应主要研究与建设领域密切相关的技术标准、行业发展战略和顶层规划设计,能够为管理决策者提供科学性、战略性、政策性的指导方针。科研技术开发类项目在一定的理论基础上,具备巨大的潜能,能给经济、社会、环境带来效益,促进行业结构调整和技术创新,对整个建筑领域技术力量的提升有较大推进作用。科技工程范例可具体分为:绿色节能建筑范例、建筑工程技术范例、绿色照明技术范例、工程数字化范例。国际技术合作类项目应有国外组织合作协议,且都为独立法人。

(2)建设领域技术创新体系框架构建

建筑业技术创新工作应当结合建设领域生产特性,以创建合理运营机制为目标,以相应的技术融资方案为手段,全面推行体制创新,以体制创新带动技术创新;并坚持以企业为研究主体、以建设项目为载体、以市场需求为主要动力,坚持生产、教育、科研相结合,发挥市场均衡的作用,合理配备资源禀赋;在营造有利于市场创新的政策环境和市场环境的前提下,坚持以竞争促进企业间创新活动的活力。

建筑领域技术创新体系各主体间相互合作并紧密联系,科研单位具有生产工艺研发优势,高校具有跨学科综合研究能力,勘察设计单位具有工程化实力,承包商具有项目开发能力,建筑施工单位具有生产能力。建筑领域技术创新体系主要包含以科研单位及高校为主体的技术研发子系统,以勘察设计单位、承包商、建筑施工单位为主体的技术推广应用子系统,以咨询、培训机构为主体的技术中介服务子系统,以政府主管部门和行业发展协会为主体的协调控制子系统。

(3)建设领域技术体系内部功能研究

技术研发子系统主要负责建设领域技术原始研发、集成创新、融合创新和综合课题研究,培养和配置技术研发人才,建立重点实验室和试验基地,加强能促进我国建筑业结构转型和可持续发展的通用技术、核心技术、配套技术的集成研究和储备。

技术推广应用子系统应当逐步加强设计与施工的联系,利用现代信息技术提升施工组织管理能力,提高项目的整体效益和技术水平;应用高性能、绿色环保、可重复利用的建筑材料;推广整体装配式结构技术,促进建筑构件产业化生产,提升施工现场整体装配和机械化能力;推广绿色施工工艺,减少施工过程中对周边环境的负面影响,减少对能源的消耗,以此推进施工技术的标准化、绿色化、系统化,大幅度提高施工效率和项目组织管理能力。

技术中介服务子系统为工程技术的采用提供了指导说明,为技术推广应用子系统中的主体提供便捷、可靠的服务。

技术协调控制子系统应完善配套的政策和竞争、激励、监管机制,为技术创新打下良好的环境基础;建立技术标准体系,及时更新和编制工程建设标准,促进技术创新成果的应用,同时淘汰落后的工程技术;保护技术创新的成果,建立有偿转让和使用机制,合理配置技术资源,为技术创新和成果转让提供动力。

(4)建设领域技术体系绩效评价

建设领域的技术体系绩效评价是对技术体系的技术性能、环境效益、社会效益采用统计分析方法进行量化分析,来判断技术体系的综合优越程度。根据建设领域技术体系建设框架和各子系统功能关系的分析,可总结归纳影响技术体系绩效评价的指标,主要指技术要素投入及它们相互作用的方式,对指标体系进行专家打分,并采用层次分析法来确定评价指标的权重。

3.技术体系建设研究综述

(1)国内外技术体系的内涵

Mumford最早将多种技术命名为技术体系,Tushman和Rosenkopf(1992)认为技术体系是物化的产物,按复杂程度可分为四类:未装配产品、简单装配产品、内生体系和开放式体系[192]。Carlssion等(1995)明确给出技术体系的定义:在特定的制度及其组合下,在特定的行业领域内,为了促使技术创造、推广和利用而互相作用的参与者形成的体系[193]。同时他们指出,技术体系可以理解为企业技术部门和其他部门之间的媒介,技术体系是影响企业利用技术机会的关键因素。在技术体系研究框架上,Carlssion等也做出如下基本假设:

① 无限机会:参与方面对技术机会是均等的,信息全球化使得这种机会不受地域影响。

② 有界理性:管理者决策建立在技术有限的基础上。

③ 路径依赖:各个领域内技术都依赖稳定的路径,具有规范化特点。

④ 系统观点。

⑤ 动态观点:技术体系是会进化的,具体体现在技术创新当中。

随后,技术体系的研究逐渐与新熊彼特创新理论结合在一起,即形成技术创新体系。技术创新并不是一个线性过程,而是一个多维并不断反馈调节的过程,受到科学、技术、政府、学校等诸多要素相互作用影响,并与学校、科研机构、政府、银行、用户、竞争者等相关机构相互交流。系统创新体系主要受到进化理论影响,Nelson(1998)认为技术创新是一个进化过程,其中包括技术的研发和相关组织的建立、目的性或随机性的技术开发、用途形式的选择(商业化或非商业化机制的选择)等重要影响因素[194]。Edquist(1997)认为技术创新体系是以系统论为基础的创新活动,系统内各个创新要素之间具有潜在、复杂的相互作用关系[195]。

国内许多学者也对技术体系相关概念进行了研究。秦书生、陈凡(2003)认为技术体系主要由以生产工具为标志的实体要素、以人为因素为标志的智能要素及两者相结合形成的工艺要素构成;技术体系离不开工具、机器等实体要素辅助,知识、经验、创新等智能要素引导,以及将它们结合的手段和方法[196]。丁明磊、刘秉镰(2012)认为技术体系是在技术研发过程中,各种技术及获得和运用这项技术的方法和途径在一定组织和制度安排下而形成的相互联系、相互作用的整体[197]。对于技术创新体系方面,王伟光、高宏伟(2011)等认为技术创新体系是对创新资源进行创新活动而形成的复杂组织结构和网络关系[198]。罗芳、王琦(2006)认为技术创新体系离不开政府政策支持,需要政府大力建设重点科研基地,发挥其在技术创新中的领导作用[199]。赵涛、牛旭东等(2005)分析了技术创新体系的创新过程,它主要包含技术本身创新、经济决策和行为创新及组织管理创新过程。技术体系创新涉及政府、科研机构、生产企业、供应商、消费者等主体,目的是将技术创新成果转变为商业化产品[200]。刘帅(2013)通过计量模型论证技术创新体系建设对经济增长的正向作用,并借鉴日本、韩国技术创新体系建设的经验,提出完善我国技术创新的激励机制、扩散机制和风险防范机制有利于提升技术创新体系建设在经济增长中的效益[201]。

综上所述,技术体系在西方发达国家研究较早,已形成一套完整的理论体系,国内学者也进行了多角度研究。总的来说,技术体系研究集中在以下两点:一是以系统的视角对技术体系进行分析,主要包括国家创新体系、区域创新体系、城市技术创新体系、部门创新体系;二是以组织管理的视角对技术体系进行分析,主要包括技术研发推广的相关机构及市场环境。

(2)国内外工程建设领域相关技术应用研究

M. Halfawy 和 T. Froese(2007)认为随着信息和通信技术的飞快发展,特别是基于网络的互联网技术、系统整合和协作技术已经深入到建筑、工程、建设和设施管理中。同时,他们还提出利用智能对象建设建筑、工程、施工技术体系。智能对象就是采用 3D 实体参数技术,即将工程项目设计参数、建筑工艺、生命周期数据等信息集成到计算机软件当中,构建工程项目的三维立体模型,以便于工程项目的建设与管理[202]。Bilek 和 Hartmann(2003)基于代理工作台来支持建筑、工程、建设复杂流程结构的设计,该工作台由一组软件代理组成,用来整合典型项目的组织特征、工程软件及建筑结构的数据,旨在衔接不同专业的工程设计师的方案,以更好地促进他们之间的合作[203]。S. H. Lee 和 F. Peña-Mora(2005)用系统动力学方法建立项目动态模型以协助建设项目的计划和控制,该模型会自动捕捉一些项目非增值部分的变更,如返工、管理的变化周期等[204]。

　　盛宝柱(2006)提倡大力开展绿色建筑技术体系建立,利用绿色技术新建或改造建筑或基础设施能高效利用能源和资源,并提供高品质的健康生活,同时在绿色建筑研发过程中应当注意严格贯彻绿色标准,完善顶层规划设计[205]。王凯(2015)建立工程建设领域技术体系,其中技术方案主要包括技术简介、适用地区、技术特点、技术局限性、标准和做法、维护与管理、成本效益分析、相关法律规范及标准,并从技术性能、经济效益、社会效益三个方面对技术体系进行评价[206]。张少锦(2011)认为工程技术是管理技术的载体,管理技术则是工程技术的向导。工程技术与管理技术的创新是为了更好地应用于实际工程,并在此概念上构建了工程管理技术体系,对工程项目进行合同化、程序化、规范化管理[207]。

　　综上所述,西方发达国家对于技术在工程领域的应用主要集中在软件系统的开发和使用上,基于现代信息技术和网络技术开发适用的工程软件,以提高项目的管理效率。国内学者主要集中在各类技术手段的使用和评价上。总的来说,技术体系的建设有利于工程项目科学决策和管理能力的提高,确保工程项目在寿命期内环境效益及社会效益目标的实现。

　　4. 技术体系建设相关理论

　　(1)系统论

　　系统一词源于古希腊,各国学者们从不同角度对系统进行了认识,至今对于系统的定义已达几十种,通常系统被定义为:由相互联系、相互作用的许多要素结合而成的具有特定功能的统一体。该定义包含了系统的基本属性,即:整体性、相关性、自组织性、时序性、层次性和目的性。一般较为简单、浅显的系统称为次系统,而较为复杂、深奥的系统称为超系统。系统论是在系统的基础上发展起来的一门学科,是研究自然、社会、思想以及各类系统及其原理、联系和发展规律的一门学科。

　　系统主要特性如下:

　　① 整体性

　　系统的整体性是指由若干个要素构成具有一定功能的整体,各要素一旦构成了新的整体,便不再具备原有的功能和特性,并使新系统具备各要素功能简单累加而达不到的新特性,但是各要素之间存在相互依存和相互制约的关系,内部要素的改变会导致系统整体性的改变。

　　② 层次性

　　系统的层次性是指要素组成方式的不同而导致其内部结构在功能、重要性上的等级差异,系统中影响因子低的系统组成了影响因子高的系统,即低层次系统隶属于高层次的系统,系统各层次之间是一种主次关系、包含与被包含关系,但是各层次之间相互作用,相互制约,并不是独立存在的。

　　③ 开放性

　　系统的开放性是指系统不断地在与外界发生物质、能量和信息交换以实现系统向更有序状态发展。在现实生活中系统不是封闭的,可以与外部环境相互作用,通过不断的交换,系统的潜能会被挖掘,转化为现实的、适用性高的系统。

④ 自组织性

系统的自组织性是指开放的系统在外界非线性作用下,其内部要素的稳定性受到破坏,当达到一定程度时,系统会自发组织约束机制,以重新形成有序稳定状态。系统自组织过程其实就是系统进化的过程。

（2）新熊比特创新理论

熊比特总结归纳了五种经济意义上的创新:① 产品创新;② 工艺或生产技术创新;③ 市场创新;④ 开发新的资源;⑤ 组织管理创新。熊比特的创新主要属于技术创新的范畴,同时涉及管理与组织创新,但是将技术发明和技术创新区分开来,认为只要当技术被发明并应用到经济活动当中时,才属于技术创新。

新熊比特创新理论是熊比特追随者在其理论基础上深入研究而发展形成的新理论体系,技术研发和推广的技术创新理论是其重要的分支。技术创新理论是将熊比特的研究方法和理论体系与现代经济学理论相结合,用于技术创新研究。以门施等人为代表的周期理论发展了熊比特的波长技术论,认为技术创新活动在经济衰退或大危机时最为活跃,危机迫使企业采取技术创新活动以逃离窘境。爱德温·曼斯菲尔德、莫尔顿·卡曼等人研究了技术创新与竞争、垄断及企业规模的关系,难以模仿或被超越的技术是企业获得超额利润的关键因素,同时也有助于扩大企业规模。而企业规模越大,技术创新所必需的各类资源越丰富,所以对于技术创新最有利的市场结构是介于完全竞争和垄断之间的。

（3）技术的生命周期理论

任何技术都需要经历起步阶段、成长阶段、成熟阶段、衰退阶段这一生命周期过程。在技术的起步阶段,即技术的最初发明,这个时候只有少数人涉入该技术的研发,此时投入成本大,技术还未成熟,对其功能并不理解,无法产品化盈利;在技术的成长阶段,技术成果投入市场并开始盈利,但是由于技术壁垒、专利保护或鲜有人涉入该技术,此时市场竞争较少,技术带来的收益快速提升;在技术的成熟阶段,技术壁垒消失,大量企业参与该技术的研发与应用,市场竞争者急剧增加,由于市场的作用最终会形成寡头市场或垄断;在技术衰亡阶段,技术已经成熟,创新空间不足,技术所带来的利润率逐渐下降,企业靠规模效益或提升组织管理能力来维持盈亏平衡,或该技术最终被新技术替代消亡。

5.技术体系建设的思路

技术体系建设的基本思路就是根据技术体系建设的已有研究成果和相关理论,结合工程建设特点,对建筑领域技术创新体系框架进行构建。按参与主体的不同,可划分为技术研发子系统、技术推广应用子系统、技术中介子系统及技术协调控制子系统;从功能的角度对各子系统进行研究,以阐释技术体系主体结构之间的内在关系;并采用层次分析法对技术体系的技术性能、环境效益、社会效益三个评价指标进行分析;对技术体系建设的投入要素的重要性进行排序,并根据最终评价结果进一步完善技术体系建设思路。技术体系建设思路如图7-1所示。

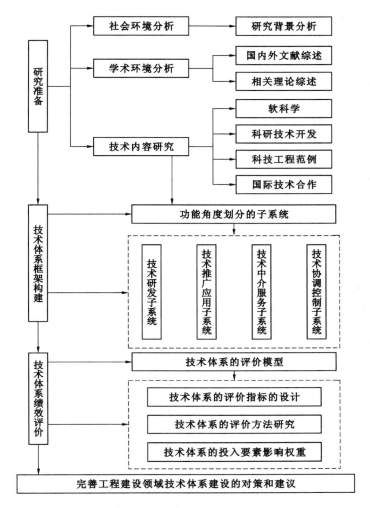

图 7-1 技术体系建设思路

7.3.2 标准体系的建立

1. 工程建设标准的定义和特征

（1）工程建设标准的定义

① 标准

标准是指为在一定范围内获得最佳秩序，以科学、技术和经验成果为基础，对活动或其结果协商制定并由一个专门的机构批准的共同的和重复使用的规则、导则或特性文件。

② 工程建设标准

工程建设标准是以工程项目为对象，针对工程建设各个阶段的活动中需要统一协调的事项制定共同的、可重复使用的技术依据和准则,以期在工程建设领域内获得最佳秩序,促进工程建设领域的技术进步,保证工程的质量和施工安全,以实现最佳的社会效益、经济效益、环境效益和施工效率等。

③ 工程建设标准体系的作用

工程建设标准体系的作用是保障社会公共利益、工程建设安全和人民群众的生命财产安全。具体就是:通过行之有效的工程建设强制性标准规范,为工程建设实施中的安全防范提供统一的技术要求和行为准则,以确保在现有的技术和管理条件下最大限度地保障建设工程安全,从而保障建设工程的建造者、使用者和所有者的生命财产安全。

④ 工程建设标准的内容

根据《中华人民共和国标准化法》规定,工程建设标准主要包括以下四大类:

a. 建设工程的勘察、规划、设计、施工、安装、验收、运营维护的技术要求及方法;

b. 工程建设相关领域的技术术语、符号、代号、制图方法、互换配合要求等;

c. 工程的建设用地、投资估算、建设工期等指标;

d. 关于环境保护的相关技术要求和检验方法。

(2) 工程建设标准的特性

① 目的性:宏观目标及主要目标设定合理。

② 系统性:合理划分工程建设不同的领域和环节。

③ 协调性:各部分需协调规划、全面覆盖。

④ 层级性:针对项目属性划分层级,并且每一层级都存在相互制约关系。

⑤ 开放性:科技发展新成果和工程实践经验的及时转化。

2. 标准体系建设的原则和内容

(1) 标准体系建设的原则

① 标准体系中的工程建设标准要做到完备、齐全、准确无误。

② 标准体系应明确母体系与子体系及不同子体系之间的关系。

③ 标准体系中涉及的相关专业术语和符号应予统一。

④ 标准体系的构建要着眼于新技术、新材料和新工艺的发展,加快相关标准的编制及宣贯速度。

⑤ 标准体系的构建要结合工程建设的实际情况,提高标准体系使用的可操作性。

(2) 标准体系建设的内容

基于上述构建原则,结合工程建设的需求,从建设环节和标准类型等两个方面构建了工程建设标准体系基本框架。

① 建设环节要素

应包括工程建设过程中的规划、勘察、设计、施工、管理、运营维护等阶段的不同的标准子体系。

② 标准类型要素

应包括基础通用标准、技术标准、管理标准、服务标准等标准子体系。

3. 标准体系建设的思路与步骤

（1）标准体系建设的思路

标准体系建设应从结构和内容两方面进行。首先，在结构上，要建立一个层次清晰、由总到分、由通用到具体的体系结构；在内容上，要丰富标准的内容构成，使得体系更加完整配套便于日后的使用并可自主维护。其次，应坚持标准需求对确定体系框架和标准内容的指导作用。应基于行业实践经验和宏观需求确定建设策略和顶层规划，通过宏观到微观的解构，引导底层需求的显现和展开，并按体系构建的解构路径，逆向逐级过滤、融合和分离体系建设的需求，导出预设标准并形成体系主体雏形，再自顶层而下逐级调整标准，逐个定位标准，最终完成标准体系的建设。工程建设标准体系的建设可以借鉴国内外已有的实践成果，包括已有的成熟标准和发达国家或国际组织相关标准规范和技术文献，通过适应性分析明确标准体系建设所采用的方式。

目前，我国工程建设标准体系还处在强制性标准和推荐性标准共存的过渡阶段。未来的标准体系建设可以将基础标准、通用标准和专用标准中涉及安全、质量、环保、卫生和公众利益等方面的目标要求上升为综合标准，将工程建设标准体系中的其余部分划分为技术标准。在工程建设标准体系的实施过程中，工程技术的不断进步与标准体系的相对之间的矛盾是无法避免的，二者的协调发展是我国工程建设标准建设与技术进步应该关注的重点。因此，在标准体系的建设和实施中必须建立适合我国工程实践的协调发展模式，在工程实践的基础上，科学确定标准对象，制定简单明了、可操作性强的综合标准和技术标准，方便工程建设标准的使用和推广。

（2）标准体系建设的步骤

① 准备策划

a. 调查研究，掌握标准体系建设现状和需求，制定标准体系建设计划。

为确保所建立的标准体系的全面配套、科学先进并能有效推行，并且与行业自身特点和实际发展需求相适应，在编制标准体系时，应全面深入地进行以下两方面的调查研究：一是行业内部标准体系建设现状调研；二是行业范围内的标准需求调研。

b. 全面收集、分析和整理相关标准信息。

全面收集整理与行业相关的国家、行业、地方标准，以及相关的其他资料收集。收集资料的范围包括：已实施的相关法律、法规和政策信息及相关的行业信息。

c. 集思广益，选定体系结构方案。

在全面掌握并分析完上面收集的有关信息后，就要着手研究和确定标准体系的结构。

② 体系结构的确定

a. 研究体系分类，确定标准体系结构。

首先结合工程实际确定子体系，画出总的标准体系结构图框架，再合理安排标准体系中各子体系的关系和层次结构，绘制子体系结构图。

b. 研究具体标准对象。

绘制完成标准体系结构总图及子体系结构图后，根据实际调研情况和市场需求，对具体的标准对象进行分析研究,明确标准体系每一小类中应包含的具体标准。

　　c.编写标准体系编制说明。

　　在确定了具体的标准后,应编写标准体系的编制说明,编制说明包括:编制的依据及目的,标准体系类别划分依据及划分情况,国内外标准概况,与其他体系交叉情况、协调配套和处理意见,现有标准及发展方向等。

　　③ 意见征集及审定发布

　　工程建设标准体系草案完成后,相关单位和部门应在行业内广泛征求意见,并对意见进行汇总整理,再根据意见征集阶段收集到的意见,对标准体系草案给予修改完善,形成标准体系送审稿。送审稿完成后,标准体系编制领导小组应组织召开相应的评审会,对标准体系送审稿进行审议,针对标准体系的内容提出审议意见。参与标准体系编制的有关人员应根据评审会专家审议意见,对标准体系送审稿进行修改完善,形成标准体系的报批稿。报有关部门批准后,最终发布实施。

　　④ 实施与改进

　　工程建设标准体系编制完成后,应严格认真地在行业内实施标准体系及其中的各类标准,并在实施过程中广泛收集相关资料,结合实际存在的问题不断完善标准体系,不断提升标准体系的技术水平。

7.4　完善既有建筑与基础设施绿色化改造经济激励政策

　　为调动建筑节能企业的积极性,湖北省财政厅、发改委颁发了《湖北省节能专项资金管理暂行办法》,设置了省级财政节能专项资金,根据项目预期目标实现情况给予适当支持与奖励,以此激发节能服务公司积极致力于节能改造工作,逐步提高节能工程服务能力。在《湖北省合同能源管理财政奖励资金管理实施细则》(鄂财建规〔2010〕15 号)中也明确指出,公共机构实施合同能源管理改造的项目,符合财政奖励项目要求的,可根据合同能源管理项目实际年节能量,按国家和本省有关规定申请财政奖励资金,财政奖励资金严格实行专款专用。

　　《湖北省节能专项资金管理暂行办法》等相关政策的实行,给予了湖北省节能改造企业一定的经济激励,激发了其进行节能改造工作的积极性,但湖北省及其他夏热冬冷地区的节能改造经济激励政策体系尚待完善,仍需借鉴北方采暖地区节能改造相关经济激励机制,全力支持发展合同能源管理模式,对使用合同能源管理模式进行节能改造的项目给予适当专项资金奖励。

　　根据本课题总结的国内典型地区既有建筑与基础设施绿色化改造项目的成功经验,结合夏热冬冷地区特点提出以下建议:

　　(1)实行贷款贴息政策

　　贷款贴息政策是国家为扶持某行业发展,对该行业的贷款实行利息补助。综合考虑夏热冬冷地区既有建筑与基础设施绿色化改造具体情况,借鉴国内其他地区和国外成功经验,在夏热冬冷地区实行贷款贴息政策,加大对建筑节能改造工作的支持力度,鼓励企业积极开展既有建筑与基础设施绿色化改造活动。

（2）提高财政补助奖励标准

合同能源管理模式是在客户没有资金投入的前提下,节能服务公司为客户提供节能服务,并通过节能效益获得相应报酬的新型节能服务机制。在夏热冬冷地区既有建筑与基础设施节能改造前期,节能服务公司需要投入大量改造资金,而现行的节能奖励标准对节能服务公司起不到任何激励作用。因此,应适当提高财政补助奖励标准,激发节能服务公司开展绿色化改造工作的热情。

（3）大力推进按照节能措施投资奖励的激励方式

采用合同能源管理模式进行绿色化改造对节能服务公司的经济实力要求高,可大力推进按照节能措施投资奖励的激励方式,根据节能服务公司前期资金投入的多少给予不同程度的财政补助奖励。此种奖励方式可在一定程度上缓解节能服务公司前期投资压力,规避了企业前期投资风险,促使节能服务公司在项目改造过程中自愿加大项目改造前期资金投入。

（4）加大绿色化改造一次性补助力度

由于绿色化改造相关主体单位对合同能源管理模式投资回报机制认识不足,节能服务公司出于对投资收益的担忧,开展节能改造的积极性不高。若按照改造面积进行奖励,不足以激发节能服务公司开展节能改造的积极性。因此,加大对项目改造前期一次性补助力度,更能吸引节能服务公司自愿致力于既有建筑与基础设施绿色化改造,有效推动夏热冬冷地区节能改造工作的开展。

7.5　加强既有建筑与基础设施绿色化改造工程招投标制度建设

7.5.1　合理界定既有建筑与基础设施绿色化改造工程招投标的法律依据

1.《中华人民共和国招标投标法》与《中华人民共和国政府采购法》差异分析

在招标投标与政府采购的立法方面,世界各国的立法模式有两种。一种是单独立法,即颁布独立的招标投标法,例如埃及和科威特,颁布的法律有《公共招标法》,都是只规范政府的招标项目;另一种则是在政府采购法中规定招标投标制度,例如美国《联邦采购法》、瑞士《联邦国家购买法》、韩国《政府作为采购合同一方当事人的法令》等,这些国家和地区的政府采购法中都详细规定了招标的程序。有些国家组织,如世界银行和亚洲开发银行,也是在它们编制的采购指南中规定严格的招标程序。

我国招投标制度受经济体制影响起步于改革开放之后,并随着以市场化为导向的市场经济改革不断推进和深化。1999 年,我国颁布《中华人民共和国招标投标法》(以下简称《招标投标法》),于 2000 年 1 月起正式实施,我国招投标领域正式进入法制化阶段。2002 年,我国颁布《中华人民共和国政府采购法》(以下简称《政府采购法》),于 2003 年 1 月起正式实施。作为同一位阶的两部公共采购法,都属于规范公共采购行为的法律,二者之间必然存在着一定的联系和区别。

(1)立法目的

从立法目的的角度来看,由《招标投标法》第一条可知,其目的是保护国家利益、社会公共利益和招标投标当事人的合法权益,提高经济效益,保证项目质量。而由《政府采购法》第一条可知,其目的是规范政府采购行为、提高政府采购资金的使用效益,维护国家利益和社会公共利益、保护政府采购当事人的合法权益,促进廉政建设。其重要落脚点为政府采购行为,资金使用效率及廉政建设。政府作为世界上最大的消费者,其采购支出的数量和金额是巨大的。而政府本身只是法律上一拟制人格,其采购活动必须由具体自然人完成,势必或多或少带有自身的选择偏好,并可能由于使用的是政府资金而随意挥霍,违背价值规律。同时,如果采购过程仅倚仗采购主体自律而外部法制约束缺失的话,采购人自由裁量权过大,很容易演变出腐败现象。因此,《政府采购法》明确了采购人的权利行使范围和责任追究机制,以便实现对政府自身的约束,进而制衡行政权力。

(2)适用范围

从适用范围的角度来看,《招标投标法》第二条规定:"在中华人民共和国境内进行招标投标活动,适用本法。"从该条规定的内容看,《招标投标法》适用于在中华人民共和国境内进行的一切招标投标活动。也就是说,凡是在中国境内进行的招投标活动,无论招标主体的性质、招标采购的资金性质、招标采购项目的性质如何,都要遵循《招标投标法》的有关规定。而《政府采购法》是用来规范中国境内的政府采购行为的,其第二条规定:"在中华人民共和国境内进行的政府采购适用本法。本法所称政府采购,是指各级国家机关、事业单位和团体组织,适用财政性资金采购依法制定的几种采购目录以内的或者采购限额标准以上的货物、工程和服务的行为"。

(3)采购主体和资金来源

从采购主体及资金来源角度来看,由《招标投标法》第八条可知,其招标人是依照本法规定提出招标项目、进行招标的法人或者其他组织。它并未对资金来源做详细规定,即资金来源可以包括国有资金、国际组织或外国政府贷款及援助资金、企业自有资金、商业性或政策性贷款、政府机关或事业单位列入财政预算的消费性资金。《政府采购法》中对采购当事人的规定包含了整个第二章的内容,其中采购人主要是指依法进行政府采购的国家机关、事业单位、团体组织,其资金来源主要是财政性资金。

(4)采购程序和采购形式

从采购程序和采购形式的角度来看,《招标投标法》第十条规定,招标形式包括公开招标和邀请招标两种形式,对招标程序的规定包括第二章、第三章、第四章内容,从招标、投标、评标、中标几个方面对招投标程序及各方当事人权利义务进行了详细规定,可以说《招标投标法》属于程序法。《政府采购法》第二十六条规定,政府采购可采用公开招标、邀请招标、竞争性谈判、单一来源采购、询价及国务院政府采购监督管理部门认定的其他采购方式。《政府采购法》中对政府采购程序的规定在第四章,该章节主要对招标采购的废标情形、竞争性谈判的程序、询价方式采购的程序、单一来源采购的基本原则及采购活动记录做了规定,相对于《招标投标法》而言,设计采购形式更广,但对程序的规定远不及《招标投标法》详细。此外,《政府采购法》还提及了对政府部门资金的管理:"负有编制部门预算职责的部门在编制下一财政年度部门预算时,应当将该财政年度政府采购的项目及资金预算列出,报本级财政部门汇总。部门预算的审批,按预算管理权限和程序进行。"

2. 两法之间的联系

除上述区别外,两法亦有一定的联系。《政府采购法》第二条规定:政府采购包括货物、工程和服务,同时第四条又规定:政府采购工程进行招标投标的,适用招标投标法。在《政府采购法》起草期间,这条规定原本是要解决政府采购工程时如何与《招标投标法》衔接的问题。政府采购工程在采取招标方式时才涉及《招标投标法》,而且考虑到《招标投标法》不能对政府采购工程实行全面的规范,将工程纳入《政府采购法》适用范围,有助于加强工程采购管理。

从两法规范内容侧重点看,《政府采购法》属于实体法,《招标投标法》属于程序法。因此政府采购工程适用《招标投标法》,在招标投标活动程序上应严格遵守《招标投标法》的相关规定,但在招标投标程序之外的其他活动及管理,还应当以《政府采购法》为准,不应与政府采购范围相冲突。

从两法的关系看,《招标投标法》和《合同法》一样,可以说是《政府采购法》的配套法律,这也符合国际通行做法和各国的立法经验。同时,在工程类采购问题中处理两法关系时,应按"后法优于前法"和"特别法优于一般法"的法律适用原则,当《政府采购法》的规定与《招标投标法》不一致,或《政府采购法》另有特别规定时,应遵循《政府采购法》。因此,在涉及工程类采购问题时,并不能简单认为两法内容互相排斥,而是两者相互协调、彼此补充。

3. 既有建筑与基础设施绿色化改造工程招投标对于两法的适用程度

在既有建筑与基础设施绿色化改造工程招投标过程中,基于上述《招标投标法》和《政府采购法》的差异分析,使用财政性资金或以国有资金为主体的绿色化改造工程招投标应以《政府采购法》为法律依据,这类绿色化改造工程的采购主体一般为各级国家机关、事业单位和团体组织,采购内容属于工程类性质。由《招标投标法》与《政府采购法》差异分析可知,虽然《政府采购法》第四条规定:政府采购工程进行招标投标的,适用招标投标法。但由于绿色化改造工程所特有的内涵及其行业特性,即绿色化改造工程是指把已建成使用的"非绿色"建筑或基础设施通过绿色化改造达到"绿色"要求,通过进行节能、节水、节材、节地、室内外环境优化改造,使建筑或基础设施节能环保,达到绿色标准。它具有实施目的的公益性、实施对象的单件性、实施中要确保的既有建筑或基础设施的完整性和可用性等重要行业特性,不同于一般工程建设项目的可重复建造特征。同时,由于绿色化改造工程领域的专业性和特殊性,实施绿色化改造工程的合格主体数量十分有限。因此,采用

《政府采购法》作为绿色化改造工程招标采购的法律依据,更有利于根据绿色化改造工程具体改造内容、绿色化改造工程领域相关技术的发展现状及合格实施主体数量,客观选择适当的招标采购形式,确保绿色化改造工程的实施效果。当然,在绿色化改造工程招标采购过程中,亦应积极运用《招标投标法》中成熟的招标采购程序和评标定标原则,实现两法在招标采购方式和招标采购程序等方面的有效融合,更好地运用两法为绿色化改造工程招标采购工作服务。

对于采用非财政性资金或不以国有资金为主体的绿色化改造工程的招投标可由招标采购主体自主决定适宜的法律依据,即以《政府采购法》或《招标投标法》为法律依据。但鉴于绿色化改造工程所特有的内涵及其行业特性,为保障绿色化改造工程的实施效果,采用非财政性资金或不以国有资金为主体的绿色化改造工程的招标采购主体应以《政府采购法》及其配套法律法规为首选法律依据。

7.5.2　加强既有建筑与基础设施绿色化改造工程招投标配套制度建设

在既有建筑与基础设施绿色化改造工程招标投标管理过程中,省级公共资源交易监督管理部门、省级政府采购监督管理部门及省级建设行政管理部门和相关行业协会应结合湖北省既有建筑与基础设施绿色化改造市场实际,积极开展既有建筑与基础设施绿色化改造工程招标投标配套制度建设。

1. 编制各类既有建筑与基础设施绿色化改造工程招投标示范文本

各类既有建筑与基础设施绿色化改造工程招标投标示范文本包括资格预审示范文本、招标文件示范文本、通用合同条件示范文本和专用合同条件示范文本等。各省级行政管理部门及相关行业协会应积极组织高等院校、科研设计院所、大型企业及各类招标代理中介服务机构开展上述示范文本编制工作,重视各类示范文本编制的顶层设计和总体规划,合理配置文本编制专家小组,实现绿色化改造产业界、科研设计院所、高等院校、政府相关主管部门及招标代理机构人员的均衡搭配,重视各类文本编制的开题评审、中间成果评审和初步成果的工程招标投标试运行,不断提升各类示范文本的编制效率和编制质量。

2. 制定相关既有建筑与基础设施绿色化改造工程评标定标办法

评标是既有建筑与基础设施绿色化改造工程招标投标管理的重要环节,评标办法的制定质量是影响招标投标效果的关键。近年来,湖北省在一般工程建设领域先后开展了一系列的探索和研究,先后出台了商务诚信评标法、最低评标价法等评标管理办法,为规范和繁荣湖北建筑市场起到了重要的推动作用。但是,由于既有建筑与基础设施绿色化改造工程招标投标市场总量较小,有针对性的评标办法有待制定和完善。为此,各省级行政管理部门及相关行业协会应组织社会力量,针对行业特点和湖北省既有建筑与基础设施绿色化改造市场实际,开展既有建筑与基础设施绿色化改造工程评标办法制定工作。应充分借鉴 BOT 融资建设模式中的投资人选择机制,将其与设计项目承包人选择机制和施工总承包人选择机制充分融合,在投标文件评审中,综合评价节能服务企业的绿色化改造方案、市场融资能力、技术开发能力、项目施工能力和项目运营能力,重视对节能服务企业项目管理团队的考核,尤其是项目经理和技术负责人综合素质的考核。由于绿色化改造工程涉及设计、融资、施工和运维四大阶段,可采用综合评估法或最短节能改造与运维期法。

（1）综合评估法

综合评估法是指在既有建筑与基础设施绿色化改造工程招标评标过程中,根据投标人提交的投标文件,按照绿色化改造技术方案(含施工组织方案)、投融资方案、运维方案、绿色化改造管理团队和改造与运维期限五大指标进行百分制评分,再根据五大指标的权重值加权计算投标人的综合得分,原则上以得分最高者为第一中标候选人。

（2）最短节能改造与运维期法

最短节能改造与运维期法是指在既有建筑与基础设施绿色化改造工程招标评标过程中,根据投标人提交的投标文件,在满足招标文件所需技术要求的前提下,按照绿色化改造总的改造时间和回收投资所需运维时间的长短确定中标候选人,原则上以总的改造时间和回收投资所需运维时间最短者为第一中标候选人。

3. 强化既有建筑与基础设施绿色化改造工程评标专家队伍建设

既有建筑与基础设施绿色化改造工程招标评标过程中,评标专家队伍素质在一定程度上会影响招标工作的成效。强化绿色化改造工程评标专家队伍建设需要做好如下基础性工作:首先,应实施绿色化改造工程评标专家分类管理。由于既有建筑与基础设施绿色化改造工程种类繁多,涉及技术领域复杂,既包括普通工业与民用建筑,也包括大型复杂基础设施工程;在同类工程如建筑工程中,其涉及专业数量繁多,既有建筑学专业、城乡规划专业、风景园林专业,也包括结构专业、给水排水专业、采暖通风专业、电气专业、消防专业、人防专业、工程造价专业等。因此,实施评标专家分类管理有利于科学准确地评价绿色化改造技术方案的优劣。其次,应加强绿色化改造工程评标专家培训管理。标书评审过程往往涉及技术、经济、管理、法律法规等多领域知识,作为评标专家,可能在某一领域或某几个领域具备较强的专业知识和技术判断能力,但不可能涵盖所有的标书评审知识领域。因此,作为地方政府招投标主管部门或公共资源交易机构,应重视绿色化改造工程评标专家培训管理,实时为评标专家更新和补充知识。最后,应加强绿色化改造工程评标专家的动态管理和考评。评标专家作为绿色化改造工程招投标市场的重要主体方之一,其履行评委职责的状态是决定招投标市场其他主体行为规范的关键,因此,应加强绿色化改造工程评标专家的动态管理和实时考评,实行评标专家能进能出的运行机制,强化评标专家的责任意识和法律意识,促使其依法评标、依规评标,并将其评标行为信息计入评标专家信用档案,为后期开展评标专家的信用等级评定提供依据。

7.5.3 重视既有建筑与基础设施绿色化改造工程招投标信用体系建设

随着我国社会主义市场经济发展的成熟,信用已经渗透到各行各业,国家对社会信用体系建设工作高度重视,多次明确提出把建设社会信用体系作为社会主义市场经济体系的一项重要任务。2014 年 6 月,国务院正式印发《社会信用体系建设规划纲要(2014—2020 年)》(国发〔2014〕21 号)(以下简称《纲要》),作为我国首部国家级社会信用体系建设顶层设计的专项规划。在政府采购和招标投标领域信用体系建设中,应加强政府采购信用管理,强化联动惩戒,扩大招标投标信用信息公开和共享范围,鼓励市场主体运用基本信用信息和第三方信用评价结果,并将其作为投标人资格审查、评标、定标和合同签订的重要依据,实现招标投标和合同履行等信用信息的互联互通、实时交换和整合共享。

近年来,全国各地在政府采购和招标投标活动中,已经逐步实施了采用投标人信用报告和信用等级证书的做法。浙江、安徽、辽宁等省出台了多份关于在招投标活动中应用"企业信用报告"文件的通知,规定某类信用等级作为投标资格的必要条件。企业在投标时,使用信用服务中介机构出具的企业信用报告,并以此作为评标评分的指标之一,不再使用资信证明。

湖北省部分地区结合本地实际,积极探索区域性信用体系的建设。武汉市探索全国区域性社会信用体系建设试点示范,宜昌市推进信用基础制度建设和联合惩戒,东湖新技术开发区开展企业信用建设,为促进地方经济社会发展和诚信建设发挥了积极作用。截至目前,在湖北省开展资本市场评级业务的机构 6 家,从事信贷评级业务的机构 7 家,2013 年共计完成 5758 家企业、205 家小额贷款公司和 87 家融资担保公司的信用评级,在信贷审批、债券融资、招标投标等领域得到常态化应用。

2015 年 5 月,襄阳市被确定为湖北省唯一一个区域性招投标信用综合评价试点城市。在试点工作中,以打造"诚信襄阳"为目标,建立招投标领域的信用信息的征集、管理、查询和应用系统,实现招投标信用综合评价结果集中公布、动态管理、实时查询,并应用于招投标活动之中。襄阳市招标投标信用综合评价体系建设试点工作,是湖北省社会信用体系建设中招标投标信用建设示范工程的重要内容,它的顺利开展为湖北省乃至全国招标投标信用评价起到了探索路径和积累经验的作用。

湖北省招投标领域信用体系建设正在有序推进,但也存在一些薄弱环节和急待解决的问题:一是全省招标投标领域信用体系建设没有明确的顶层设计和整体规划,工作开展较为零散、不系统,未形成体系;二是招标投标信用信息征集不畅,尚未实现互联互通、互认共用,应用不充分;三是招标投标信用指标和标准尚未统一,评价体系尚未形成,信用信息主体权益保护机制还不健全;四是招标投标联合惩戒机制尚不健全,失信惩戒还不到位;五是社会诚信意识和招标投标信用管理水平不高,履约践诺、诚实守信的招标投标社会信用氛围尚未真正形成,监管公信力与群众的期望还有一定差距等。

进一步规范招投标领域信用管理工作,努力营造激励守信、惩戒失信、择优择强的招标投标市场环境,是促进湖北省招标投标市场健康有序发展的重要保证。推进招投标市场信用体系建设,强化招投标违法违规信息记录和信用评价结果的效力,实现全省信用信息的互联互通、互认公用,有利于发挥政府宏观调控作用,合理优化资源配置,促进公平竞争,形成统一、开放、规范、有序的大市场,维护公平竞争的市场经济秩序,进而推进社会主义市场经济建设。

重视既有建筑与基础设施绿色化改造工程招标投标信用体系建设具有重要意义。首先，能够构建公开、公平、公正的既有建筑与基础设施绿色化改造工程招标投标市场。完善社会主义市场经济体制，充分发挥市场在资源配置中的决定性作用，需要通过建立健全招标投标信用体系来规范全省既有建筑与基础设施绿色化改造工程招标投标市场秩序，改善招标投标市场信用环境。在全省建立统一规范的既有建筑与基础设施绿色化改造工程招投标市场，有利于鼓励竞争，打破地区封锁和行业保护，促进先进生产要素在不同地区、部门、企业之间自由流动和组合，为招标人选择符合要求的绿色化改造工程服务商提供机会，以实现既有建筑与基础设施绿色化改造工程招标投标活动的公开、公平、公正。其次，开展信用体系建设有利于转变政府职能，提升政府的社会治理能力，提高公共资源招标效率。国务院《整合建立统一的公共资源交易平台工作方案》（国办发〔2015〕63 号）要求公共资源招标投标着力实现从重视行为监管向强化信用管理转变，将市场主体信用信息和公共资源交易活动信息作为实施监管的重要依据，有利于健全守信激励和失信惩戒机制。开展绿色化改造工程招标投标信用体系建设是保障公共资源有效配置，提高国有投资效益的重要举措。它有助于促进全省绿色化改造工程招标投标决策的科学化和民主化，促使节能服务企业增强信用意识，改善经营管理。最后，推进招标投标信用体系建设是预防和遏制腐败的重要环节，它能够提高既有建筑与基础设施绿色化改造工程质量。

湖北省既有建筑与基础设施绿色化改造工程招标投标领域信用基础较为薄弱，近年来各地发生的工程质量事故，大多与招标投标制度执行不力、内幕交易、虚假招标、信用信息互通不畅有关。严格规范既有建筑与基础设施绿色化改造工程招标投标程序，将信用信息最大限度地公开与应用，让既有建筑与基础设施绿色化改造工程招标投标活动更透明、更广泛地接受社会监督，能够有效地预防和遏制腐败，有利于保障既有建筑与基础设施绿色化改造工程的建设质量和运维质量。

1. 投标人信用评价指标体系设计

通过分析投标人信用评价方面的文献、典型地区投标人信用评价实践，运用问卷调查法，结合既有建筑与基础设施绿色化改造工程经验丰富的专家意见，获得投标人信用评价指标的构成集合。

（1）信用指标分析

投标人信用评价指标构成由企业基本信息、企业实施行为、项目现场行为、社会责任评价、不良信息和一票否决信息。

① 企业基本信息

企业基本信息包括企业素质、企业业绩、经营能力、纳税情况、获奖情况等五个方面组成。

企业素质包括企业资质、管理人员情况、公司组织机构规章制度建设。a. 企业资质。施工企业的资质等级实行分级审批。一级施工企业由建设部审批。二、三、四级施工企业，属于国务院有关主管部门的，由国务院有关主管部门审批；属于地方的，由省、自治区、直辖市建设行政主管部门审批。经资质审查合格的企业，由资质审批部门发给《资质等级证书》，同时，规定各个级别的企业所承担项目的范围。b. 企业管理人员情况主要包括注册建造师人数和中高级职称工程技术人员人数。c. 公司组织机构规章制度建设。主要明确施工企业组织机构是否健全、合理，内部职责是否明确，各项规章制度是否严谨、健全，质量、安全、合同、设备、材料采购、劳资等管理制度是否完善。

　　企业业绩包括合同额、施工产值、省外市场开拓。a. 合同额。主要是指施工企业在一定时间范围内，在湖北省行政区域内累计签订的承包合同总额。b. 施工产值。指建筑企业或单位自行完成的按工程进度计算的建筑安装生产总值，也就是由于施工生产、安装作业因素带来的对产品价格的提高而衍生出来的产值。c. 省外市场开拓。它是指施工企业通过自身优势开辟省外新的市场领域。如果市场上施工企业现有的产品已经没有进一步渗透的余地时，就必须设法开辟新的市场，比如将产品由本地区推向外地区等。

　　经营能力包括资产负债率、现金流动负债率、总资产周转率、净资产收益率、营业增长率。a. 资产负债率。资产负债率又称"负债比率"、"举债经营比率"，它是指施工企业负债总额与资产总额的比率，指施工企业一定时期负债与资产的比例，是反映施工企业负债偿还能力和经营风险的重要指标，用以反映施工企业总资产中借债筹资的比重，衡量施工企业负债水平的高低情况。b. 现金流动负债率。它是施工企业一定时期流动资产与流动负债的比例，反映施工企业短期偿债能力，说明施工企业有多少可在年内变现的资产做短期负债偿还保证。这一比率普遍被用来衡量施工企业短期偿债能力。现金流动负债率越高，表示短期偿债能力越强，流动负债获得清偿的机会越大，债权越有保障。但实际上，该指标过大则表明企业流动资金利用不充分，盈利能力不强。一般而言，生产经营周期越短，其现金流动负债率就越低。c. 总资产周转率。它是指施工企业在一定时期业务收入净额同平均资产总额的比率。总资产周转率是综合评价施工企业全部资产的经营质量和利用效率的重要指标。周转率越大，说明总资产周转越快，反映出销售能力越强。施工企业可以通过薄利多销的办法，加速资产的周转，带来利润绝对额的增加。d. 净资产收益率。它又称股东权益报酬率、净值报酬率、权益报酬率，是衡量施工企业获利能力的重要指标。施工企业资产包括两部分，一部分是股东的投资，即所有者权益，另一部分是施工企业借入和暂时占用的资金。施工企业适当地运用财务杠杆可以提高资金的使用效率，借入的资金过多会增大企业的财务风险，但一般可以提高盈利，借入的资金过少会降低资金的使用效率。净资产收益率是衡量股东资金使用效率的重要财务指标。e. 营业增长率。营业增长率是施工企业本年营业收入增长额与上年营业收入总额的比率，反映营业收入的增减变动情况。营业增长率是衡量施工企业经营状况和市场占有能力、预测施工企业经营业务拓展趋势的重要指标。该指标反映了施工企业营业收入的成长状况及发展能力。

　　纳税情况主要包括企业所得税。施工企业所得税是指以施工企业生产经营所得为课税对象所征收的一种所得税。作为施工企业所得税纳税人，应依照《中华人民共和国企业所得税法》缴纳企业所得税。

　　获奖情况包括专利、科技进步奖、企业工法编制、工程建设标准制定。a. 专利。在我国专利法中规定有发明专利、实用新型专利和外观设计专利。专利权是指依法批准的发明人或其权利受让人对其发明成果在一定年限内享有的独占权或专用权。专利权是一种专有权,一旦超过法律规定的保护期限,就不再受法律保护。b.科技进步奖。科技进步奖主要授予在技术研究、技术开发、技术创新、推广应用先进科学技术成果、促进高新技术产业化,以及完成重大科学技术工程、计划等过程中做出创造性贡献的施工企业,主要分为国家级科技进步奖和省级科技进步奖。企业工法编制和工程建设标准制定也是衡量施工企业获奖情况的因子。

②　企业实施行为

施工企业实施行为主要包括合同履约行为。合同履约行为包括合同履约、合同备案、价款结算、信息报送,主要指施工企业在合同履行过程中是否遵守合同条款、是否违反相应法律法规及价款结算等情况。

③　项目现场行为

项目现场行为由人员管理、质量管理、安全文明施工管理等三方面组成。其中,质量管理包括资料管理、强制性标准管理、检测管理、隐蔽工程管理;安全文明施工管理包括安全管理、文明施工。项目现场行为主要针对施工企业在项目实施过程中,是否遵守了质量管理要求、安全文明施工等情况。

④　社会责任评价

社会责任评价是指与施工企业相关的群体、单位、机构对企业的评价,包括劳务用工行为和公益事业。其中,劳务用工行为主要包括农民工权利保障,公益事业包括抢险、救灾、扶贫等。社会责任可以从抢险、救灾、扶贫、公益慈善、接收大学生实习、关注职工健康等方面来评价。

⑤　不良信息

不良信息由招标投标交易行为和公共信息两个方面组成。其中,招标投标交易行为包括一般不良行为、较重不良行为、严重不良行为;公共信息主要包括工商、税务、信贷、人社、环保、科技、司法等公共部门对施工企业的不良信息做出的处罚决定。招投标交易行为按照湖北省招标投标不良行为量化标准进行扣分处理。

⑥　一票否决信息

一票否决信息主要说明投标人在施工过程、申请信用评价、招标活动等触犯国家利益和公共利益的行为。

(2) 建立投标人信用评价指标体系

通过筛选出的指标构成,建立投标人信用评价指标体系。其各级指标权重通过邀请管理经验丰富的专家给予重要性度量,运用层次分析法进行打分,具体指标体系如表7-1所示。

2.投标人信用评价指标标准设计

参考国内其他省市投标人信用评价标准,根据评价指标标准设定的基本原则,按照招标人、招标代理机构信用评价报告制定的思路,设计出投标人信用评价指标标准如表7-2所示。

表 7-1　投标人信用综合评价指标体系

一级指标	二级指标	三级指标
企业基本信息	企业素质	企业资质
		管理人员情况
		公司组织机构规章制度建设
	企业业绩	合同额
		施工产值
		省外市场开拓
	经营能力	资产负债率
		现金流动负债率
		总资产周转率
		净资产收益率
		营业增长率
	纳税情况	企业所得税
	获奖情况	专利
		科技进步奖
		企业工法编制
		工程建设标准制定
企业实施行为	合同履约行为	合同备案
		合同履约
		价款结算
		信息报送
不良信息	招投标交易	一般不良行为
		较重不良行为
		严重不良行为
	公共信息	处罚信息
项目现场行为	人员管理	
	质量管理	资料管理
		强制性标准管理
		检测管理
		隐蔽工程管理
	安全文明施工管理	安全管理
		文明施工
社会责任评价	劳务用工行为	农民工权利保障
	公益事业	抢险、救灾、扶贫等
一票否决信息		

表 7-2 投标人信用综合评价指标体系评价标准

评价指标		评分标准	设置分值
评价内容	指标构成		
企业基本信息	企业素质 — 企业资质	总承包及专业承包三级企业,得 0.5 分;总承包及专业承包二级企业,得 1 分;总承包及专业承包一级企业,得 2 分;总承包特级企业,得 2.5 分;最高得 3 分	3
	企业素质 — 管理人员情况	注册建造师人数及中高级职称工程技术人员人数:符合资质等级标准要求的,计 1 分;高于资质等级标准要求的,每多 1 人加 0.1 分,最高额外加 1 分;低于资质等级标准要求的,每少 1 人扣 0.2 分,扣至 0 分为止	2
	企业素质 — 规章制度建设	组织机构健全、合理,职责明确;各项规章制度严谨、健全,并能持续改进者得 2 分。质量、安全、合同、设备、材料采购、劳资等管理制度,每缺少一项减 0.5 分,减完为止	2
	企业业绩 — 合同额	企业近 1 年内在湖北省行政区域内累计签订的承包合同总额:排名第 1~5 名的得 4 分;排名第 6~10 名的得 3.5 分;排名第 11~15 名的得 3 分;排名第 16~20 名的得 2.8 分;排名第 21~30 名的得 2.5 分;排名第 31~40 名的得 2.2 分;排名第 41~50 名的得 2 分;排名第 51~70 名的得 1.5 分;排名第 71~100 名的得 1.2 分;101 名之后有合同额的得 1 分	4
	企业业绩 — 施工产值	企业上一年度累计完成的施工产值: 没有施工产值,不得分; 施工产值 1 亿元以下,得 0.3 分; 施工产值 1~5 亿元(不含 5 亿元),得 0.6 分; 施工产值 5~10 亿元(不含 10 亿元),得 0.9 分; 施工产值 10 亿元以上,得 1.2 分,且每增加 10 亿元加 0.1 分	2
	企业业绩 — 省外市场开拓	企业上一年度在外埠市场产值占企业总产值 20% 以上的计 2 分;占比在 10% 至 20% 的,计 1.5 分;占比在 5% 至 10% 的,计 1 分;占比不到 5% 的,计 0.5 分;没有产值的,计 0 分	2
	经营能力 — 资产负债率	(负债总额/资产总额)×100%:≤满分值,得 2 分;≥较高值,0 分;其余:(较高值−实际值)/[(较高值−满分值)×2]	2
	经营能力 — 现金流动负债率	(年经营现金净流量/年末流动负债)×100%:≥满分值,2 分;≤较低值,0 分;其余:(实际值−较低值)/[(满分值−较低值)×2]	2
	经营能力 — 总资产周转率	营业收入/平均资产总额×100%:≥满分值,2 分;≤较低值,0 分;其余:(实际值−较低值)/[(满分值−较低值)×2]	2
	经营能力 — 净资产收益率	(净利润/平均净资产)×100%:≥满分值,2 分;≤较低值,0 分;其余:(实际值−较低值)/[(满分值−较低值)×2]	2
	经营能力 — 营业增长率	(本年度主营业务收入总额−上年度主营业务收入总额)/上年主营业务收入总额×100%:≥满分值,2 分;≤较低值,0 分;其余:(实际值−较低值)/[(满分值−较低值)×2]	2
	纳税情况 — 企业所得税	企业前 2 年度在本省行政区域内的累计缴纳企业所得税总额:排名第 1~5 名的得 5 分;排名第 6~10 名的得 4.5 分;排名第 11~15 名的得 4 分;排名第 16~20 名的得 3.5 分;排名第 21~25 名的得 3 分;排名第 26~30 名的得 2.5 分;排名第 31~40 名的得 2 分;排名第 41~50 名的得 1.5 分;排名第 51~70 名的得 1 分;排名第 71~100 名的得 0.5 分;排名第 101 名之后且缴纳所得税的得 0.3 分	5
	获奖情况 — 专利	转让获得的专利,每项加 1 分;企业发明专利,每项加 2 分	20
	获奖情况 — 科技进步奖	国家级科技进步奖:一等奖每项加 2 分,二等奖每项加 1.5 分;省级科技进步奖:一、二、三等奖每项分别加 1.5 分、1 分、0.5 分	
	获奖情况 — 企业工法编制	国家级工法的每项加 1.5 分;省(部)级工法的每项加 1 分	
	获奖情况 — 工程建设标准制定	国家或行业标准制定,每主持一项得 2 分;每参与一项,得 0.5 分;本省地方标准制定,每主持一项加 1 分;每参与一项,加 0.2 分	

续表 7-2

评价指标			评分标准	设置分值
评价内容	指标构成			
企业实施行为	合同履约行为	合同备案	全部使用国有资金投资或国有资金投资为主的工程项目,未采用工程量清单计价,扣 1 分;在施工合同备案管理系统填报的合同价款与签订的施工合同价款不符的,扣 1 分;安全文明施工措施费取未按照我省有关规定执行,扣 1 分;合同金额中未将安全文明施工专项措施费单列,扣 1 分;未明确工程质量保证(保修)金的数额、预扣方式及时限,扣 1 分;其他违反合同备案条款的,扣 1 分;扣完为止	5
		合同履约	施工企业未按照合同约定,单方面中(终)止履行建设项目施工合同,造成不良影响的,扣 2 分;因施工企业自身原因,在质量、工期方面不能履行合同,被建设单位清除出场的,扣 2 分;其他违反合同履约行为的,扣 1 分;扣完为止	5
		价款结算	现场施工合同中的主要计价条款与备案合同不一致的,扣 2 分;施工企业无正当理由单方面有意拖延、不按规定或合同约定时限办理工程进度款结算和工程竣工结算的,扣 1 分;扣完为止	3
		信息报送	报送或提供信息不准的,每条扣 0.5 分,扣完为止	2
项目现场行为		人员管理	组织结构与项目不适应的,扣 0.5 分。 项目经理不一致、一人兼多职的,扣 0.5 分;其他成员有一人不一致的,扣 0.2 分,扣完为止。 项目经理无故不在岗的扣 0.5 分;项目部其他主要成员检查时不在岗,缺一人扣 0.2 分,扣完为止。 项目经理变更没有变更手续或手续不齐全的扣 0.2 分;项目部其他主要成员变更没有履行手续的,有一人扣 0.1 分,扣完为止。 考核项目不达标不得分。 违反规定的其他行为,每条扣 0.1 分	5
	质量管理	资料管理	工程施工组织设计,审批手续、交底,是否完善、齐全; 方案的评审及对评审意见记录是否符合要求; 工程资料整理、装订是否符合要求; 工程安全的资料是否有严重影响质量的记录内容或弄虚作假; 关键工序的施工记录是否缺失或有不合格项; 其他违反规定的行为。 出现一条扣 0.5 分,扣完为止	3
		强制性标准管理	是否违反强制性标准且影响工程质量的; 是否执行湖北省相关标准规范及图集的。 出现一条得 0 分	3
		检测管理	是否按要求进行节能材料试验和检测评定;现场实体检验及现场工程检测报告是否有不合格项;防水渗漏等是否有检查记录或记录是否符合要求;结构变形、沉降、建筑物、管线等监测资料是否符合要求,或是否发现超警戒值情况严重;净空及限界复测资料是否符合要求;数据超出预警值是否及时采取措施。出现一条扣 0.5 分,扣完为止	2
		隐蔽工程管理	是否缺少对隐蔽工程相关记录、验收的。出现一条扣 0.5 分,扣完为止	2

评价指标		评分标准	设置分值
评价内容	指标构成		
项目现场行为	安全文明施工管理 — 安全管理	未建立安全生产责任制,扣1分;安全生产责任制未经责任人签字确认,扣1分;未制定各工种安全技术操作规程,扣1分;未制定伤亡控制、安全达标、文明施工等管理目标,扣1分;施工组织设计中未制定安全技术措施或危险性较大的分部分项工程未编制安全专项施工方案,扣1分;未按规定对超过一定规模的危险性较大的分部分项工程专项施工方案进行专家论证,扣1分;施工组织设计、专项施工方案未经审批,扣1分;未按施工组织设计、专项施工方案组织实施,扣1分;作业人员未经过安全教育培训,扣1分;未制定安全生产应急救援预案,扣1分;未按规定配备专职安全员,扣1分;使用未经验收或者验收不合格的施工起重机械和整体提升脚手架、模板等自升式架设设施,扣1分;未进行书面安全技术交底,扣0.5分;交底未履行签字手续,扣0.5分;无安全检查记录,扣0.5分;未配置应急救援器材和设备,扣0.5分;未向作业人员提供安全防护用具和安全防护服装,扣0.5分;未按照规定在施工起重机械和整体提升脚手架、模板等自升式架设设施验收合格后登记,扣0.5分;在尚未竣工的建筑物内设置员工集体宿舍,扣0.5分;其他安全管理不到位的,扣0.3分,扣完为止	5
	安全文明施工管理 — 文明施工	未按要求设置围挡,扣0.5分;易燃易爆物品未按要求分类储存、未采取防火措施,扣0.5分;施工作业区与办公、生活区未采取隔离措施,扣0.5分;食堂未取得卫生许可证,炊事人员未办理健康证,扣0.5分;围挡未达到坚固、稳定、整洁、美观要求,扣0.3分;施工现场出入口无值守管理,扣0.5分;带有泥土车辆出场不冲洗,每次扣0.2分;场内裸露地面和堆土未采取防尘措施,扣0.2分;未经许可施工造成噪声污染,扣0.3分;施工现场主要道路及加工区地面未进行硬化处理,扣0.3分;施工现场未设置排水设施或排水不通畅,扣0.3分;施工现场的临时用房和作业场所的防火设计不符合规范要求,扣0.3分;施工现场消防通道、消防水源的设置不符合规范要求,扣0.3分;其他文明施工不到位的,扣0.2分,扣完为止	5
社会责任评价	劳务用工行为 — 农民工权利保障	工程项目未建立解决拖欠农民工工资或分包款应急预案的,扣0.5分; 工地现场未按要求设置农民工维权告示牌的,扣0.5分; 施工企业未建立或未督促劳务企业建立农民工花名册且未上报的,或花名册与现场人员不符的,扣0.5分; 施工企业未监督劳务企业建立农民工工资支付表,并经查属实的,扣0.5分; 施工企业未建立月拖欠隐患排查制度或排查无处理记录的,扣0.5分; 动用农民工工资保障金解决施工企业农民工工资拖欠的,扣0.5分;其他情况,出现每条扣0.3分,扣完为止	5
	公益事业 — 抢险、救灾、扶贫等	参与国家、省级、市级、县级组织的抢险或救灾并受表彰的,分别得1.5分、0.8分、0.5分、0.2分; 获得救济贫困等公益事业等国家、省、市政府及住房和城乡建设主管部门奖励,分别得1分、0.5分、0.3分; 其他承担社会责任受表彰的,按照国家、省级、市级、县级,分别得0.5分、0.4分、0.3分、0.2分	5
不良信息	招投标交易 — 不良行为	包括一般不良行为、较重不良行为、严重不良行为,分别扣1分、4分、12分。详情参见《湖北省招标投标不良行为量化记分标准》	按照实际分数计算
	公共信息 — 处罚信息	工商、税务、信贷、人社、环保、科技、司法等行政管理部门记录的不良信息,出现一条扣0.5分	
一票否决信息		不参加信用评价或申请信用评价时弄虚作假的; 存在逃税、抗税等情况,被税务或公安机关查处通报的; 转让安全生产许可证,冒用或者使用伪造的安全生产许可证的; 取得安全生产许可证发生重大安全事故的; 发生农民工因被拖欠而集体上访等群体性事件的; 企业法定代表人及其他人员因招标代理工作发生严重违法行为,被有关部门刑事处罚的	

附　　录

附录1　既有建筑改造内容权重专家打分表

专家：

一级指标	得分	二级指标	得分	三级指标	得分
节地与室外环境 U1		节约用地 U11		场地内合理设置绿化用地 U111	
				合理开发利用地下空间 U112	
		室外环境 U12		建筑及照明的光污染 U121	
				场地内环境噪声 U122	
				场地内风环境 U123	
				降低热岛强度措施 U124	
		交通设施与公共服务 U13		场地内人行通道采用无障碍设计 U131	
				合理停车场所设置 U132	
				便利的公共服务 U133	
		场地设计与场地生态 U14		绿色雨水基础设施的利用 U141	
				地表与屋面雨水径流的规划 U142	
				合理选择绿化方式,科学配置绿化植物 U143	
节能与能源利用 U2		建筑与围护结构 U21		围护结构热工性能 U211	
				外窗、玻璃幕墙的可开启部分能使建筑获得良好的通风 U212	
		供暖、通风与空调 U22		空调系统的冷、热源机组能效 U221	
				集中供暖系统热水循环泵的耗电输热比 U222	
				通风空调系统风机的单位风量耗功率 U223	
				供暖、通风与空调系统的优化度 U224	
		照明与电气 U23		公共空间照明系统采取分区、定时、感应等节能控制措施 U231	
				合理选用电梯和自动扶梯,并采取电梯群控、扶梯自动启停等节能控制措施 U232	
				合理选用节能型电气设备 U233	

一级指标	得分	二级指标	得分	三级指标	得分
节能与能源利用 U2		能量综合利用 U24		排风能量回收系统设计合理并运行可靠 U241	
				合理采用蓄冷蓄热系统 U242	
				合理利用余热废热解决建筑的蒸汽、供暖或生活热水需求 U243	
				合理利用可再生能源 U244	
节水与水资源利用 U3		节水系统 U31		采取有效措施避免管网漏损 U311	
				给水系统无超压出流现象 U312	
				设置用水计量装置 U313	
				公用浴室采取节水措施 U314	
		节水器具与设备 U32		使用较高用水效率等级的卫生器具 U321	
				绿化灌溉采用节水灌溉方式 U322	
				空调设备或系统采用节水冷却技术 U323	
				除上述外的其他用水采用了节水技术或措施、合理使用非传统水源 U324	
		非传统水源利用 U33		合理使用非传统水源 U331	
				冷却水补水使用非传统水源 U332	
节材与材料资源利用 U4		节材设计 U41		公共建筑中可变换功能的室内空间采用可重复使用的隔断(墙)U411	
				采用工业化生产的预制构件 U412	
				高性能材料应用技术 U413	
		材料选用 U42		采用可再利用材料和可再循环材料 U421	
				合理采用耐久性好、易维护的装饰装修建筑材料 U422	
				废旧材料再利用 U423	

续

一级指标	得分	二级指标	得分	三级指标	得分
室内环境 质量 U5		室内声 环境 U51		主要功能房间室内噪声级 U511	
				主要功能房间室内隔声性能 U512	
				公共建筑中的多功能厅、接待大厅、大型会议室和其他有声学要求的重要房间进行专项声学设计 U513	
		室内光环境 与视野 U52		建筑主要功能房间具有良好的户外视野 U521	
				采光系数 U522	
		室内热湿 环境 U53		可调节遮阳措施 U531	
				供暖空调系统末端现场可独立调节 U532	
		室内空气 质量 U54		气流组织合理 U541	
				主要功能房间中人员密度较高且随时间变化大的区域设置室内空气质量监控系统 U542	
				地下车库设置与排风设备联动的一氧化碳浓度监测装置 U543	
运营 管理 U6		管理制度 U61		物业管理部门获得有关管理体系认证 U611	
				节能、节水、节材、绿化的操作规程、应急预案等完善,且有效实施 U612	
				实施能源资源管理激励机制 U613	
				绿色化运营宣传机制完善,设施设备使用手册齐全,绿色化运营氛围良好 U614	
		技术 管理 U62		定期检查、调试公共设施设备,并根据运行检测数据进行设备系统的运行优化 U621	
				对空调通风系统进行定期检查和清洗 U622	
				非传统水源的水质和用水量记录完整、准确 U623	
				物业管理信息化程度高,建筑物及设施设备维护、部品部件管理和能耗记录等档案资料齐全 U624	
		环境 管理 U63		采用无公害病虫害防治技术 U631	
				栽种和移植的树木一次成活率大于 90%,植物生长状态良好 U632	
				实行垃圾分类收集和处理,垃圾收集站(点)及垃圾间不污染环境、不散发臭味 U633	

注:每一项三级指标的打分范围为 0~10 分。

附录2　既有建筑与基础设施绿色化改造潜力评语表

专家：		评语		
序号	指标	优	中	差
1	场地内合理设置绿化用地 U111			
2	合理开发利用地下空间 U112			
3	建筑及照明的光污染 U121			
4	场地内环境噪声 U122			
5	场地内风环境 U123			
6	降低热岛强度措施 U124			
7	场地内人行通道采用无障碍设计 U131			
8	合理停车场所设置 U132			
9	便利的公共服务 U133			
10	绿色雨水基础设施的利用 U141			
11	地表与屋面雨水径流的规划 U142			
12	合理选择绿化方式,科学配置绿化植物 U143			
13	围护结构热工性能 U211			
14	外窗、玻璃幕墙的可开启部分能使建筑获得良好的通风 U212			
15	空调系统的冷、热源机组能效 U221			
16	集中供暖系统热水循环泵的耗电输热比 U222			
17	通风空调系统风机的单位风量耗功率 U223			
18	供暖、通风与空调系统的优化度 U224			
19	公共空间照明系统采取分区、定时、感应等节能控制措施 U231			
20	合理选用电梯和自动扶梯,并采取电梯群控、扶梯自动启停等节能控制措施 U232			
21	合理选用节能型电气设备 U233			
22	排风能量回收系统设计合理并运行可靠 U241			
23	合理采用蓄冷蓄热系统 U242			
24	合理利用余热废热解决建筑的蒸汽、供暖或生活热水需求 U243			
25	合理利用可再生能源 U244			
26	采取有效措施避免管网漏损 U311			

续

序号	指标	优	中	差
27	给水系统无超压出流现象 U312			
28	设置用水计量装置 U313			
29	公用浴室采取节水措施 U314			
30	使用较高用水效率等级的卫生器具 U321			
31	绿化灌溉采用节水灌溉方式 U322			
32	空调设备或系统采用节水冷却技术 U323			
33	除上述外的其他用水采用了节水技术或措施、合理使用非传统水源 U324			
34	合理使用非传统水源 U331			
35	冷却水补水使用非传统水源 U332			
36	公共建筑中可变换功能的室内空间采用可重复使用的隔断(墙)U411			
37	采用工业化生产的预制构件 U412			
38	高性能材料应用技术 U413			
39	采用可再利用材料和可再循环材料 U421			
40	合理采用耐久性好、易维护的装饰装修建筑材料 U422			
41	废旧材料再利用 U423			
42	主要功能房间室内噪声级 U511			
43	主要功能房间室内隔声性能 U512			
44	公共建筑中的多功能厅、接待大厅、大型会议室和其他有声学要求的重要房间进行专项声学设计 U513			
45	建筑主要功能房间具有良好的户外视野 U521			
46	采光系数 U522			
47	可调节遮阳措施 U531			
48	供暖空调系统末端现场可独立调节 U532			
49	气流组织合理 U541			
50	主要功能房间中人员密度较高且随时间变化大的区域设置室内空气质量监控系统 U542			
51	地下车库设置与排风设备联动的一氧化碳浓度监测装置 U543			
52	物业管理部门获得有关管理体系认证 U611			
53	节能、节水、节材、绿化的操作规程、应急预案等完善,且有效实施 U612			

续

序号	指标	优	中	差
54	实施能源资源管理激励机制 U613			
55	建立绿色教育宣传机制,编制绿色设施使用手册,形成良好的绿色氛围 U614			
56	定期检查、调试公共设施设备,并根据运行检测数据进行设备系统的运行优化 U621			
57	对空调通风系统进行定期检查和清洗 U622			
58	非传统水源的水质和用水量记录完整、准确 U623			
59	应用信息化手段进行物业管理,建筑工程、设施、设备、部品、能耗等档案及记录齐全 U624			
60	采用无公害病虫害防治技术 U631			
61	栽种和移植的树木一次成活率大于 90%,植物生长状态良好 U632			
62	实行垃圾分类收集和处理,垃圾收集站(点)及垃圾间不污染环境、不散发臭味 U633			

附录 3　建筑节能合同能源管理合同示范文本(节选)

通用合同条款

第 1 条　一般规定

1.1　定义与解释

1.1.1　合同,指由第 1.2.1 项所述的各项文件所构成的整体。

1.1.2　合同协议书,指构成合同的由甲方和乙方共同签署的称为"合同协议书"的书面文件。

1.1.3　通用合同条款,指合同当事人在履行建筑节能合同能源管理项目过程中依法所遵守的一般性条款,由本文本第 1 条至第 15 条组成。

1.1.4　专用合同条款,指合同当事人根据项目的具体情况,对通用合同条款进行细化、补充、修改和完善,并同意共同遵守的条款。

1.1.5　合同能源管理,是一种新型的市场化节能机制,其实质就是以减少的能源费用来支付节能项目全部成本的节能业务方式。这种节能投资方式允许客户用未来的节能收益为工厂和设备升级,以降低运行成本;或者节能服务公司以承诺节能项目的节能效益,或承包整体能源费用的方式为客户提供节能服务。

1.1.6　节能服务公司,指提供用能状况诊断、节能项目设计、融资、改造(施工、设备安装、调试)、运行管理等服务的专业化公司。

1.1.7　节能改造工程,指根据用能单位的能耗现状和需求,围绕降低能源消耗或提高能源利用效率目标,针对用能设备或用能环节实施部分或系统改造的活动。

1.1.8　节能改造工程服务,指由节能服务公司向用能单位提供的专业化服务,包含用能状况的评估、节能技术和措施的运用、改造后的运营维护等内容。

1.1.9　节能诊断,指将用能单位的能源供应、转化、传输和使用作为一个系统,对该系统的部分或全部进行检测、核查、分析和评价,提出降低能源消耗或提高能源利用效率的措施和建议的活动。

1.1.10　能耗基准,指由用能单位和节能服务公司共同确认的,用以比较和确定节能量的依据。能耗基准应能代表能耗设施或系统运作规律时间段内的数据,数据采集可采用统计或测试或模拟的方法。

1.1.11　测量与验证,指经用能单位和节能服务公司双方认可的方法,用以确定由设备或系统产生的实际节能量,方法可包括基期能耗-影响因素法、模型法、直接比较法、模拟软件法。

1.1.12　节能效益分享型,指节能改造工程前期投入由节能服务公司支付,客户无须投入资金。项目完成后,客户在一定的合同期内,按比例与节能服务公司分享由项目产生的节能效益。具体节能项目的投资额不同,因此节能效益分配比例和节能项目实施合同年度将有所不同。节能服务公司对节能项目进行投资,通过节能效益的分享来收回节能服务公司的投资。

1.1.13　节能量保证型,指节能改造工程的全部投入由节能服务公司先期提供,客户无须投入资金,项目完成后,经过双方验收达到合同规定的节能量,客户支付节能改造工程费用。

1.1.14　能源费用托管型,指客户委托节能服务公司进行节能改造,先期支付一定比例的工程投资,项目完成后,经过双方验收达到合同规定的节能量,客户支付余额,或用节能效益支付。通过对节能项目进行能源费用的托管,来收回节能服务公司的先期节能投资费用。

1.1.15　融资租赁型,是具有融资和融物双重职能的租赁交易,指由出租方融资为承租方提供所需设备,节能服务公司或租赁公司将节能设备租赁给用能单位,用能单位用节能设备产生的节能效益支付租金。

1.1.16　项目节能量,指在满足同等需求或达到同等目标的前提下,通过合同能源管理项目的实施,用能单位或用能设备、环节的能源消耗相对于能耗基准的减少量。

1.1.17　节能效益分享期,指双方按约定的比例分享节能效益的期限。

1.1.18　能源审计,指将用能单位的能源供应、转化、传输和使用作为一个系统,对该系统的部分或全部进行检测、核查、分析和评价,提出降低能耗或提高能源使用效率的措施和意见的活动。

1.1.19　工程总承包,指乙方受甲方委托,按照合同约定对建筑节能合同能源管理项目的设计、采购、施工(含竣工试验)、试运行、运营等阶段实行全过程或若干阶段的工程承包。

1.1.20　甲方,指在合同协议书中约定的,具有项目甲方主体资格的当事人或取得该当事人资格的合法继承人。

1.1.21　乙方,指在合同协议书中约定的,为甲方的具体工程实施合同能源管理项目的当事人,包括其合法继承人。

1.1.22　联合体,指经甲方同意由两个或两个以上法人或者其他组织组成的,作为乙方的临时机构,联合体各方向甲方承担连带责任。联合体各方应指定其中一方作为牵头人。

1.1.23　分包人,指接受乙方根据合同约定对外分包的部分工程或服务的、具有相应资格的法人或其他组织。

1.1.24　甲方代表,指甲方指定的履行合同的代表。

1.1.25　乙方代表,指乙方按照合同约定任命的负责履行合同的代表。

1.1.26　永久性工程,指乙方根据合同约定,进行设计、采购、施工、竣工试验、竣工后试验和试运行考核并交付甲方进行生产操作或使用的工程。

1.1.27　单项工程,指专用条件中列明的具有某项独立功能的工程单元,是永久性工程的组成部分。

1.1.28　临时性工程,指为实施、完成永久性工程及修补任何质量缺陷,在现场所需搭建的临时建筑物、构建物,以及不构成永久性工程实体的其他临时设施。

1.1.29　现场或场地,指合同约定的由甲方提供用于乙方现场办公,工程物资、机具设施存放和工程实施的任何地点。

1.1.30　项目基础资料,指甲方提供给乙方的经有关部门对项目批准或核准的文件、报告(如选厂报告、资源报告、勘察报告等)、资料(如气象、水文、地质等)、协议(如原料、燃料、水、电、气、运输等)和有关数据等,以及设计所需其他基础资料。

1.1.31　现场障碍资料,指甲方需向乙方提供的进行工程设计、现场施工所需的地上和地下已有建筑物、构筑物、线缆、管道、受保护的古建筑和古树木等的坐标方位、数据和其他相关资料。

1.1.32　设计阶段,指规划设计、总体设计、初步设计、技术设计和施工图设计等阶段。设计阶段的组成视项目情况而定。

1.1.33　工程物资,指设计文件规定的将构成永久性工程实体的设备、材料和部件,以及进行竣工试验和竣工后试验所需的材料等。

1.1.34　施工,指乙方把设计文件转化为永久性工程的过程,包括土建、安装和竣工试验等作业。

1.1.35　变更,指在不改变工程功能和规模的情况下,甲方书面通知或书面批准的,对工程所做的任何更改。

1.1.36　施工竣工,指工程已按合同约定和设计要求完成设备安装,并通过竣工验收。

1.1.37　工程竣工验收,指乙方接到考核验收证书,完成扫尾工程和缺陷修复,并按合同约定提交竣工验收报告、竣工资料、竣工结算资料,由甲方组织的工程结算与验收。

1.1.38　合同期限,指从合同生效之日起,至双方在合同下的义务履行完毕之日止的期间。

1.1.39　基准日期,指提交投标文件截止日期之前 30 日的日期。

1.1.40　项目进度计划,指自合同生效之日起,按合同约定的工程全部实施阶段(包括准备阶段、建设阶段、运营阶段等)或若干实施阶段的时间计划安排。

1.1.41　施工开工日期,指合同协议书中约定的,乙方开始现场施工的绝对日期或相对日期。

1.1.42　竣工日期,指合同协议书中约定的,由乙方完成工程施工(含竣工验收)的绝对日期或相对日期,包括合同约定的任何延长日期。

1.1.43　绝对日期,指以公历年、月、日所表明的具体期限。

1.1.44　相对日期,指以公历天数表明的具体期限。

1.1.45　关键路径,指项目进度计划中直接影响到竣工日期的时间计划线路。该关键路径由合同双方在讨论项目进度计划时商定。

1.1.46　日、月、年,指公历的日、月、年。本合同中所使用的任何期间的起点均指相应事件发生之日的下一日。如果任何时间的起算是以某一期间届满为条件,则起算点为该期间届满之日的下一日。任何期间的到期日均为该期间届满之日的当日。

1.1.47　工作日,指除中国法定节假日之外的其他公历日。

1.1.48　工程质量保修责任书,指依据有关质量保修的法律规定,甲方与乙方就工程质量保修相关事宜所签订的协议。

1.1.49　缺陷责任期,指乙方按合同约定承担缺陷保修责任的期间,一般应为 12 个月。因缺陷责任的延长,最长不超过 24 个月。具体期限在专用条款约定。

1.1.50　书面形式,指合同书、信件和数据电文等可以有形地表现所载内容的形式。数据电子包括电传、传真、电子数据交换和电子邮件等。

1.1.51　违约责任,指合同一方不履行合同义务或履行的合同义务不符合合同约定所须承担的责任。

1.1.52　不可抗力,指不能预见、不能避免并不能克服的客观情况,具体情形由双方在专用条款中约定。

1.1.53　根据本合同工程的特点,需补充约定的其他定义,在专用条款中约定。

1.2　合同文件

1.2.1　合同文件的组成。合同文件相互解释,互为说明。除专用合同条款另有约定外,组成本合同的文件及优先解释顺序如下:

(1) 本合同协议书;

(2) 本合同专用条款;

(3) 本合同通用条款;

(4) 合同附件;

(5) 标准、规范及有关技术文件;

(6) 设计文件、资料和图纸;

(7) 双方约定构成合同组成部分的其他文件。

双方在履行合同过程中形成的双方授权代表签署的会议纪要、备忘录、补充文件、变更和洽商等书面形式的文件构成本合同的组成部分。

1.2.2　当合同文件的条款内容含糊不清或不相一致,并且不能依据合同约定的解释顺序阐述清楚时,在不影响工程正常进行的情况下,由当事人协商解决。当事人经协商未能达成一致,根据第 12.3 款关于争议和裁决的约定解决。

1.2.3　合同中的条款标题仅为阅读方便,不作为对合同条款解释的依据。

1.3　语言文字

合同文件用中国的汉语简体语言文字编写、解释和说明。合同当事人在专用合同条款约定使用两种及以上语言时,汉语为优先解释和说明本合同的主导语言。

在少数民族地区,当事人可以约定使用少数民族语言编写、解释和说明本合同文件。

1.4　适用法律

1.4.1　本合同遵循中华人民共和国法律,指中华人民共和国宪法、行政法规、部门规章及工程所在地的地方法规、自治条例、单行条例和地方政府规章。需要明示的国家和地方的具体适用法律的名称在专用条款中约定。

1.4.2　在基准日期之后,因法律变化导致乙方的费用增加的,甲方应合理增加合同价格；如果因法律变化导致关键路径工期延误的，应合理延长工期。

　　1.5　标准规范

　　1.5.1　适用于本工程的国家标准规范和（或）行业标准规范和（或）工程所在地方的标准规范和（或）企业标准规范的名称（或编号），在专用条款中约定。

　　1.5.2　甲方使用国外标准、规范的，负责提供原文版本和中文译本，并在专用条款中约定提供的标准、规范的名称、份数和时间。

　　1.5.3　没有相应成文规定的标准、规范时，由甲方在专用条款中约定的时间向乙方列明技术要求，乙方按约定的时间和技术要求提出实施方法，经甲方认可后执行。乙方需要对实施方法进行研发试验的，或须对施工人员进行特殊培训的，除合同价格已包含此项费用外，双方应另行签订协议作为本合同附件，其费用由甲方承担。

　　1.5.4　在基准日期之后，因国家颁布新的强制性规范、标准导致乙方的费用增加的，甲方应合理增加合同和价格；导致关键路径工期延误的，甲方应合理延长工期。

　　1.6　保密事项

　　当事人一方对在订立和履行合同过程中知悉的另一方的商业秘密、技术秘密以及任何一方明确要求保密的其他信息，负有保密责任，未经同意，不得对外泄露或用于本合同以外的目的。一方泄露或者在本合同以外使用该商业秘密、技术秘密等保密信息给另一方造成损失的，应承担损害赔偿责任。当事人为履行合同所需要的信息，另一方应予以提供。当事人认为必要时，可签订保密协议，作为合同附件。

　　第 2 条　甲方

　　2.1　甲方的主要权利和义务

　　2.1.1　负责办理项目的审批、核准或备案手续，使项目具备法律规定的及合同约定的开工条件，并提供立项文件。

　　2.1.2　有权按照合同约定和适用法律关于安全、质量、环境保护和职业健康等强制性标准、规范的规定，对乙方的设计、采购、施工等实施工作提出建议、修改和变更，但不得违反国家强制性标准、规范的规定。

　　2.1.3　有权根据合同约定，对因乙方原因给甲方带来的任何损失和损害提出赔偿。

　　2.1.4　甲方认为必要时，有权以书面形式发出暂停通知。其中，因甲方原因造成的暂停，给乙方造成的费用增加由甲方承担，造成关键路径延误的，竣工日期相应顺延。

　　2.2　甲方代表

　　甲方委派代表行使甲方委托的权利，履行甲方的义务，但甲方代表无权修改合同。

　　甲方代表依据本合同并在其授权范围内履行其职责。

　　甲方代表根据合同约定的范围和事项，向乙方发出的书面通知，由其本人签字后送交乙方代表。

　　甲方代表的姓名、职务和职责在专用条款约定。甲方决定替换其代表时，应将新任代表的姓名、职务、职权和任命时间在其到任的 15 天前，以书面形式通知乙方。

　　2.3　安全保证

2.3.1　除专用条款另有约定外,甲方应负责协调处理施工现场周围的地下、地上已有设施和邻近建筑物、构筑物、古树名木、文物及坟墓等的安全保护工作,维护现场周围的正常秩序,并承担相关费用。

2.3.2　除专用条款另有约定外,甲方应负责对工程现场临近甲方正在使用、运行或由甲方用于生产的建筑物、构筑物、生产装置、设施、设备等设置隔离设施,竖立"禁止入内、禁止动火"的明显标志,并以书面形式通知乙方须遵守的安全规定和位置范围。因甲方的原因给乙方造成的损失和伤害,由甲方负责。

2.3.3　本合同未作约定,而在工程主体结构或工程主要装置完成后,甲方要求进行涉及建筑主体及承重结构变动,或涉及重大工艺变化的装修工程时,双方可另行签订委托合同,作为本合同附件。

甲方自行决定此类装修或甲方与第三方签订委托合同。由甲方或甲方另行委托的第三方提出设计方案及施工的,由此造成的损失、损害由甲方负责。

2.3.4　甲方负责对其代表、雇员及其委托的其他人员进行安全教育,并遵守乙方工程现场的安全规定。乙方应在工程现场以标牌明示相关安全规定,或将安全规定发送给甲方。因甲方的代表、雇员及其委托的其他人员未能遵守乙方工程现场的安全规定所发生的人身伤害、安全事故,由甲方负责。

2.3.5　甲方、甲方代表、雇员及其委托的其他人员应遵守第 7 条职业健康、安全和环境保护的相关约定。

2.4　保安责任

2.4.1　现场保安工作的责任主体由专用条款约定。承担现场保安工作的一方负责与当地有关治安部门的联系、沟通和协调,并承担所发生的相关费用。

2.4.2　甲方与乙方商定工程实施阶段及区域的保安责任划分,并编制各自的相关保安制度、责任制度和报告制度,作为合同附件。

2.4.3　甲方按合同约定占用的区域、接收的单项工程和工程,由甲方承担相关保安工作以及因此产生的费用、损害和责任。

第 3 条　乙方

3.1　乙方的主要权利和义务

3.1.1　乙方应按照合同约定的标准、规范、工程的功能、规模、考核目标和竣工日期,完成设计、采购、改造(设备安装与调试)、运营管理等工作,不得违反国家强制性标准、规范的规定。

本工程的具体承包范围,应依据合同协议书第一项"工程概况"中有关"工程内容"的约定。

3.1.2　乙方应按合同约定,自费修复因乙方原因引起的设计、文件、设备、材料、部件、施工中存在的缺陷,或在运营阶段中发现的缺陷。

3.1.3　乙方应按合同约定和甲方的要求,提交相关报表。报表的类别、名称、内容、报告期、提交时间和份数,在专用条款中约定。

3.1.4　乙方有权根据第 4.5.4 款乙方的复工要求和第 13 条不可抗力的约定,以书面形式向甲方发出暂停通知。除此之外,凡因乙方原因的暂停,造成乙方费用增加的责任由其自负,造成关键路径延误的应由乙方自费赶上进度。

3.1.5　对甲方原因给乙方带来任何损失、损害或造成工程关键路径延误的,乙方有权要求赔偿或(和)延长竣工日期。

3.2　乙方代表

3.2.1　乙方代表应是当事人双方所确认的人选。乙方代表经授权并代表乙方负责履行本合同。乙方代表的姓名、职责和权限在专用条款中约定。通常不同阶段乙方代表的人选可以不同,例如在销售阶段,乙方代表多为销售经理;在建设阶段,乙方代表多为现场项目经理;在运营阶段,乙方代表多为运维经理。

乙方代表应是乙方的员工,乙方应在合同生效后 10 日内向甲方提交乙方代表与乙方之间的劳动合同,以及乙方为乙方代表缴纳社会保险的有效证明。乙方不提交上述文件的,乙方代表无权履行职责,由此影响工程进度或发生其他问题的,由乙方承担责任。

乙方代表应常驻项目现场,且每月在现场时间不得少于专用条款约定的天数。乙方代表不得同时担任其他项目的项目经理。乙方代表确需离开项目现场时应事先征得甲方同意,并指定一名有经验的人员临时代行其职责。

乙方代表违反上述约定的,按照专用条款的约定,承担违约责任。

3.2.2　乙方代表按合同约定的项目进度计划,并按甲方代表依据合同发出的指令组织项目实施。在紧急情况下,且无法与甲方代表取得联系时,乙方代表有权采取必要的措施保证人身、工程和财产的安全,但须在事后 48 小时内向甲方代表送交书面报告。

3.2.3　乙方需更换乙方代表时,提前 15 天以书面形式通知甲方,并征得甲方的同意。继任的乙方代表须继续履行第 3.2.1 款约定的职责和权限。未经甲方同意,乙方不得擅自更换乙方代表。乙方擅自更换乙方代表的,按专用条款的约定,承担违约责任。

3.2.4　甲方有权以书面形式通知更换其认为不称职的乙方代表,并应说明更换理由,乙方应在接到更换通知后 15 日内向甲方提出书面的改进报告。甲方收到改进报告后仍以书面形式通知其更换的,乙方应在接到第二次更换通知后的 30 日内进行更换,并将新任命的乙方代表的姓名、简历以书面形式通知甲方。新任乙方代表继续履行第 3.2.1款约定的职责和权限。

3.3　工程质量保证

乙方应按合同约定的质量标准规范,确保设计、采购、加工制造、施工、运营管理等各项工作的质量,建立有效的质量保证体系,并按照国家有关规定,通过质量保修责任书的形式约定保修范围、保修期限和保修责任。

3.4　安全保证

3.4.1　工程安全性能:

乙方应按照合同约定和国家有关安全生产的法律规定,进行设计、采购、施工、运营管理等各项工作,保证工程的安全性能。

3.4.2　安全施工

乙方应遵守第 7 条职业健康、安全和环境保护的约定。

3.4.3　因乙方未遵守甲方按第 2.3.2 款通知的安全规定和位置范围限定所造成的损失和伤害,由乙方负责。

3.4.4　乙方全面负责其施工场地的安全管理,保障所有进入施工场地的人员的安全。因乙方原因所发生的人身伤害、安全事故,由乙方负责。

3.5　职业健康和环境保护保证

3.5.1　工程设计

乙方应按照合同约定,并遵照《建设工程环境保护条例》及其他相关法律规定进行工程的环境保护设计及职业健康防护设计,保证工程符合环境保护和职业健康相关法律和标准规定。

3.5.2　职业健康和环境保护

乙方应遵守第 7 条职业健康、安全和环境保护的约定。

3.6　进度保证

乙方按第 4.1 款约定的项目进度计划,合理有序地组织设计、采购、施工、运营管理等所需要的各类资源,采用有效的实施方法和组织措施,保证项目进度计划的实现。

3.7　现场保安

乙方承担其进入现场、施工开工至甲方接收单项工程或(和)工程之前的现场保安责任(含乙方的预制加工场地、办公及生活营区),并负责编制相关的保安制度、责任制度和报告制度,提交给甲方。

3.8　分包

3.8.1　分包约定

乙方只能对专用条款约定列出的工作事项(含设计、采购、设备安装、调试、施工、劳务服务等)进行分包。

专用条款未列出的分包事项,乙方可在工程实施阶段分批分期就分包事项向甲方提交申请,甲方在接到分包事项申请后的 15 日内,予以批准或提出意见。甲方未能在 15 日批准亦未提出意见的,乙方有权在提交该分包事项后的第 16 日开始,将提出的拟分包事项对外分包。

3.8.2　分包人资质

分包人应符合国家法律规定的企业资质等级,否则不能作为分包人。乙方有义务对分包人的资质进行审查。

3.8.3　乙方不得将承包的工程对外转包,也不得以肢解方式将承包的全部工程对外分包。

3.8.4　设计、施工和工程物资等分包人,应严格执行国家有关分包事项的管理规定。

3.8.5　对分包人的付款

乙方应按分包合同约定,按时向分包人支付合同价款。除非专用条款另有约定,未经乙方同意,甲方不得以任何形式向分包人支付任何款项。

3.8.6　乙方对甲方负责

乙方对分包人的行为向甲方负责,乙方和分包人就分包工作向甲方承担连带责任。

第4条　进度计划、延误和暂停

4.1　项目进度计划

4.1.1　项目进度计划

乙方负责编制项目进度计划,项目进度计划中的施工期限应符合合同协议书的约定。关键路径及关键路径变化的确定原则、乙方提交项目进度计划的份数和时间,在专用条款中约定。

项目进度计划经甲方批准后实施,但甲方的批准并不能减轻或免除乙方的合同责任。

4.1.2　项目进度计划的调整

出现下列情况,竣工日期相应顺延,并对项目进度计划进行调整:

(1)甲方提供的项目基础资料和现场障碍资料不真实、不准确、不齐全、不及时,导致约定的日期延误的。

(2)甲方原因导致某个设计阶段审核会议时间的延误。

(3)相关设计审查部门批准时间较合同约定的时间延长的。

(4)合同约定的其他可延长竣工日期的情况。

4.1.3　甲方的赶工要求

合同实施过程中甲方书面提出加快设计、采购、施工等赶工要求,被乙方接受时,乙方应提交赶工方案,采取赶工措施。由赶工引起的费用增加,按变更约定执行。

4.2　采购进度计划

4.2.1　采购进度计划

乙方的采购进度计划应符合项目进度计划的时间安排,并与设计和施工进度计划相衔接。采购进度计划的提交份数和日期,在专用条款中约定。

4.2.2　采购开始日期

采购开始日期在专用条款中约定。

4.2.3　采购进度延误

乙方的原因导致采购延误,造成的停工、窝工损失和竣工日期延误,由乙方负责。甲方原因导致采购延误,给乙方造成的停工、窝工损失,由甲方承担,若造成关键路径延误,竣工日期相应顺延。

4.3　施工进度计划

4.3.1　施工进度计划

乙方应在现场施工开工15日前向甲方提交一份包括施工进度计划在内的总体施工组织设计。施工进度计划的开竣工时间,应符合合同协议书第二项主要日期中对施工开工和工程竣工日期的约定,并与项目进度计划的安排协调一致。甲方需乙方提交关键单项工程或(和)关键分部分项工程施工进度计划的,在专用条款中约定提交的份数和时间。

4.3.2　施工开工日期延误

施工开工日期延误的,根据下列约定确定延长竣工日期:

(1)甲方原因造成乙方不能按时开工的,开竣工日期相应顺延。给乙方造成经济损失的,应支付其相应费用。

(2)乙方原因造成不能按时开工的,需说明正当理由,自费采取措施及早开工,竣工日期不予延长。

(3)不可抗力造成施工开工日期延误的,竣工日期相应顺延。

4.3.3　竣工日期

在项目实施阶段按以下方式确定计划竣工日期和实际竣工日期:

(1)根据合同约定的单项工程竣工日期,为单项工程的计划竣工日期;工程中最后一个单项工程的计划竣工日期,为工程的计划竣工日期。

(2)乙方按合同约定,完成施工图纸规定的单项工程中的全部施工作业,且符合合同约定的质量标准的日期,为单项工程的实际竣工日期。

(3)乙方按合同约定,完成施工图纸规定的工程中最后一个单项工程的全部施工作业,且符合合同约定的质量标准的日期,为工程的实际竣工日期。

4.4　误期损害赔偿

乙方原因造成工程竣工日期延误的,由乙方自行承担误期损害赔偿责任。

4.5　暂停

4.5.1　甲方原因造成的暂停

甲方通知的暂停,应列明暂停的日期及预计暂停的期限。双方应遵守相关约定。

4.5.2　不可抗力造成的暂停

不可抗力造成工程暂停时,双方根据第13.1款不可抗力发生时的义务和第13.2款不可抗力的后果的条款的约定,安排各自的工作。

4.5.3　暂停时乙方的工作

当发生甲方的暂停和不可抗力约定的暂停时,乙方应立即停止现场的实施工作,并根据合同约定负责在暂停期间对工程、工程物资及乙方文件等进行照管和保护。因乙方未能尽到照管、保护的责任而造成损坏、丢失等,使甲方的费用增加和(或)竣工日期延误的,由乙方负责。

4.5.4　乙方的复工要求

根据甲方通知暂停的,乙方有权在暂停45日后向甲方发出要求复工的通知。不能复工时,乙方有权根据约定,以变更方式调减受暂停影响的部分工程。

甲方的暂停超过45日且暂停影响到整个工程,或甲方的暂停超过180日,或不可抗力的暂停致使合同无法履行,乙方有权根据第14.2款由乙方解除合同的约定,发出解除合同的通知。

4.5.5　甲方的复工

甲方发出复工通知后,有权组织乙方对受暂停影响的工程、工程物资进行检查,乙方应将检查结果及需要恢复、修复的内容和估算通知甲方,经甲方确认后,所发生的恢复、修复价款由甲方承担。因恢复、修复而造成工程关键路径延误的,竣工日期相应延长。

4.5.6　乙方原因导致的暂停

乙方原因造成工程暂停的,所发生的损失、损害及竣工日期延误,由乙方负责。

4.5.7　工程暂停时的付款

甲方原因导致的暂停复工后,未影响到整个工程实施时,双方应商定该暂停给乙方所增加的合理费用,乙方应将其款项纳入当期的付款申请,由甲方审查支付。

甲方原因导致的暂停复工后,影响到部分工程实施时,且乙方要求调减部分工程并经甲方批准,甲方应从合同价格中调减该部分款项,双方还应依据约定商定乙方因该暂停所增加的合理费用,乙方应将其增减的款项纳入当期付款申请,由甲方审查支付。

甲方原因导致的暂停,致使合同无法履行时,且乙方根据约定发出解除合同的通知后,双方应根据第 14.2 款由乙方解除合同的相关约定,办理结算和付款。

第 5 条　准备阶段

5.1　初步建筑能源审计

5.1.1　甲方应按合同约定、法律或行业规定,向乙方提供设计需要的项目基础资料,并对其真实性、准确性、齐全性和及时性负责。乙方与甲方初次洽谈业务,了解甲方需要,与甲方讨论节能改造的潜力。

5.1.2　乙方进行初步能源审计,分析甲方目标楼宇的节能潜力,以及所需要的投资和节能改造的经济效益,并向甲方提出节能服务建议书,与甲方签订意向书。

5.2　深度建筑能源审计

5.2.1　乙方对甲方目标楼宇进行详细的能源审计和经济分析。

5.2.2　根据改造前甲方设备特征、运行情况进行分析,确定工程技术方案,分析项目所需的投资、运行费用及节能收益,并得到甲方认可。

5.2.3　根据本合同内容规定,在甲方充分了解"可行性方案"的内容后给予确认。本合同签订后,若甲方或乙方希望对可行性方案的内容有所更改时,应向对方提出,并在双方协商同意后变更服务内容。

第 6 条　建设阶段

6.1　乙方确定改造前的能源消耗量,明确相关的监测技术和办法,并得到甲方的确认,从而确认能耗基准线。

6.2　乙方针对甲方建筑所在气候区域、楼宇特点、用能属性、设备状况等提出并深化技术方案。技术方案得到甲方确认后,实施具体施工及设备安装与调试工作。

6.3　在合同实施过程中国家颁布了新的标准或规范时,乙方应向甲方提交有关新标准、新规范的建议书。对其中的强制性标准、规范,乙方应严格遵守,甲方作为变更处理;对于非强制性的标准、规范,甲方可决定采用或不采用,决定采用时,作为变更处理。

6.4　依据适用法律和合同约定的标准、规范所完成的设计图纸、设计文件中的技术数据和技术条件,是工程物资采购质量、施工质量的依据。

第 7 条　职业健康、安全和环境保护

7.1　职业健康、安全和环境保护管理

7.1.1　遵守有关健康、安全、环境保护的各项法律规定,是双方的义务。

7.1.2　职业健康、安全和环境保护管理实施计划。乙方应在现场开工前或约定的其他时间内,将职业健康、安全和环境保护管理实施计划提交给甲方。该计划的管理、实施费用包括在合同价格中。甲方应在收到该计划后 15 日内提出建议,并予以确认。乙方应根据甲方的建议自费修正。职业健康、安全和环境保护管理实施计划的提交份数和提交时间,在专用条款中约定。

7.1.3　在乙方实施职业健康、安全和环境保护管理实施计划的过程中,甲方需要在该计划之外采取特殊措施的,作为变更处理。

7.1.4　乙方应确保其在现场的所有雇员及其分包人的雇员都经过了严格的培训并具有经验,能够胜任职业健康、安全和环境保护管理工作。

7.1.5　乙方应遵守所有与实施本工程和使用施工设备相关的现场职业健康、安全和环境保护的法律规定,并按规定各自办理相关手续。

7.1.6　乙方应为现场开工部分的工程建立职业健康保障条件、搭设安全设施并采取环保措施等,为甲方办理施工许可证提供条件。乙方原因导致施工许可的批准推迟,造成费用增加或工程关键路径延误时,由乙方负责。

7.1.7　乙方应配备专职工程师或管理人员,负责管理、监督、指导职工职业健康、安全防护和环境保护工作。乙方应对其分包人的行为负责。

7.1.8　乙方应随时接受政府有关行政部门、行业机构、甲方的职业健康、安全和环境保护检查人员的监督和检查,并为此提供方便。

7.2　现场职业健康管理

7.2.1　乙方应遵守适用的职业健康的法律和合同约定(包括对雇用、职业健康、安全、福利等方面的规定),负责现场实施过程中其人员的职业健康和保护。

7.2.2　乙方应遵守适用的劳动法规,保护其雇员的合法休假权等合法权益,并为其现场人员提供劳动保护用品、防护器具、防暑降温用品、必要的现场食宿条件和安全生产设施。

7.2.3　乙方应对其施工人员进行相关作业的职业健康知识培训、危险及危害因素交底、安全操作规程交底,采取有效措施,按有关规定提供防止人身伤害的保护用具。

7.2.4　乙方应在有毒有害作业区域设置警示标志和说明。甲方及其委托人员未经乙方允许、未配备相关保护器具,进入该作业区域所造成的伤害,由甲方承担责任和费用。

7.2.5　乙方应对有毒有害岗位进行防治检查,对不合格的防护设施、器具、搭设等及时整改,消除危害职业健康的隐患。

7.2.6　乙方应采取卫生防疫措施,配备医务人员、急救设施,保持食堂的饮食卫生,保持住地及其周围的环境卫生,维护施工人员的职业健康。

7.3　现场安全管理

7.3.1　甲方应对其在现场的人员进行安全教育,提供必要的个人安全用品,并对他们所造成的安全事故负责。甲方不得强令乙方违反安全施工、安全操作等有关安全规定。甲方及其现场工作人员的原因导致的人身伤害和财产损失,由甲方承担相关责任及所发生的费用。工程关键路径延误时,竣工日期给予顺延。

乙方违反安全施工、安全操作等的有关安全规定,导致人身伤害和财产损失及工程关键路径延误时,由乙方负责。

7.3.2　双方人员应遵守有关禁止通行的须知,包括禁止进入工作场地及临近工作场地的特定区域。未能遵守此约定,造成伤害、损坏和损失的,由未能遵守此项约定的一方负责。

7.3.3　乙方应按合同约定负责现场的安全工作,包括其分包人员的现场,对有条件的现场实行封闭管理。应根据工程特点,在施工组织设计文件中制订相应的安全技术措施,并对专业性较强的工程部分编制专项安全施工组织设计,包括维护安全、防范危险和预防火灾等措施。

7.3.4　乙方(包括乙方的分包人、供应商及其运输单位)应对其现场内及进出现场途中道路、桥梁、地下设施等,采取防范措施使其免遭损坏,专用条款另有约定时除外。未按约定采取防范措施所造成的损坏和(或)竣工日期延误,由乙方负责。

7.3.5　乙方应对其施工人员进行安全操作培训,安全操作规程交底,采取安全防护措施,设置安全警示标志和说明,进行安全检查,消除事故隐患。

7.3.6　乙方在动力设备、输电线路、地下管道、密封防震车间、高温高压、易燃易爆区域和地段,以及临街交通要道附近作业时,应对施工现场及毗邻的建筑物、构筑物和特殊作业环境可能造成的损害采取安全防护措施。施工开始前乙方须向甲方提交安全防护措施方案,经认可后实施。甲方的认可,并不能减轻或免除乙方的责任。

7.3.7　乙方实施爆破、放射性、带电、毒害性及使用易燃易爆、毒害性、腐蚀性物品作业(含运输、储存、保管)时,应在施工前10日以书面形式通知甲方,并提交相应的安全防护措施方案,经认可后实施。甲方的认可,并不能减轻或免除乙方的责任。

7.3.8　安全防护检查。乙方应在作业开始前,通知甲方代表对其提交的安全措施方案,以及现场安全设施搭设、安全通道、安全器具和消防器具配置、对周围环境安全可能带来的隐患等进行检查,并根据甲方提出的整改建议自费整改。甲方的检查、建议,并不能减轻或免除乙方的责任。

7.3.9　现场的环境保护管理

(1)乙方应负责在现场施工过程中对现场周围的建筑物、构筑物、文物建筑、古树、名木,以及地下管线、线缆、构筑物、文物、化石和坟墓等进行保护。乙方未能够通知甲方,并在未能得到甲方进一步指示的情况下,所造成的损害、损失、赔偿等费用增加和(或)竣工日期延误,由乙方负责。

(2)乙方应采取措施,并负责控制和(或)处理现场的粉尘、废气、废水、固体废物和噪声对环境的污染和危害。因此发生的伤害、赔偿、罚款等费用增加和（或）竣工日期延误，由乙方负责。

（3）乙方及时或定期将施工现场残留、废弃的垃圾运到甲方或当地有关行政部门指定的地点，避免对周围环境的污染及对作业的影响。违反上述约定导致当地行政部门的罚款、赔偿等增加的费用，由乙方承担。

7.3.10　事故处理

（1）乙方（包括其分包人）的人员，在现场作业过程中发生死亡、伤害事件时，乙方应及时采取救护措施，并立即报告甲方和（或）救援单位，甲方有义务为此项抢救提供必要条件。乙方应维护好现场并采取防止事故蔓延的相应措施。

（2）对重大伤亡、重大财产、环境损害及其他安全事故，乙方应按有关规定立即上报有关部门，并立即通知甲方代表。同时，按政府有关部门的要求处理。

（3）合同双方对事故责任有争议时，依据第 12.3 款争议和裁决的约定程序解决。

（4）乙方的原因致使建设工程在合理使用期限、设备保证期内造成人身和财产损害的，由乙方承担损害赔偿责任。

（5）乙方原因造成员工食物中毒及职业健康事件的，由乙方承担相关责任。

第 8 条　竣工验收

8.1　竣工验收相关规定

8.1.1　乙方应在竣工验收前，对各方提供的验收条件进行检查落实，条件满足的，双方人员应签字确认。甲方提供的竣工验收条件延误给乙方带来的窝工损失，由甲方负责。导致竣工验收进度延误的，竣工日期相应顺延；乙方原因造成未能按时落实竣工验收条件，使竣工验收进度延误时，乙方应自费赶上。

8.1.2　乙方应在某项竣工验收开始 36 小时前，向甲方发出通知，通知应包括验收的项目、内容、地点和验收时间。甲方应在接到通知后的 24 小时内，以书面形式做出回复，验收合格后，双方应在验收记录及验收表格上签字。

甲方在验收合格的 24 小时后不在验收记录和验收表格上签字，视为甲方已经认可此项验收，乙方可进行隐蔽和（或）紧后作业。

验收不合格的，乙方应在甲方指定的时间内修正，并通知甲方重新验收。

8.1.3　甲方不能按时参加验收时，应在接到通知后的 24 小时内以书面形式向乙方提出延期要求，延期不能超过 24 小时。未能按以上时间提出延期验收，又未能参加验收的，乙方可按通知的验收项目内容自行组织验收，验收结果视为甲方认可。

8.1.4　不论甲方是否参加竣工验收，甲方均有权责令重新验收。如乙方的原因造成重新验收不合格的，乙方应承担由此增加的费用，造成竣工验收进度延误时，竣工日期不予延长；如重新验收合格，乙方增加的费用和（或）竣工日期的延长，作为变更处理。

8.1.5　竣工验收日期的约定

（1）某项竣工验收日期和时间：按该项竣工验收通过的日期和时间作为该项竣工验收的日期和时间；

（2）单项工程竣工验收日期和时间：按其中最后一项竣工验收通过的日期和时间作为该单项工程竣工验收的日期和时间；

（3）工程的竣工验收日期和时间：按最后一个单项工程通过竣工验收的日期和时间作为整个工程竣工验收的日期和时间。

8.2　竣工验收的安全和检查

8.2.1　乙方应按第 7.1 款职业健康、安全和环境保护管理的约定，并结合竣工验收的通电、通水、通气、试压、试漏、吹扫、转动等特点，对触电危险、易燃易爆、高温高压、压力试验、机械设备运转等，制订竣工验收的安全程序、安全制度、防火措施、事故报告制度及事故处理档案在内的安全操作方案，并将该方案提交给甲方确认，乙方应按照甲方提出的合理建议、意见和要求，自费对方案进行修正，并经甲方确认后实施。甲方的确认并不能减轻或免除乙方的合同责任。乙方为竣工验收提供安全防护措施和防护用品的费用已包含在合同价格中。

8.2.2　乙方应对其人员进行竣工验收的安全培训，并对竣工验收的安全操作程序、场地环境、操作制度、应急处理措施等进行交底。

8.2.3　甲方有义务按照经确认的竣工验收安全方案中的安全规程、安全制度、安全措施等，对其关联人员和操作维修人员进行竣工验收的安全教育，自费提供参与监督、检查人员的防护设施。

8.2.4　甲方有权监督、检查乙方在竣工验收安全方案中列出的工作及落实情况，有权提出安全整改及发出整顿指令。乙方有义务按照指令进行整改、整顿，所增加的费用由乙方承担。因此造成工程竣工验收进度计划延误时，乙方应遵照第 4.1.2 款的约定自费赶上。

8.2.5　按竣工试验领导机构的决定，双方密切配合开展竣工试验的组织、协调和实施工作，防止人身伤害和事故发生。

甲方的原因造成的事故，由甲方承担相应责任、费用和赔偿。造成工程竣工验收进度计划延误时，竣工日期相应顺延。

乙方的原因造成的事故，由乙方承担相应责任、费用和赔偿。造成工程竣工验收进度计划延误时，乙方应按第 4.1.2 款的约定自费赶上。

8.3　延误的竣工验收

8.3.1　乙方的原因使某项、某单项工程落后于竣工验收进度计划的，乙方应按第 4.1.2 款的约定自费采取措施，赶上竣工验收进度计划。

8.3.2　乙方的原因造成竣工验收延误，致使合同约定的工程竣工日期延误时，乙方应根据第 4.4 款误期损害赔偿的约定，承担误期赔偿责任。

8.3.3　乙方无正当理由，未能按竣工验收领导机构决定的竣工试验进度计划进行某项竣工验收，且在收到竣工验收领导机构发出的通知后的 10 日内仍未进行该项竣工验收，造成竣工日期延误时，由乙方承担误期赔偿责任。且甲方有权自行组织该项竣工验收，由此产生的费用由乙方承担。

8.3.4　甲方未能根据第 8.1.2 款约定履行其义务，导致乙方竣工验收延误，甲方应承担乙方因此发生的合理费用,竣工验收进度计划延误时,竣工日期相应顺延。

8.4　重新验收

8.4.1　乙方未能通过相关的竣工验收的,可依据约定重新进行此项验收,并按第8.1款的约定进行检验和验收。

8.4.2　不论甲方是否参加竣工验收,乙方未能通过竣工试验时,甲方均有权通知乙方再次按约定进行此项竣工验收,并按第8.1款的约定进行检验和验收。

第9条　运营阶段

9.1　节能效益分享的起始日为甲方出具试运行正常的项目验收证明文件的次日,运营阶段(分享期)由甲乙双方根据合同约定执行。

9.2　乙方有义务对运营管理过程文档进行归档和总结,并在运营阶段结束后移交给甲方。

9.3　在运营阶段结束后,乙方须对甲方操作人员进行培训,该项培训应不少于5个小时,以使他们能够正确地操作和维护设备。

第10条　移交阶段

10.1　移交工程

10.1.1　在本合同有效期满和甲方付清全部款项之前,项目(包括设备和设施,下同)的所有权属于乙方。

10.1.2　甲方在本合同有效期满后一个月内,按规定付清乙方应得全部款项之后,才有权取得项目的所有权。

10.1.3　除本合同另有规定外,乙方承担项目移交甲方运行前的一切风险损失,但不包括由甲方造成的或甲方未尽到本合同规定的义务引起的损失。

10.1.4　设备所有权移交甲方时,乙方应将该项目的全部设计资料交给甲方,并保证设备处于正常运行状态。

10.1.5　乙方定期派人检查项目的运行情况。

10.2　未能移交工程

10.2.1　乙方未按约定提交单项工程和(或)工程接受证书申请的,或未符合单项工程或工程接收条件的,甲方有权拒绝接收单项工程和(或)工程。

10.2.2　甲方未能遵守本款约定,造成设备损坏,不能正常运行。

第11条　保险

11.1　乙方的投保

11.1.1　按适用法律和专用条款约定的投保类别,由乙方投保的保险种类,其投保费用包含在合同价格中。由乙方投保的保险种类、保险范围、投保金额、保险期限和持续有效的时间等在专用条款中约定。

(1)适用法律规定及专用条款约定的,由乙方负责投保,乙方应依据工程实施阶段的

需要按期投保;

（2）在合同执行过程中,新颁布的适用法律规定由乙方投保的强制性保险,根据约定调整合同价格。

11.1.2　保险单对联合被保险人提供保险时,保险赔偿对每个联合被保险人分别施用。乙方应代表自己的被保险人,保证其被保险人遵守保险单约定的条件及其赔偿金额。

11.1.3　乙方从保险人收到的理赔款项,应用于保单约定的损失、损害、伤害的修复、购置、重建和赔偿。

11.1.4　乙方应在投保项目及其投保期限内,向甲方提供保险单副本、保费支付单据复印件和保险单生效的证明。

乙方未能提交上述证明文件的,视为未按合同约定投保,甲方可以自己名义投保相应保险,由此引起的费用及理赔损失,由乙方承担。

11.2　一切险和第三方责任险

对于建筑工程一切险、安装工程一切险和第三者责任险,无论应投保方是任何一方,其在投保时均应将本合同的另一方、本合同项下分包商、供货商、服务商同时列为保险合同项下的被保险人。具体的应投保方在专用条款中约定。

11.3　保险的其他规定

11.3.1　由乙方负责采购运输的设备、材料、部件的运输险,由乙方投保。此项保险费用已包含在合同价格中,专用条款中另有约定时除外。

11.3.2　保险事项的意外事件发生时,在场的各方均有责任,应努力采取必要措施,防止损失、损害的扩大。

11.3.3　本合同约定以外的险种,根据各自的需要自行投保,保险费用由各自承担。

第12条　违约、索赔和争议

12.1　违约责任

12.1.1　甲方的违约责任

当发生下列情况时:

（1）甲方未能按时提供真实、准确、齐全的工艺技术和（或）建筑设计方案、项目基础资料和现场障碍资料;

（2）甲方未能履行合同中约定的其他责任和义务。

甲方应采取补救措施,并赔偿上述违约行为给乙方造成的损失。其违约行为造成工程关键路径延误时,竣工日期顺延。甲方承担违约责任,并不能减轻或免除合同中约定的应由甲方继续履行的其他责任和义务。

12.1.2　乙方的违约责任

当发生下列情况时:

（1）乙方未经甲方同意,或未经必要的许可,或适用法律不允许分包的,将工程分包给他人;

（2）乙方未能履行合同约定的其他责任和义务。

乙方应采取补救措施,并赔偿上述违约行为给甲方造成的损失。乙方承担违约责任,并不能减轻或免除合同中约定的由乙方继续履行的其他责任和义务。

12.2　索赔

12.2.1　甲方的索赔

甲方认为,乙方未能履行合同约定的职责、责任、义务,且根据本合同约定、与本合同有关的文件、资料的相关情况与事项,乙方应承担损失、损害赔偿责任,但乙方未能按合同约定履行其赔偿责任时,甲方有权向乙方提出索赔。索赔根据法律及合同约定,并遵循如下程序进行:

(1)甲方应在索赔事件发生后的30日内,向乙方送交索赔通知。未能在索赔事件发生后的30日内发出索赔通知,乙方不再承担任何责任,法律另有规定的除外。

(2)甲方应在发出索赔通知后的30日内,以书面形式向乙方提供说明索赔事件的正当理由、条款根据、有效的可证实的证据和索赔估算等相关资料。

(3)乙方应在收到甲方送交的索赔资料后30日内与甲方协商解决,或给予答复,或要求甲方进一步补充提供索赔的理由和证据。

(4)乙方在收到甲方送交的索赔资料后30日内未与甲方协商、未予答复,或未向甲方提出进一步要求,视为该项索赔已被乙方认可。

(5)当甲方提出的索赔事件持续影响时,甲方每周应向乙方发出索赔事件的延续影响情况,在该索赔事件延续影响停止后的30日内,甲方应向乙方送交最终索赔报告和最终索赔估算。索赔程序与本款第(1)项至第(4)项的约定相同。

12.2.2　乙方的索赔

乙方认为甲方未能履行合同约定的职责、责任和义务,且根据本合同的任何条款的约定、与本合同有关的文件、资料的相关情况和事项,甲方应承担损失、损害赔偿责任及延长竣工日期的,甲方未能按合同约定履行其赔偿义务或延长竣工日期时,乙方有权向甲方提出索赔。索赔依据法律及合同约定,并遵循如下程序进行:

(1)乙方应在索赔事件发生后30日内,向甲方发出索赔通知。未在索赔事件发生后的30日内发出索赔通知,甲方不再承担任何责任,法律另有规定除外。

(2)乙方应在发出索赔事件通知后的30日内,以书面形式向甲方提交说明索赔事件的正当理由、条款根据、有效的可证实的证据和索赔估算资料的报告。

(3)甲方应在收到乙方送交的有关索赔资料的报告后30日内与乙方协商解决,或给予答复,或要求乙方进一步补充索赔理由和证据。

(4)甲方在收到乙方按本款第(3)项提交的报告和补充资料后的30日内未与乙方协商,或未予答复,或未向乙方提出进一步补充要求,视为该项索赔已被甲方认可。

(5)当乙方提出的索赔事件持续影响时,乙方每周应向甲方发出索赔事件的延续影响情况,在该索赔事件延续影响停止后的30日内,乙方向甲方送交最终索赔报告和最终索赔估算。索赔程序与本款第(1)项至第(4)项的约定相同。

12.3　争议和裁决

12.3.1　争议的裁决程序

根据本合同或与本合同相关的事项所发生的任何索赔争议,合同双方首先应通过友好协商解决。争议的一方,应以书面形式通知另一方,说明争议的内容、细节及因由。在上述书面通知发出之日起的 30 日内,经友好协商后仍存争议时,合同双方可提请双方一致同意的工程所在地有关单位或权威机构对此项争议进行调解;在争议提交调解之日起 30 日内,双方仍存争议时,或合同任何一方不同意调解的,按专用条款的约定通过仲裁或诉讼方式解决争议事项。

12.3.2　争议不应影响履约

发生争议后,须继续履行其合同约定的责任和义务,保持工程继续实施。除非出现下列情况,任何一方不得停止工程或部分工程的实施:

(1) 当事人一方违约导致合同确已无法履行,经合同双方协议停止实施;

(2) 仲裁机构或法院责令停止实施。

12.3.3　停止实施的工程保护

停止实施工程或部分工程时,双方应按合同约定的职责、责任和义务,保护好与合同工程有关的各种文件、资料、图纸、已完工程,以及尚未使用的工程物资。

第 13 条　不可抗力

13.1　不可抗力事件发生时的义务

13.1.1　通知义务

觉察或发现不可抗力事件发生的一方,有义务立即通知另一方。根据本合同约定,工程现场照管的责任方,在不可抗力事件发生时,应在力所能及的情况下迅速采取措施,尽力减少损失;另一方全力协助并采取措施。需暂停实施的施工或工作,立即停止。

13.1.2　通报义务

工程现场发生不可抗力事件时,在不可抗力事件结束后的 48 小时内,乙方(如为工程现场的照管方)须向甲方通报受害和损失情况。当不可抗力事件持续发生时,乙方每周应向甲方和工程总监报告受害情况。对报告周期另有约定的除外。

13.2　不可抗力事件的后果

不可抗力事件导致的损失、损害、伤害所发生的费用及延误的竣工日期,按如下约定处理:

(1) 永久性工程和工程物资等的损失、损害,由甲方承担;

(2) 受雇人员的伤害,分别按照各自的雇佣合同关系负责处理;

(3) 乙方的机具、设备、财产和临时工程的损失、损害,由乙方承担;

(4) 乙方的停工损失,由乙方承担;

(5) 不可抗力事件发生后,一方迟延履行合同约定的保护义务导致的延续损失、损害,由迟延履行义务的一方承担相应责任及其损失;

(6) 甲方通知恢复建设时,乙方应在接到通知后的 20 日内,或双方根据具体情况约定的时间内,提交清理、修复的方案及其估算,以及进度计划安排的资料和报告,经甲方确认后,所需的清理、修复费用由甲方承担。恢复建设的竣工日期合理顺延。

第 14 条　合同解除

14.1　由甲方解除合同

14.1.1　通知改正

乙方未能按合同履行其职责、责任和义务,甲方可通知乙方在合理的时间内纠正并补救其违约行为。

14.1.2　由甲方解除合同

甲方有权基于下列原因,以书面形式通知解除合同或解除合同的部分工作。甲方应在发出解除合同通知 15 日前告知乙方。甲方解除合同并不影响其根据合同约定享有的其他权利。

（1）乙方未能遵守履约保函的约定;

（2）乙方未能执行通知改正的约定;

（3）乙方未能遵守有关分包和转包的约定;

（4）乙方实际进度明显落后于进度计划,甲方指令乙方采取措施并修正进度计划时,乙方无作为;

（5）工程质量有严重缺陷,乙方无正当理由使修复开始日期拖延达 30 日以上;

（6）乙方明确表示或以自己的行为明显表明不履行合同,或经甲方以书面形式通知其履约后仍未能依约履行合同,或以明显不适当的方式履行合同;

（7）未能通过的竣工试验、未能通过的竣工后试验,使工程的任何部分和（或）整个工程丧失了主要使用功能、生产功能;

（8）乙方破产、停业清理或进入清算程序,或情况表明乙方将进入破产和（或）清算程序。

甲方不能为另行安排其他乙方实施工程而解除合同或解除合同的部分工作。甲方违反该约定时,乙方有权依据本项约定,提出仲裁或诉讼。

14.1.3　解除合同后停止和进行的工作

乙方收到解除合同通知后的工作。乙方应在解除合同 30 日内或双方约定的时间内,完成以下工作:

（1）除了为保护生命、财产或工程安全、清理和必须执行的工作外,停止执行所有被通知解除的工作。

（2）将甲方提供的所有信息及乙方为本工程编制的设计文件、技术资料及其他文件移交给甲方。在乙方留有的资料文件中,销毁与甲方提供的所有信息相关的数据及资料备份。

（3）移交已完成的永久性工程及负责已运抵现场的工程物资。在移交前,妥善做好已完工程和已运抵现场的工程物资的保管、维护和保养。

（4）移交相应实施阶段已经付款的并已完成的和尚待完成的设计文件、图纸、资料、操作维修手册、施工组织设计、质检资料、竣工资料等。

（5）向甲方提交全部分包合同及执行情况说明。其中包括:乙方提供的工程物资(含在现场保管的、已经订货的、正在加工的、运输途中的、运抵现场尚未交接的），甲方承担解除合同通知之日之前发生的、合同约定的此类款项。乙方有义务协助并配合处理与其有合同关系的分包人的关系。

（6）经甲方批准，乙方应将其与被解除合同或被解除合同中的部分工作相关的和正在执行的分包合同及相关的责任和义务转让至甲方和（或）甲方指定方的名下，包括永久性工程和工程物资，以及相关工作。

（7）乙方应按照合同约定，继续履行其未被解除的合同部分工作。

（8）在解除合同的结算尚未结清之前，乙方不得将其机具、设备、设施、周转材料、措施材料撤离现场和（或）拆除，除非得到甲方同意。

14.1.4　解除日期的结算

乙方收到解除合同或解除合同部分工作的通知后，甲方应立即与乙方商定已发生的合同款项、预付款、工程进度款、合同价格调整的款项、缺陷责任保修金暂扣的款项、索赔款项、本合同补充协议的款项，以及合同约定的任何应增减的款项。经双方协商一致的合同款项，作为解除日期的结算依据。

14.1.5　解除合同后的结算

（1）双方解除合同日期的结算资料，结清双方应收应付款项的余额。此后，甲方应将乙方根据约定提交的履约保函返还给乙方，乙方应将甲方根据约定提交的支付保函返还给甲方。

（2）如合同解除时仍有未被扣减完的预付款，甲方应根据约定扣除，并在此后将约定提交的预付款保函返还给乙方。

（3）甲方尚有其他未能扣减完的应收款余额时，有权从乙方提交的履约保函中扣减，并在此后将履约保函返还给乙方。

（4）甲方按上述约定扣减后，仍有未能收回的款项时；或合同未能约定提交履约保函和预付款保函时，仍有未能扣减应收款项的余额时，可扣留与应收款价值相当的乙方的机具、设备、周转材料等作为抵偿。

14.1.6　乙方的撤离

（1）全部合同解除的撤离。乙方有权按约定，将未被因抵偿而扣留的机具、设备、设施等自行撤离现场，并承担撤离和拆除临时设施的费用。甲方应为此提供必要条件。

（2）部分合同解除的撤离。乙方应在接到甲方发出撤离现场的通知后，将其多余的机具、设备、设施等自费拆除并自费撤离现场。甲方应为此提供必要条件。

14.1.7　解除合同后继续实施工程的权利。甲方可继续完成工程或委托其他乙方继续完成工程。甲方有权与其他乙方使用已移交的永久性工程的物资和乙方为本工程编制的设计文件、实施文件及资料，以及使用根据约定扣留抵偿的设施、机具和设备。

14.2　由乙方解除合同

14.2.1　基于下列原因，乙方有权以书面形式通知甲方解除合同，但应在发出解除合同通知15日前告知甲方；

（1）甲方延误付款达60日以上，或根据第4.5.4款乙方要求复工，但甲方在180日内仍未通知复工的；

（2）甲方实际上未能根据合同约定履行其义务，导致乙方实施工作停止 30 日以上；

（3）甲方未能按约定提交支付保函；

（4）出现第 13 条约定的不可抗力事件，导致继续履行合同主要义务已成为不可能或不必要；

（5）甲方破产、停业清理或进入清算程序，或情况表明甲方将进入破产和（或）清算程序，或甲方无力支付合同款项。

甲方接到乙方根据本款第（1）项、第（2）项、第（3）项解除合同的通知后，甲方随后给予了付款，或同意复工，或继续履行其义务，或提供了支付保函时，乙方应尽快安排并恢复正常工作。因此造成关键路径延误时，竣工日期顺延；乙方因此增加的费用，由甲方承担。

14.2.2　乙方发出解除合同的通知后，有权停止和必须进行的工作如下：

（1）除为保护生命、财产、工程安全、清理和必须执行的工作外，停止所有进一步的工作。

（2）移交已完成的永久性工程及乙方提供的工程物资（包括现场保管的、已经订货的、正在加工制造的、正在运输途中的、现场尚未交接的）。在未移交之前，乙方有义务妥善做好已完工程和已购工程物资的保管、维护和保养。

（3）移交已经付款并已经完成和尚待完成的设计文件、图纸、资料、操作维修手册、施工组织设计、质检资料、竣工资料等。应甲方的要求，对已经完成但尚未付款的相关设计文件、图纸和资料等，按商定的价格付款后，乙方按约定的时间提交给甲方。

（4）向甲方提交全部分包合同及执行情况说明，由甲方承担其费用。

（5）应甲方的要求，将分包合同转给甲方或（和）甲方指定方的名下，包括永久性工程及其物资，以及相关工作。

（6）在乙方自留文件资料中，销毁甲方提供的所有信息及其相关的数据及资料的备份。

14.2.3　解除合同日期的结算依据

根据约定，甲方收到解除合同的通知后，应与乙方商定已发生的合同款项，包括预付款、工程进度款、合同价格调整款、保修金暂扣与支付的款项、索赔的款项、本合同补充协议的款项及合同任何条款约定的增减款项，以及乙方拆除临时设施和机具、设备等撤离到乙方企业所在地的费用。经双方协商一致的合同款项，作为解除日期的结算依据。

14.2.4　解除合同后的结算

（1）双方应根据解除合同日期的结算资料，结清解除合同时双方的应收应付款项的余额。此后，乙方应将甲方根据约定提交的支付保函返还给甲方，甲方将乙方根据约定提交的履约保函返还给乙方。

（2）如合同解除时甲方仍有未被扣减完的预付款，甲方可根据约定扣除，此后，应将预付款保函返还给乙方。

（3）如合同解除时乙方尚有其他未能收回的应收款余额，乙方可从甲方提交的支付保函中扣减，此后，应将支付保函返还给甲方。

14.2.5　乙方的撤离

在合同解除后,乙方应将除为安全需要以外的所有其他物资、机具、设备和设施全部撤离现场。

14.3　合同解除后的事项

14.3.1　付款约定仍然有效

合同解除后,由甲方或由乙方解除合同的结算及结算后的付款约定仍然有效,直至解除合同的结算工作结清。

14.3.2　解除合同的争议

合同双方对解除合同或对解除日期的结算有争议的,应采取友好协商方式解决。经友好协商仍存在争议,或有一方不接受友好协商时,根据第 12.3 款争议和裁决的约定解决。

14.3.3　解约赔偿金

基本额_____元。

月递减额:每完成保证期一个月服务费支付,解约赔偿金递减_____元。

解约赔偿金＝基本额－月递减额×_____个月。

第 15 条　合同生效与合同终止

15.1　合同生效

在合同协议书中约定的合同生效条件满足之日生效。

15.2　合同份数

合同正本、合同副本的份数及合同双方应持的份数,在专用条款中约定。

15.3　后合同义务

合同双方应在合同终止后,遵循诚实信用原则,履行通知、协助、保密等义务。

专用合同条款

第 1 条　一般规定

1.1　定义与解释
1.1.1　双方约定的视为不可抗力事件处理的其他情形如下：_____

_____

1.1.2　双方根据本合同工程的特点，补充约定的其他定义：_____

_____

1.2　语言文字
本合同除使用汉语外，还使用_____语言。

1.3　适用法律
合同双方需要明示的法律、行政法规、地方性法规：_____

_____

1.4　标准规范
1.4.1　本合同使用的标准、规范（名称、编号）：_____

_____

1.4.2　甲方提供的标准、规范的名称、份数和时间：_____

_____

1.4.3　没有成文规范、标准规定的约定：_____

_____

1.4.4　甲方的技术要求及提交时间：_____

_____

1.4.5　乙方提交实施方法的时间：_____

_____

1.5　保密事项
双方签订的商业保密协议（名称）：_____，作为本合同附件。

双方签订的技术保密协议（名称）：_____，作为本合同附件。

1.6 合同能源管理类型

本合同能源管理合同的类型为以下之一：

□节能效益分享型

□节能量保证型

□能源费用托管型

□融资租赁型

□其他：_____

第2条 甲方

2.1 甲方代表

甲方代表的姓名：_____

甲方代表的职务：_____

甲方代表的职责：_____

_____

_____

2.2 保安责任

2.2.1 现场保安责任的约定。在以下两者中选择其一，作为合同双方对现场保安责任的约定。

□甲方负责保安的归口管理

□委托乙方负责保安管理

2.2.2 保安区域责任划分及双方相关保安制度、责任制度和报告制度的约定：

_____

_____

_____

第3条 乙方

3.1 乙方的主要权利和义务

经合同双方商定，乙方应提交的报表类别、名称、内容、报告期、提交的时间和份数：

_____

_____

_____

3.2 乙方代表

乙方代表姓名：_____

乙方代表职责：_____

乙方代表权限：_____

_____

_____

乙方代表每月在现场时间不得少于＿＿＿＿＿＿日。

因擅自更换乙方代表或乙方代表兼职其他乙方代表的违约约定：＿＿＿＿＿＿＿＿

＿＿＿＿＿＿＿＿＿＿＿＿＿＿＿＿＿＿＿＿＿＿＿＿＿＿＿＿＿＿＿＿＿＿＿＿

＿＿＿＿＿＿＿＿＿＿＿＿＿＿＿＿＿＿＿＿＿＿＿＿＿＿＿＿＿＿＿＿＿＿＿＿

乙方代表每月在现场时间未达到合同约定天数的,每少一天应向甲方支付违约金
＿＿＿＿＿＿＿＿元。

3.3　分包

约定的分包工作事项：＿＿＿＿＿＿＿＿＿＿＿＿＿＿＿＿＿＿＿＿＿＿＿＿＿＿

＿＿＿＿＿＿＿＿＿＿＿＿＿＿＿＿＿＿＿＿＿＿＿＿＿＿＿＿＿＿＿＿＿＿＿＿

＿＿＿＿＿＿＿＿＿＿＿＿＿＿＿＿＿＿＿＿＿＿＿＿＿＿＿＿＿＿＿＿＿＿＿＿

第 4 条　进度计划、延误和暂停

4.1　项目进度计划

项目进度计划中的关键路径及关键路径变化的确定原则：＿＿＿＿＿＿＿＿＿＿＿

＿＿＿＿＿＿＿＿＿＿＿＿＿＿＿＿＿＿＿＿＿＿＿＿＿＿＿＿＿＿＿＿＿＿＿＿

＿＿＿＿＿＿＿＿＿＿＿＿＿＿＿＿＿＿＿＿＿＿＿＿＿＿＿＿＿＿＿＿＿＿＿＿

乙方提交项目进度计划的份数和时间：＿＿＿＿＿＿＿＿＿＿＿＿＿＿＿＿＿＿＿＿

4.2　采购进度计划

4.2.1　采购进度计划提交的份数和日期：＿＿＿＿＿＿＿＿＿＿＿＿＿＿＿＿＿

4.2.2　采购开始日期：＿＿＿＿＿＿＿＿＿＿＿＿＿＿＿＿＿＿＿＿＿＿＿＿＿

4.2.3　工程物资保管：

委托乙方保管的工程物资的类别和估算数量：＿＿＿＿＿＿＿＿＿＿＿＿＿＿＿＿

＿＿＿＿＿＿＿＿＿＿＿＿＿＿＿＿＿＿＿＿＿＿＿＿＿＿＿＿＿＿＿＿＿＿＿＿

＿＿＿＿＿＿＿＿＿＿＿＿＿＿＿＿＿＿＿＿＿＿＿＿＿＿＿＿＿＿＿＿＿＿＿＿

乙方提交保管、维护方案的时间：＿＿＿＿＿＿＿＿＿＿＿＿＿＿＿＿＿＿＿＿＿＿

由甲方提供的库房、堆场、设施及设备：＿＿＿＿＿＿＿＿＿＿＿＿＿＿＿＿＿＿＿

＿＿＿＿＿＿＿＿＿＿＿＿＿＿＿＿＿＿＿＿＿＿＿＿＿＿＿＿＿＿＿＿＿＿＿＿

＿＿＿＿＿＿＿＿＿＿＿＿＿＿＿＿＿＿＿＿＿＿＿＿＿＿＿＿＿＿＿＿＿＿＿＿

4.3　施工进度计划（以表格或文字表述）

提交关键单项工程施工计划的名称、份数和时间：＿＿＿＿＿＿＿＿＿＿＿＿＿＿＿

＿＿＿＿＿＿＿＿＿＿＿＿＿＿＿＿＿＿＿＿＿＿＿＿＿＿＿＿＿＿＿＿＿＿＿＿

＿＿＿＿＿＿＿＿＿＿＿＿＿＿＿＿＿＿＿＿＿＿＿＿＿＿＿＿＿＿＿＿＿＿＿＿

提交关键分部分项工程施工计划的名称、份数和时间：＿＿＿＿＿＿＿＿＿＿＿＿＿

＿＿＿＿＿＿＿＿＿＿＿＿＿＿＿＿＿＿＿＿＿＿＿＿＿＿＿＿＿＿＿＿＿＿＿＿

＿＿＿＿＿＿＿＿＿＿＿＿＿＿＿＿＿＿＿＿＿＿＿＿＿＿＿＿＿＿＿＿＿＿＿＿

4.4　误期损害赔偿

乙方原因使竣工日期延误,每延误一天的误期赔偿金额为合同协议书的合同价格的

_____%或人民币金额为:_____、累计最高赔偿金额为合同协议书的合同价格的_____%或人民币金额为:_____。

第 5 条　准备阶段

(1) 提供项目基础资料
甲方提供的项目基础资料的类别、内容、份数和时间:_____
_____
_____

(2) 提供现场障碍资料
甲方提供的现场障碍资料的类别、内容、份数和时间:_____
_____
_____

(3) 初步能源审计报告的份数和提交时间:_____
(4) 初步节能改造方案的份数和提交时间:_____
(5) 深度能源审计报告的份数和提交时间:_____
(6) 深化节能改造方案的份数和提交时间:_____

第 6 条　建设阶段

(1) 进场条件和进场日期
乙方的进场条件:_____
_____

乙方的进场日期:_____
(2) 临时用水电等提供和节点铺设:_____
_____

(3) 乙方提交工程总体施工组织设计的份数和时间:_____

(4) 乙方需要提交的主要单项工程、主要分部分项工程施工组织设计的名称、份数和时间:
_____
_____
_____

乙方提交临时占地资料的份数和时间:_____
(5) 乙方需要水电等品质、正常用量、高峰用量和使用时间:_____
_____
_____

甲方能够满足施工临时用水电等类别和数量:_____
_____
_____

水电等节点位置资料的提交时间：_____

（6）清理现场的费用：_____

_____

_____

（7）人力资源计划一览表的格式、内容、份数和提交时间：_____

_____

_____

（8）人力资源实际进场的报表格式、份数和报告期：_____

_____

_____

（9）提交主要机具计划一览表的格式、内容、份数和时间：_____

_____

_____

（10）甲方对已经安装并调试完毕的节能设备进行签收确认的时间与内容：

_____

_____

（11）主要机具实际进场的报表格式、份数和报告期：_____

_____

_____

（12）第三方节能量测量与验证的形式：_____

_____

_____

_____

第 7 条　职业健康、安全和环境保护

乙方提交职业健康、安全和环境保护管理实施计划的份数和时间：

_____

_____

第 8 条　运营阶段

8.1　本设备的使用开始日为合同所规定之服务提供开始日。运营方根据乙方所提供的使用说明书、注意事项及相关规定，规范使用本设备，若运营方在维护、修补或检查本设备时，产生所需的费用需在合同附件中约定支付细节，双方约定运营方是：

□甲方负责服务期内设备运营维护

□乙方负责服务期内设备运营维护

8.2　运营方负担维持本设备的正常运转、维修、更换、修补、定期或不定期之检查，以及其他必要的维护。对于本设备的运营维护管理，运营方承担相关责任。若在保修期内本设备出现质量问题，乙方应要求提供本设备的分包商或设备厂商，履行保修责任。对于本项的任何情形,甲方不得以本设施或本设备使用不当或其他理由,规避本合同所规定的服务费支付义务。若本设备使用后节能效果未达到预期目标,而需调整服务费时,依合同规定进行调整。

8.3　保修期内乙方有义务对本设备的使用情况进行跟踪记录,对本设备的节能效果进行测试,乙方在实施记录或测试前应预先通知运营方,运营方需积极配合乙方记录或测试工作,规范本设备管理使用流程。

第 9 条　保险

9.1　乙方的投保

合同双方商定,由乙方负责投保的保险种类、保险范围、投保金额、保险期限和持续有效的时间:＿＿

＿＿

＿＿

9.2　一切险和第三方责任险

安装工程及竣工试验一切险的投保方及对投保的相关要求:＿＿＿＿＿＿＿＿＿＿＿＿＿

＿＿

＿＿

第三方责任险的应投保方及对投保的相关要求:＿＿＿＿＿＿＿＿＿＿＿＿＿＿＿＿＿＿＿

＿＿

＿＿

第 10 条　违约、索赔和争议

凡因本合同引起的或与本合同有关的争议,双方应友好协商解决。协商不成时,甲乙双方可以在以下方式中选择其一,作为双方解决争议事项的约定。

□提交＿＿＿＿＿＿＿＿＿＿＿＿＿＿＿仲裁委员会,按照申请仲裁时有效的仲裁规则进行仲裁。仲裁裁决是终局的,对双方均有约束力。

□向＿＿＿＿＿＿＿＿＿＿＿＿＿＿＿所在地人民法院提起诉讼。

第 11 条　节能量的保证

(1)根据可行性方案中预估的年节能量,乙方向甲方提供合同能源管理服务,经测试本设备实际发生的节能量,需达到或超过本合同所规定之年最低节能效果基准值保证(以下简称“年能效基准保证”)。

(2)依据前项,本合同期间内,若发生甲方及乙方所无法预料的突发状况,可经双方同意更改年能耗基准。

(3)乙方向甲方提供节能服务,从服务提供开始日起的每 12 个月为一个周期,统计该 12 个月的节能效果实际发生量(以下称“年节能量”)。依据本合同规定,乙方需逐月统计节能量,累计 12 个月后出具年节能量验证结果报告,运营方则需向乙方提供所需的信息。乙方依据合同规定的测定及计算方法,测定及验证所实施本合同能源管理项目的节能效果,除乙方犯有明确错误以外,甲方应同意遵照其结果。

（4）根据年节能量验证结果报告,乙方需告知甲方年节能量,当年节能量低于本条第一项所订的年能效基准保证时,乙方将年节能量与年预计节能量的差额按合同规定的方法计算,支付甲方此差额。

第 12 条　费用支付

（1）乙方提供合同能源管理服务并取得报酬,甲方同意依据合同约定的金额、约定的支付期支付给乙方,其支付需依照约定的支付方法。但根据本合同规定,年能效基准有所变更时,经甲乙双方同意,变更其年服务费用。

（2）前项所定,由甲方向乙方支付服务费,若支付日超过应付日期,甲方需计算服务费的＿＿＿＿＿＿＿＿＿＿＿＿＿＿＿％（月息）作为滞纳金支付给乙方,直到实际支付日为止。

第 13 条　合同期满后的约定

在本合同期满前＿＿＿＿＿＿＿＿＿个月,甲方以书面通知乙方在期满后,将无偿赠送本设备或收购本设备,或归还本设备之任一种选择。
　　□乙方无偿将本设备赠送给甲方
　　□甲方向乙方收购本设备
　　□甲方将本设备归还乙方

第 14 条　补充条款

甲乙双方根据项目约定,补充如下条款:＿＿＿＿＿＿＿＿＿＿＿＿＿＿＿＿＿＿

参 考 文 献

［1］ http://www.gov.cn/jrzg/2006-02/09/content_183787.htm.

［2］ 段小萍. 低碳经济情境的合同能源管理与融资偏好［J］. 改革,2013(5):120-126.

［3］ Limaye Dilip R,Limaye Emily S. Scaling up energy efficiency:The case for a super ESCO［J］. Energy Efficiency,2011(2):133-144.

［4］ Miao Xiaoli,Shi Luping,An Wen. The reconstruction of energy-efficient lighting in Chinese schools based on EPC［J］. Energy Procedia,2011:2003-2009.

［5］ Ren Hongbo,Zhou Weisheng,Gao Weijun. Promotion of energy conservation in developing countries through the combination of ESCO and CDM:A case study of introducing distributed energy resources into Chinese urban areas［J］. Energy Policy,2011(39):8125-8136.

［6］ Marino Angelica,Bertoldi Paolo,Rezessy Silvia. A snapshot of the European energy service market in 2010 and policy recommendations to foster a further market development［J］. Energy Policy,2011(39):6190-6198.

［7］ Booth S,Doris E,Knutson D,Regenthal S. Using revolving loan funds to finance energy savings performance contracts in state and local agency applications［R］. National Renewable Energy Laboratory,Colorado,U.S.A,2011.

［8］ Tiancheng S,Yuntao L,Peihong L,et al. Financing models of energy performance contracting projects［C］. Energy tech,2011 IEEE,2011:1-5.

［9］ Song Qi. Zhang Xiaojie. Building energy-efficiency running mode of large-scale public building:Based on energy performance contracting［J］. Advanced Materials Research,2012:3663-3666.

［10］ P Lee,P T I Lam,F W H Yik,E H W Chan. Probabilistic risk assessment of the energy saving shortfall in energy performance contracting projects—a case study［J］. Energy and Buildings,2013(11):353-363.

［11］ Matthew J Hannona,Timothy J Foxonb,William F Galec. The co-evolutionary relationship between energy service companies and the UK energy system:implications for a low-carbon transition［J］. Energy Policy,2013(10):1031-1045.

［12］ Denise Chand. Promoting sustainability of renewable energy technologies and renewable energy service companies in the Fiji islands［J］. Energy Procedia,2013(5):55-63.

［13］ Genia Kostka，Kyoung Shin. Energy conservation through energy service companies：Empirical analysis from China［J］. Energy Policy，2013（2）：748-759.

［14］ Zhang Xiaoling，Wu Zezhou，Feng Yong，Xu Pengpeng. "Turning green into gold"：A framework for energy performance contracting（EPC）in China's real estate industry［J］. Journal of Cleaner Production，2015：166-173.

［15］ Zhanna Sichivitsa，Zhang Guomin，Sujeeva Setunge. Snapshot of ESCO industry in australia：history，current size，trends and barriers to further development ［D］. RMIT University.

［16］ Stuart E，et al. A method to estimate the size and remaining market potential of the U. S. ESCO（energy service company）industry［J］. Energy，2014（77）：362-371.

［17］ PTRi S，K Sinkkonen. Energy service companies and energy performance contracting：Is there a need to renew the business model? Insights from a Delphi study ［J］. Journal of Cleaner Production，2014（66）：264-271.

［18］ Deng Q，et al. A simulation-based decision model for designing contract period in building energy performance contracting［J］. Building and Environment，2014（71）：71-80.

［19］ Li Y，Y Qiu，Y D Wang. Explaining the contract terms of energy performance contracting in China：The importance of effective financing［J］. Energy Economics，2014（45）：401-411.

［20］ P Lee，P T I Lam，W L Lee. Risks in energy performance contracting（EPC）projects［J］. Energy & Buildings，2015，92：116-127 .

［21］ Matthew J Hannon，Ronan Bolton. UK local authority engagement with the energy service company（ESCO）model：Key characteristics，benefits，limitations and considerations［J］. Energy Policy，2015（3）：198-212.

［22］ Deng Qianli，Jiang Xianglin，Cui Qingbin，Zhang Limao. Strategic design of cost savings guarantee in energy performance contracting under uncertainty［J］. Applied Energy，2015（2）：68-80.

［23］ Paolo Principi，Fioretti Roberto. Evaluation of energy conservation opportunities through energy performance contracting：A case study in Italy［J］. Energy and Buildings，2016，128：886-899.

［24］ 方俊，叶炯，朱达莎. 基于可持续发展的生态建筑设计方法［J］. 武汉理工大学学报，2009，31（12）：9-13.

［25］ 方俊，杨家和. 我国绿色施工评价指标体系初探［J］. 建筑经济，2007（A1）：223-226.

［26］ 方俊，邓中美. 绿色住宅如何在小城镇奠基［J］. 小城镇建设，2004（11）：101-102.

[27]　方俊,叶炯,付建华.工程建设技术标准与技术法规互动关系研究[J].科技进步与对策,2008,25(10):158-161.

[28]　方俊,李大伟.工程建设标准实施主体行为模式研究[J].工程建设标准化,2012(9)：4-11.

[29]　王俊,王清勤,程志军.国家标准《既有建筑改造绿色评价标准》编制[J].建设科技,2014(6):87-89.

[30]　王艳丽.寒冷地区既有办公建筑绿色化改造潜力评价研究[D].北京建筑大学,2013.

[31]　http://www.gov.cn/zwgk/2011-09/07/content_1941731.htm.

[32]　住房和城乡建设部政策研究中心.既有建筑加层技术与政策研究[M].北京:中国建筑工业出版社,2013.

[33]　沈婷婷.夏热冬冷地区既有居住建筑节能改造策略研究[D].浙江大学,2010.

[34]　向姝胤.既有建筑表皮绿色化改造策略初探[D].华南理工大学,2013.

[35]　林祺挺.以永续发展为导向的老旧学生宿舍环境改造策略研究[D].台湾中原大学,2005.

[36]　郑朝灿,杜礼琪,傅双燕.夏热冬冷地区既有建筑节能改造技术策略研究——以金华市中心医院食堂宿舍楼为例[J].建筑与文化,2015(10):121-122.

[37]　田轶威.基于低碳目标的杭州既有城市住区改造策略与方法研究[D].浙江大学,2012.

[38]　姜德义,朱磊,龚科家,张金琨,刘海涛.天津地区既有居住建筑节能改造政策与模式研究[J].建筑节能,2011(8):74-77.

[39]　沈巍麟.既有住宅改造综合评价体系研究[D].北京交通大学,2008.

[40]　宋敏,付厚利.既有建筑节能改造综合评价模型研究[J].建筑经济,2012(11):84-87.

[41]　王艳丽.寒冷地区既有办公建筑绿色化改造潜力评价研究[D].北京建筑大学,2013.

[42]　程兴军.基于三角模糊数的既有住宅建筑供热及节能改造评价研究[D].长安大学,2014.

[43]　尹波,杨彩霞.既有建筑综合改造指标体系和综合评价研究[C].城市发展研究——第7届国际绿色建筑与建筑节能大会论文集,2011.

[44]　闫昱婷.既有大型公共建筑节能改造成本评价研究——以西安市为例[D].西安建筑科技大学,2012.

[45]　刘美霞,武洁青,刘洪娥.我国既有建筑改造市场研究及运行机制设计[J].中国物业管理,2010(20):20-21.

[46]　梁洋,毕既华.既有建筑改造的监管机制研究[J].沈阳建筑大学学报(社会科学版),2011(01).

[47]　韩青苗.我国建筑节能服务市场激励研究[D].哈尔滨工业大学,2010.

[48]　李菁,马彦琳,梁晓群.城市既有建筑节能改造融资机制设计[J].城市问题,2010(5):46-49.

[49]　董静.论合同能源管理与融资租赁结合[J].财经界,2011(8):38-40.

[50]　李玉静,胡振一.我国合同能源管理融资模式[J].合作经济与科技,2009(12):383.

[51]　温瑶,张有峰.有效解决合同能源管理的融资问题[J].经济导刊,2010(11):12-13.

[52]　席丛林,李富忠.我国节能产业发展的市场化模式研究[J].中国流通经济,2008(10):36-39.

[53]　刘长毅.合同能源管理的融资模式研究及其在派威公司的应用[D].重庆大学,2007.

[54]　朱聆,余蕴文.基于合同能源管理项目的资产证券化分析[J].上海金融,2011(6):21.

[55]　李志青.新型节能融资机制"合同能源管理"的制度和福利效应分析——基于两种合同模式的比较[J].新金融,2010(3):57-62.

[56]　张亮.我国节能与新能源行业的金融支持问题[J].开放导报,2009(4):17-20.

[57]　孙金颖,梁俊强,刘长滨.建筑节能服务市场投融资模式设计与风险分析[J].暖通空调,2007,37(10):7-11.

[58]　尚天成,潘珍妮.现代企业合同能源管理项目风险研究[J].天津大学学报(社会科学版),2007,9(3):214-217.

[59]　沈超红,谭平,李敏,等.合约安排与节能服务项目的市场拓展[J].管理学报,2010,7(11).

[60]　朱纯宜,王永祥.基于模糊层次分析法的合同能源管理项目风险综合评价[J].价值工程,2011(19):301-302.

[61]　吴丽梅,王永祥.EMC融资风险管理研究[J].合作经济与科技,2011(10):29.

[62]　徐健忠.EMC贷款担保体系风险研究[J].经营管理者,2010(20):009.

[63]　詹朝曦,贺勇,刘邦.基于"BOT＋EMC"的既有建筑节能改造融资模式研究[J].建筑经济,2012(6):92-95.

[64]　李晓静,高璇.国外典型合同能源管理融资模式的对比研究[J].能源研究与管理,2015(3):21-23,56.

[65]　金占勇,韩青苗,孙金颖,刘长滨.北方采暖地区既有居住建筑节能改造融资方案设计[J].四川建筑科学研究,2010,06:252-256.

[66]　高旭阔,辜琳然.既有建筑节能改造"EPC＋融资租赁"模式研究[J].建筑经济,2014(9):71-74.

[67]　柳文旭,孙艳丽,王晓弢.既有建筑节能改造投融资模式探讨[A].土木工程

建造管理(4) [C].哈尔滨:哈尔滨工业大学出版社,2009,4.

　　[68]　胡柏.合同能源管理项目的风险管理研究[D].华北电力大学,2007.

　　[69]　王婷,胡柏.合同能源管理项目的风险评估[J].电力需求侧管理,2007(9):24-26.

　　[70]　尚天成,潘珍妮.现代企业合同能源管理项目风险研究[J].天津大学学报(社会科学版),2007(5):214-217.

　　[71]　周亮.合同能源管理风险评价研究[D].复旦大学,2009.

　　[72]　刘德军,吕林.合同能源管理项目的风险与效益评价[J].电力需求侧管理,2009(1):20-23.

　　[73]　孙宏宇.关于合同能源管理机制风险管理的研究[J].中国新技术新产品,2010(8):202-203.

　　[74]　彭涛.合同能源管理项目的风险和对策[J].中国科技投资,2010(8):27-29.

　　[75]　陈攀峰.合同能源管理项目投资风险分析[J].河北科技师范学院学报,2010(3):77-80.

　　[76]　周鲜华,徐勃.合同能源管理项目中的收益风险研究[J].沈阳建筑大学学报(社会科学版),2010(1):57-60.

　　[77]　刘西怀.论合同能源管理的风险控制体系[J].价值工程,2010(8):234-236.

　　[78]　朱纯宜,王永祥.基于模糊层次分析法的合同能源管理项目风险综合评价[J].2011(19):301-302.

　　[79]　马少超,詹伟.基于 ANP 的合同能源管理项目风险评价研究[J].工程管理学报,2015,3.

　　[80]　杨雪锋,胡剑.合同能源管理风险分析与评价[J].经营与管理,2014(10):85-88.

　　[81]　朱军.基于风险分析的 EMC 运作模式比较[J].合作经济与科技,2012(7):32-34.

　　[82]　胡刚.产业集群环境下的企业利益相关者分析[J].中国经济问题,2003(6):3-9.

　　[83]　S Olander, A Landin. Evaluation of stakeholder influence in the implementation of construction projects[J]. Internation Journal of Project Management,2005, 23(4):321-328.

　　[84]　李心合.利益相关者财务控制论(上)[J].财会通讯,2001(6):3-7.

　　[85]　陈宏辉.企业的利益相关者理论与实证研究[D].浙江大学,2003.

　　[86]　孙文博.中国公用企业治理结构研究[D].浙江工商大学,2007.

　　[87]　荀毅,李颖谦,吴晓红.促进节能服务产业发展的软环境建设研究[J].四川建筑,2011(3):16-17.

　　[88]　谢新.地方政府基础设施建设投融资平台债务问题研究[D].南开大学,2014.

[89]　中国城市科学研究会.绿色建筑 2010[M].北京:中国建筑工业出版社,2010:21-25.

[90]　王俊.我国既有建筑绿色化改造发展现状与研究展望[J].建设科技,2013(13):22-26.

[91]　周建民,于洪波,陈阳,朱军,朱笑黎.既有建筑绿色化改造特点方法与实例[J].建设科技,2013(13):34-37.

[92]　王俊,王清勤,叶凌,陈乐端."十二五"国家科技支撑计划项目——既有建筑绿色化改造关键技术研究与示范[J].建设科技,2012(11):38-39.

[93]　钱云峰.包头市既有居住建筑节能改造方案效益评价[D].内蒙古科技大学,2015.

[94]　王莲花,牟丹凤.基于层次分析法的民营快递企业竞争力模糊综合评价研究[J].物流技术,2013(13):163-165,306.

[95]　康立秋.我国北方地区居住建筑节能评价研究[D].哈尔滨工业大学,2009.

[96]　魏学好,周浩.中国火力发电行业减排污染物的环境价值标准估算[J].环境科学研究,2003(1):53-56.

[97]　Amstalden R W, Kost M, Nathani C, Imboden D M. Economic potential of energy-efficient retrofitting in the Swiss residential building sector: The effects of policy instruments and energy price expectations[J]. Energy Policy, 2007, 1819-1829.

[98]　http://www.gov.cn/zwgk/2012-04/17/content_2115207.htm.

[99]　徐健忠.EMC 贷款担保体系研究[D].重庆大学,2010.

[100]　黄如宝,杨雪.工程项目合同策划中风险分担问题的探讨[J].建设监理,2009(11):63-66.

[101]　邓小鹏,李启明,汪文雄,李枚.PPP 模式风险分担原则综述及运用[J].建筑经济,2008(9):32-35.

[102]　马唯婧,郭玥,杨卫红.合同能源管理(EMC)项目风险分析及应对策略[J].中外能源,2014(1):92-95.

[103]　杨萍.BOT 项目中风险评价及分担机制研究[D].西南石油学院,2005.

[104]　阎柳青.公路 BOT 项目风险分担问题研究[D].长沙理工大学,2009.

[105]　李蔚.我国铁路建设项目 PPP 融资模式下的风险分担机制研究[D].西南交通大学,2010.

[106]　住房和城乡建设部科技发展促进中心,中国建筑节能协会建筑节能服务专业委员会.建筑节能合同能源管理合同示范文本(2014 年版)[M].北京:中国建筑工业出版社,2015.

[107]　住房和城乡建设部科技发展促进中心,中国建筑节能协会建筑节能服务专业委员会.建筑节能合同能源管理实施导则[M].北京:中国建筑工业出版社,2015.

[108]　http://baike.sogou.com/v64355915.htm?fromTitle=％E6％9C％B1％E5％85％B0％09％E8％B4％A8％E9％87％8F％E5％A4％A7％E5％B8％88.

[109]　龚益鸣.质量管理学[M].2 版.上海:复旦大学出版社,2005.

[110]　邹红梅.浅析美国与日本质量管理的差异[J].科技信息,2006(12).

[111]　弗雷德里克·泰勒.科学管理原理[M].马风才,译.北京:机械工业出版社,2007.

[112]　W Edwards Deming.戴明论质量管理[M].钟汉清,戴久永,译.海口:海南出版社,2003.

[113]　Joseph M Juran,A.Blanton Godfrey.朱兰质量手册[M].焦叔斌,等译.北京:中国人民大学出版社,2003.

[114]　Feigenbaum A V.Total Quality Control[J].Journal of Women's Health,1983.

[115]　Steven Cohen,Ronald Brand.政府全面质量管理:实践指南[M].孔宪遂,等译.北京:中国人民大学出版社,2002.

[116]　http://baike.baidu.com/link? url＝KGdkaIfDkFjLDo1sHIJboA6SmK2JA1rB2YMJwjAPfIZNczkPAAefg4RuoDFvx0Wb5tiM_edlwEkQ6PlEATKJXa.

[117]　http://baike.so.com/doc/6610249-6824039.html.

[118]　黄春蕾.房屋建筑工程施工质量控制内容及方法研究[D].重庆大学,2008.

[119]　戴新文.简述电气工程分阶段质量管理[J].中国石油和化工标准与质量,2011,2.

[120]　吴英文.山西电建一公司工程项目质量管理体系及成熟度评价[D].华北电力大学,2013.

[121]　Robert P Elliott.Quality assurance:Specification development and implementation[J].Transportation Research Record,1991:8-13.

[122]　Robert K Hughes,Samir A Ahmed,Oklahoma.Transportation highway construction quality management[J].Transportation Research Record,1991:25-30.

[123]　姚玉玲,张君,郭宇红.我国企业质量管理模式研究[J].商场现代化:下旬刊,2006(2).

[124]　宋松林.加强质量管理提高企业竞争力[J].广西质量监督导报,2009(Z1).

[125]　张宏.建设项目现场施工质量管理浅谈[J].甘肃科技,2009(8).

[126]　马菁.建筑工程质量管理体系建构及应用研究[D].中国海洋大学,2011.

[127]　郑达仁.建筑施工企业质量管理体系的实施与改进[J].福建建材,2013(12).

[128]　王建成,唐军峰,汪兆勇.浅谈建筑工程项目全面质量管理[J].中国新技术新产品,2014(10).

[129]　齐文波.建筑工程质量管理方法和应用研究[D].东南大学,2006.

[130]　Philip B Crosby.质量免费[M].杨钢,林海,译.北京:中国人民大学出版社,2006.

[131]　李江蛟.企业质量管理体系拓展和深化的研究[D].南京理工大学,2007.

[132] 金锋. 基于 ISO 9000 系列标准的工程项目质量管理研究[D]. 华北电力大学,2014.

[133] http:// www. baike. com/wiki/％E7％94％B0％E5％8F％A3％E7％8E％84％E4％B8％80.

[134] Robert S Kaplan, David P Norton. The balance scorecard: Translating strategy into action[J]. Journal of Women's Health,1996.

[135] Michael Porter. Competitive advantage[M]. New York: New York Free Press,1985.

[136] 卢求. 德国 DGNB——世界第二代绿色建筑评估体系[J]. 世界建筑,2010(1):105-107.

[137] 谭志勇,刘志明,肖阁,等. 新加坡绿色建筑标志及其评估标准[J]. 施工技术,2011(7):20-23.

[138] 陈益明,徐小伟. 香港绿色建筑认证体系 BEAM Plus 的综述及启示[J]. 绿色建筑,2012(6):35-37.

[139] 廉芬. 国内外绿色办公建筑评价体系对比研究——基于澳大利亚 Green Star [D]. 华侨大学, 2012.

[140] 袁镔,王大伟. 我国《绿色建筑评价标准》解析[J]. 智能建筑与城市信息,2007(4):14-18.

[141] 杨文. 我国绿色建筑评估体系的探索研究[D]. 重庆大学,2008.

[142] 胡芳芳. 中英美绿色(可持续)建筑评价标准的比较[D]. 北京交通大学,2010.

[143] 支家强,赵靖,辛亚娟. 国内外绿色建筑评价体系及其理论分析[J]. 城市环境与城市生态,2010(2):43-47.

[144] 张建,马杰. 中美绿色建筑评估标准对比与启示——以 LEED 2009 NC 和《绿色建筑评价标准》为例[J]. 北京规划建设,2011(5):88-90.

[145] 张伟. 国内外绿色建筑评估体系比较研究[D]. 湖南大学,2011.

[146] 张群,王思颖. 中国大陆与台湾地区绿色建筑评价标准指标制定与认证现状比较研究[J]. 西安建筑科技大学学报(自然科学版),2014(2):256-260.

[147] 侣同光,刘加云,王传慧. 模糊数学方法在绿色建筑评估中的应用[J]. 山东建筑工程学院学报,2005(1):32-37.

[148] 徐莉燕. 绿色建筑评价方法及模型研究[D]. 同济大学,2006.

[149] 秦佑国,林波荣,朱颖心. 中国绿色建筑评估体系研究[J]. 建筑学报,2007(3):68-71.

[150] 段胜辉. 绿色建筑评价体系方法——GBTool 的中国框架[D]. 重庆大学,2007.

[151] 严静,龙惟定. 关于绿色建筑评估体系中权重系统的研究[J]. 建筑科学,2009(2):16-19.

[152] 李智芸,刘妍,袁永博. 一种新的绿色建筑评估体系权重确定方法[J]. 山西建筑,2010(2):1-3.

[153] 张雷,姜立,叶敏青,等. 基于 BIM 技术的绿色建筑预评估系统研究[J]. 土木建筑工程信息技术,2011(1):31-36.

[154] 杨彩霞. 基于全寿命周期的绿色建筑评估体系研究——以中新天津生态城为例[D]. 北京建筑工程学院,2011.

[155] 李涛. 基于性能表现的中国绿色建筑评价体系研究[D]. 天津大学,2012.

[156] 俞伟伟. 中美绿色建筑评价标准认证体系比较研究[D]. 重庆大学,2008.

[157] 林柱,秦丹. 国内外绿色建筑评估体系分析及选择[J]. 住宅产业,2011(5):20-23.

[158] 刘梦娇. 中国建造师执业资格国际互认模式探讨[D]. 重庆大学,2004.

[159] 任艺林. 中国室内设计师资格认证问题研究[J]. 装饰,2014(3):113-115.

[160] 廖奇云,陈安明. 建筑劳务认证体系的研究[J]. 建筑经济,2008(12):30-34.

[161] 王海滨. 美国的建造师执业资格认证制度[J]. 中国港湾建设,2009(5):67-69.

[162] 袁勇. 新型乡村经济建筑材料企业认证评价体系研究[D]. 沈阳建筑大学,2011.

[163] 胡传平. 区域火灾风险评估与灭火救援力量布局优化研究[D]. 同济大学,2006.

[164] 王大博. 火灾风险评估引入消防站布局的实践与思考[D]. 东北师范大学,2009.

[165] 夏成华. 论层次分析法在火灾风险评估及保险费率厘定中的应用[C]. 中国北京,2014.

[166] 李梨. 基于火灾公众责任险的大型商业建筑火灾风险评估[D]. 重庆大学,2015.

[167] 廖弘. 建设项目全寿命周期的质量安全风险评估与管理体系初探[J]. 建筑施工,2014(4):464-467.

[168] 尹相旭. 基于我国工程质量保证险制度的建筑施工质量风险评估研究[D]. 兰州交通大学,2014.

[169] 范文宏,黄新华. 第三方工程质量与风险评估业务的发展及前瞻[J]. 住宅产业,2016(1):55-61.

[170] 荆磊. 我国绿色建筑全寿命周期风险识别与评价[D]. 华侨大学,2012.

[171] 芦辰,付光辉. 基于风险分担的绿色建筑投资风险评估模型研究[J]. 价值工程,2015(10):262-264.

[172] 黄文娟. 发包方索赔风险评估研究[D]. 中南大学,2011.

[173] 张辉. 大型工程项目施工阶段跟踪审计风险评估[D]. 西安建筑科技大学,2015.

[174]　Jamshidi，Mohammad. System of systems engineering：Innovations for the twenty-first century[M]. New Jersey：John Wiley& Sons，2011.

[175]　Carlock P. G，Fenton R. E. System of systems（SoS）enterprise systems engineering for information-intensive organization[J]. Systems Engineering，2001,4(4)：242-261.

[176]　Sullivan M J，Oppenheim J，Ahearn M，et al. Defense acquisitions. DOD management aooriach and processes not well-suited to support development of global information grid[R]. Government Accountability Office Washington DC，2006.

[177]　胡晓峰,张斌. 体系复杂性与体系工程[J]. 中国电子科学研究院学报,2011 (5):446-450.

[178]　游光荣,张英朝. 关于体系与体系工程的若干认识和思考[J]. 军事运筹与系统工程,2010(2)：13-20.

[179]　聂娜. 大型工程组织的系统复杂性及其协同管理研究[D]. 南京:南京大学,2013.

[180]　陆佑楣. 长江三峡工程建设管理实践[J]. 建筑经济,2006(1)：5-10.

[181]　李迁. 基于综合集成管理的大型工程组织及相关机制研究[D]. 南京大学,2008.

[182]　张萍,肖立周,桑培东. 建筑业企业工程项目群管理组织架构设计[J]. 山东建筑大学学报,2013(4)：390-394,408.

[183]　Mendling J，Moser M，Neumann G，et al. Faulty EPCs in the SAP reference model [M]∥ Bussiness Process Management. Springer Berlin Heidelberg，2006：451-457.

[184]　洪巍,周晶. 基于系统分析的企业虚拟组织与大型工程组织对比研究[J]. 系统科学学报,2014(3):50-53.

[185]　刘显智. 工程建设项目信息化集成研究[D]. 华中科技大学,2013.

[186]　张占军. 施工企业信息化集成管理系统设计与风险评价[D]. 浙江大学,2012.

[187]　Ng S T，Rose T M，Mak M，Chen S E. Problematic issues associated with project partnering the contractor perspective [J]. International Journal of Project Management，2002，20(6)：437-449.

[188]　McWilliams SM. Prevent organizational conflicts of interest from becoming last-minute showstoppers[J]. Contract Management,2008,48(1):52-56.

[189]　许婷,程书萍,王雪荣. 工程业主与承包商的利益冲突研究[A]∥ Proceedings of International Conference on Engineering and Business Management (EBM 2012). 2012:4.

[190]　何寿奎,李红镝,刘涵. 基于组织协同的大型建设项目群风险识别与管理[J]. 项目管理,2009(2):15-19.

[191]　彭琼芳. 大型建设项目协同管理的研究[J]. 湖北第二师范学院学报，2013(2)：77-79.

[192]　Michael L Tushman, Lori Rosenkopf. Organizational determinants of technological change: Toward a sociology of technological evolution [J]. Research in Organization Behavior, v14, pp. 311-347, 1992.

[193]　Bo Carlssion. Technological systems and economic performance: the case of factory automation[M]. Kluwer Academic Publishers, 1995.

[194]　Richard Nelson. Technology, organization, and competitiveness: Perspectives on industrial and corporate change[M]. Oxford University Press, 1998.

[195]　Charles Edquist. Systems of innovation-technologies, institutions and organizations[M]. Pinter, 1997.

[196]　秦书生，陈凡. 复杂性视野中的技术[J]. 科学技术与辩证法，2003(2)：61.

[197]　丁明磊，刘秉镰. 我国产业技术体系建设的主要问题与对策研究[J]. 科研管理，2012，33(7)：33-39.

[198]　王伟光，高宏伟，白雪飞. 中国大企业技术创新体系本地化实证研究——基于地区层面的一种分析[J]. 中国工业经济，2011(12)：67-77.

[199]　罗芳，王琦. 产业集群的涌现性与产业集群共性技术创新体系研究[J]. 现代情报，2006(11)：178-180.

[200]　赵涛，牛旭东，艾宏图. 产业集群创新系统的分析与建立[J]. 中国地质大学学报(社会科学版)，2005(2)：69-72.

[201]　刘帅. 二元经济转型中技术创新效应分析[D]. 辽宁大学，2014.

[202]　M Halfawy, T Froese. Component-based framework for implementing integrated architectural/engineering/construction project systems[J]. Journal of Computing in Civil Engineering, 2007, 21(6): 441-452.

[203]　J Bilek, D Hartmann D. Development of an agent-based workbench supporting collaborative structural design. Proceedings of the CIB W78's 20th International Conference on IT in Construction, April 2003, Waiheke Island, New Zealand.

[204]　S H Lee, F Peña-Mora. System dynamics approach for error and change management in concurrent design and construction. Proceedings of the 2005 Winter Simulation Conference, Orlando, FL, 2005, pp. 1508-1514.

[205]　盛宝柱. 建设绿色建筑技术体系探析[J]. 基建优化，2006(4)：1-4,10.

[206]　王凯. 低成本农村基础设施建设技术体系研究[D]. 山东农业大学，2015.

[207]　张少锦. 公路建设规范化管理技术体系研究与应用[D]. 中南大学，2012.